gli SPILLI fissano le idee

gli SPILLI

Nella stessa collana:

MATEMATICA (1, 2 e 3); GEOMETRIA; FISICA (1, 2 e 3); CHIMICA (1 e 2); BIOLOGIA (1 e 2); STORIA (1, 2 e 3); STORIA DELLA PRIMA GUERRA MONDIALE; SCIENZE DELLA TERRA; STATISTICA; LATINO; STORIA DELL'ARTE (1, 2 e 3); LETTERATURA ITALIANA (1, 2 e 3); DIRITTO (1 e 2); ECONOMIA AZIENDALE (1, 2 e 3); FRANCESE; INGLESE; TEDESCO.

Le altre collane pubblicate da Alpha Test sono:

la nuova MATURITÀ — Agili volumi di informazione e di preparazione al nuovo esame di maturità.

ORIENTAMENTO — Guide aggiornate per la scelta degli studi post-diploma e per l'inserimento nel mondo del lavoro.

collana TestUniversitari — Manuali ed eserciziari specifici per la preparazione ai test di ammissione alle singole facoltà universitarie.

collana TestMilitari — Manuali ed eserciziari dedicati a chi, per intraprendere la carriera militare, per accedere alle scuole militari o per avanzare di grado all'interno delle Forze Armate deve superare una o più prove selettive a test.

collana TestProfessionali — Volumi specifici destinati a coloro che, per accedere all'impiego o alla professione desiderata, devono superare una o più prove di selezione a test.

Passepartout — Volumi monodisciplinari utili per la preparazione ai test di concorsi pubblici, selezioni aziendali, concorsi dell'Unione Europea, concorsi militari, ammissione all'università e ai master.

Dopo la laurea — Guide aggiornate con informazioni a tutto campo utili per inserirsi con soddisfazione nel mondo del lavoro. Ogni volume è dedicato specificamente agli sbocchi occupazionali delle diverse aree di studio.

AlphaCard — "Libri in scatola" contenenti ciascuno un centinaio di schede delle dimensioni simili a quelle delle carte da gioco. A ogni materia è dedicato uno o più cofanetti nei quali la trattazione teorica chiara e sintetica è accompagnata da numerosi esercizi di approfondimento e di verifica.

IL TUO FUTURO in TASCA — Guide tascabili che presentano le professioni di maggior interesse suddivise per settori (editoria, turismo, economia, sociale, ambiente ecc.) e la strada da percorrere dopo la scuola superiore per svolgerle.

IN INTERNET — Una collana di tascabili rivolta agli utenti italiani di Internet per imparare a utilizzare la rete in modo autonomo e creativo con riferimento ai più vari argomenti o interessi: turismo, meteo, finanza personale, shopping, sport, musica, cinema, vino, ricerche e molto altro *on line*. Si tratta di libri per soddisfare nuovi bisogni e curiosità "addomesticando" la rete alle diverse esigenze di neofiti, curiosi, appassionati, studiosi e ricercatori.

GLOSSARIO DI BIOLOGIA

Edizioni
Alpha Test

Via Mercalli 14, 20122 Milano (Italy)
Tel. 02 5845 98 0 – fax 02 5832 2220
Indirizzo Internet: www.alphatest.it
e-mail: servizi@alphatest.it

Distribuito da Hoepli S.p.A.
Via G. Mameli 13, 20129 Milano

ISBN 88-483-0205-X

Ristampa:
3 2 1 2003 2004

Progetto grafico, composizione e impaginazione: Alpha Test S.r.l., Milano
Copertina di Marina Ilacqua e Elisabetta Ronchi

Stampato da Arti Grafiche Franco Battaia S.r.l., Zibido San Giacomo (MI)
per conto di Alpha Test S.r.l.
nel maggio 2001

INTRODUZIONE

Gli spilli fissano le idee. Con questo slogan Alpha Test mette a disposizione degli studenti una nuova collana di libri tascabili, utili per lo studio e il ripasso delle principali materie di studio della scuola superiore e dei primi anni di università. Con oltre 40 titoli pubblicati, la collana offre strumenti di preparazione sintetici dedicati sia alle discipline scientifiche (Matematica, Fisica, Biologia, Chimica, Geometria, Scienze della Terra ecc.) sia a quelle umanistiche (Filosofia, Latino, Letteratura italiana, Storia, Storia dell'arte, Tedesco ecc).

Accanto ai volumi dedicati al ripasso sintetico dei programmi di studio, Alpha Test pubblica nella collana gli Spilli una serie di **glossari**.

L'utilità per gli studenti è evidente: molte materie sono ricche di concetti e termini nuovi, il cui significato deve sempre essere a portata di mano per poter affrontare con facilità e rapidità ogni momento di studio e ogni prova di verifica, a scuola come in università.

Ogni volume raccoglie, in ordine alfabetico, centinaia di voci, spiegandone il significato con la chiarezza e l'essenzialità che contraddistingue l'intera collana degli Spilli. A **fissare le idee** contribuiscono **numerose illustrazioni**, **schemi** e **tabelle**, oltre ai continui **rimandi** che collegano tra loro le diverse voci presentate nel volume e che consentono al lettore di inquadrarle correttamente nel programma di studio.

Tali caratteristiche fanno dei glossari uno strumento di preparazione complementare rispetto agli altri Spilli, consentendo allo studente di consultare e chiarire specifici termini o concetti per trovare con facilità una risposta esauriente, racchiusa in un'unica voce.

L'utilizzo dei **due colori**, di una grafica particolarmente accurata e di un linguaggio chiaro ed essenziale rendono lo studio estremamente piacevole oltre che efficace.

Realizzata con la collaborazione di insegnanti e docenti universitari, la collana è frutto dell'esperienza più che decennale maturata nei settori dell'orientamento e della formazione da Alpha Test, da sempre attenta alle esigenze degli studenti e ai cambiamenti che interessano da vicino il mondo della scuola, dell'università e della formazione in genere.

Gli Spilli — GLOSSARIO DI BIOLOGIA

Accanto alle numerose scuole e facoltà universitarie che prevedono l'insegnamento di tale disciplina, si può dire che la Biologia, per definizione, coinvolga l'interesse di tutti i lettori.

È opportuno anche osservare che il continuo progresso delle conoscenze e delle tecnologie della biologia e della medicina applicate all'uomo è tale da porre ormai quotidianamente all'attenzione dell'opinione pubblica termini e concetti assai delicati e al tempo stesso entusiasmanti, di cui pure molti non conoscono il corretto significato o le diverse implicazioni. Si pensi per esempio a termini quali "clonazione" e "inseminazione artificiale", "eugenetica" o "oncogeno" per fare solo alcuni esempi.

Questo glossario rappresenta un utile strumento per il ripasso e permette di ottenere verifiche veloci, chiare e approfondite di termini e nozioni riguardanti tutti i principali rami della biologia:

- biologia cellulare;
- metabolismo cellulare;

- genetica;
- riproduzione;
- evoluzione;
- classificazione dei viventi;
- strutture e funzioni delle piante;
- anatomia e fisiologia degli animali.

Tra le numerose illustrazioni che accompagnano le spiegazioni esposte figurano rappresentazioni schematiche degli organismi animali, dei vegetali, dei principali organi e apparati, formule chimiche e schemi dei principali processi biochimici.

Per completare e approfondire la preparazione nella materia oggetto di questo libro, Alpha Test ha pubblicato, nella stessa collana, il volumi: Biologia 1, Biologia 2, Chimica 1 e Chimica 2.

L'autrice, Valeria **Balboni** (laureata in Scienze biologiche e in Scienze naturali), vanta alcune pubblicazioni rivolte agli studenti delle scuole superiori, ha lavorato per il CNR nell'ambito della biologia marina e svolge da alcuni anni attività didattica.

L'autrice esprime un ringraziamento particolare a Giovanni De Bernardi per l'accurata rilettura e i preziosi consigli.

Saranno molto gradite e apprezzate le osservazioni dei lettori che possono essere inviate al seguente indirizzo:

Alpha Test S.r.l.
via Mercalli, 14 – 20122 Milano
tel. 025845980 – fax 0258322220
e-mail: servizi@alphatest.it

Allo stesso indirizzo si può richiedere gratuitamente il catalogo completo dei libri Alpha Test. Le informazioni aggiornate sui libri editi da Alpha Test sono disponibili anche su Internet all'indirizzo **www.alphatest.it.**

A

AB0 sistema di classificazione dei gruppi sanguigni umani basato sulla presenza degli antigeni A e B sulla membrana dei globuli rossi; in base a questo sistema i gruppi sanguigni sono A, B, 0 e AB. Così per esempio sui globuli rossi di un individuo di gruppo A si trovano antigeni di tipo A e nel plasma anticorpi anti-B. La presenza di uno o dell'altro antigene è determinata geneticamente da un sistema di tre alleli (▷ alleli multipli).

aberrazione cromosomica alterazione della struttura o del numero dei cromosomi.

abiogenesi fenomeno per cui esseri viventi hanno origine da materia non vivente. Attualmente si ritiene che questo processo si sia verificato all'▷ origine della vita sulla Terra, quando a partire da composti inorganici si sono formate prima molecole organiche poi esseri viventi; questo processo è detto *biopoiesi*.

abiotico termine riferito a ogni fattore fisico-chimico fra quelli che caratterizzano un ecosistema, come temperatura, pressione, luce ecc.; si contrappone a ▷ biotico.

abissale, zona strato profondo di un oceano (oltre i 2000 m), caratterizzato dall'assoluta mancanza di luce, dove vivono poche specie di pesci adattati alle condizioni estreme di luce e di pressione, mentre sono assenti le forme vegetali.

aborto 1) interruzione della ▷ gravidanza. 2) in senso generale, interruzione dello sviluppo di un organo.

abscissico, acido uno degli ormoni vegetali, stimola l'invecchiamento e la caduta delle foglie, favorisce la ▷ dominanza apicale e la quiescenza di gemme e semi.

abscissione caduta delle foglie, dei frutti, o di qualsiasi altra parte che si distacca dal fusto di una pianta. Avviene in seguito alla degenerazione di uno strato di cellule, poste alla base del picciolo (strato di abscissione), ed è controllata da ormoni vegetali, come l'▷ acido abscissico.

acantocefali (*Acanthocephala*) ▷ aschelminti.

accettore di elettroni sostanza coinvolta nelle reazioni di ossidoriduzione che può legare reversibilmente elettroni; ▷ donatore di elettroni.

acclimatazione processo di adattamento di un organismo animale o vegetale a condizioni ambientali diverse da quelle originarie (per esempio in risposta a un cambiamento di temperatura); richiede di solito giorni o settimane.

accrescimento aumento del peso, o del volume, di un organismo; si verifica grazie all'aumento del numero e/o della dimensione delle cellule che lo compongono. L'accrescimento può proseguire per tutta la vita in modo continuo, o per fasi successive, come avviene nei vegetali; oppure arrestarsi alla maturità, come avviene negli animali.

accrescimento primario nella pianta è la fase di accrescimento che dipende dall'attività dei meristemi apicali e porta alla formazione dell'asse principale, cioè il fusto con ramificazioni caratteristiche, e le radici, pure ramificate. Durante questa fase si realizza il differenziamento dei tre tipi di tessuti vegetali: *fondamentale* (▷ parenchima) *conduttore* (▷ floema, ▷ xilema) e *tegumentale* (▷ epidermide). Quando la formazione dei tessuti adulti è completa il fusto assume la *struttura primaria*, che nelle monocotiledoni (erbacee) è definitiva, mentre nelle gimnosperme e nelle dicotiledoni legnose si trasforma in *struttura secondaria*, tramite il processo di accrescimento secondario.

accrescimento secondario fase di accrescimento in spessore che interessa le piante legnose (gimnosperme e dicotiledoni); avviene per azione dei meristemi secondari, il ▷ *cambio cribro-legnoso* e il ▷ *cambio subero-fellodermico*, e porta all'acquisizione della *struttura secondaria* (▷ fusto).

acelomati (*Acoelomata*) animali a simmetria bilaterale privi di ▷ celoma; appartengono a questo gruppo i platelminti e i celenterati.

acetico, acido nome usato comunemente per l'acido etanoico (CH_3COOH), acido carbossilico a due atomi di carbonio. È contenuto nell'aceto, ed è prodotto a partire dall'etanolo (CH_3CHOH) durante un processo di ossidazione aerobica (in presenza di O_2) operato da batteri del genere *Acetobacter*.

acetilcoenzima A composto che si forma dalla reazione del coenzima A con l'acido piruvico; quest'ultimo, formato durante la ▷ glicolisi, entra nel mitocondrio e viene scomposto in una molecola di CO_2 e un composto a due atomi di carbonio (acetile) che si lega al coenzima A ed entra nel ▷ ciclo di Krebs. Si tratta di una reazione di ossidazione, e porta alla formazione di ▷ NADH, che sarà utilizzato nella ▷ catena respiratoria di trasporto di elettroni.

acetilcolina sostanza (▷ neurotrasmettitore) liberata da alcune fibre nervose, dette *colinergiche*; viene rilasciata da queste fibre per trasmettere l'impulso nervoso ad un altro neurone (sinapsi) o per indurre la contrazione di fibre muscolari (▷ giunzione neuro-muscolare).

acetilmuramico, acido zucchero acido (▷ carboidrati), presente nelle ▷ glicoproteine e nei ▷ glicolipidi che formano i rivestimenti delle cellule animali e batteriche.

acetilneuraminico, acido zucchero acido (▷ carboidrati), costituente dei polisaccaridi che formano le membrane batteriche.

acetilsalicilico, acido composto dotato di proprietà antinfiammatorie, è il principio attivo dell'Aspirina; possiede anche proprietà antidolorifiche e anticoagulanti.

aceto sostanza contenente acido ▷ acetico, derivante dall'ossidazione aerobica di liquidi alcolici.

achenio tipo di ▷ frutto secco indeiscente.

acidi carbossilici (o acidi organici) composti organici caratterizzati dal gruppo funzionale –COOH (gruppo carbossilico); per esempio l'acido piruvico, l'acido acetico, gli acidi grassi. Questi composti si comportano come acidi deboli.

acidi grassi acidi organici a lunga catena di atomi di carbonio. Gli acidi grassi con catene di 6-18 atomi di C, fanno parte della composizione dei ▷ trigliceridi e dei ▷ fosfolipidi. Sono generalmente a catena lineare, e sono classificati in base al numero di atomi di C contenuti nella catena e al numero di doppi legami. Possono essere saturi, come l'*acido palmitico* (16 C) e l'*acido stearico* (18 C), oppure insaturi con un unico doppio legame come l'*acido oleico* (18 C) o con due o più doppi legami, come l'*acido linoleico* (18 C, due doppi legami) e l'*acido linolenico* (18 C, 3 doppi legami). Gli acidi grassi saturi sono solidi, mentre la presenza di catene ramificate o di doppi legami abbassa il punto di fusione. Alcuni acidi grassi, detti *essenziali*, non possono essere sintetizzati dalle cellule umane, e devono essere assunti con la dieta, sono contenuti in particolare nei vegetali (per esempio olive e semi oleosi).

acidi nucleici composti organici complessi, polimeri di ▷ nucleotidi. Gli acidi nucleici sono di grande importanza nei viventi perché responsabili della trasmissione dei caratteri ereditari. Esistono due tipi di acidi nucleici: ▷ *DNA* (*acido desossiribonucleico*) e ▷ *RNA* (*acido ribonucleico*).

acidi organici ▷ acidi carbossilici.

acido composto chimico che in una soluzione acquosa, reagendo con H_2O, fa aumentare la concentrazione degli ioni H^+, portando il ▷ pH a valori inferiori a 7. Gli acidi *forti* (come l'acido cloridrico HCl o l'acido solforico H_2SO_4) reagiscono completamente con H_2O, gli acidi *deboli* (come gli ▷ acidi carbossilici) solo parzialmente; quindi in una soluzione di acido forte la concentrazione di ioni H^+ sarà maggiore (e il pH minore) che in una soluzione, ugualmente concentrata, contenente un acido debole.

acilglicerolo sinonimo di ▷ gliceride.

acqua metabolica acqua prodotta dalle reazioni chimiche del metabolismo.

acquifero, apparato sistema di canali ripieni di acqua presente negli ▷ echinodermi.

acrasiomiceti (*Acrasiomycetes*) organismi unicellulari saprofiti (▷ protisti), detti anche *funghi mucillaginosi*; sono costituiti da cellule prive di forma definita (ameboidi) che possono riunirsi a formare una sorta di colonia, con l'aspetto di una massa mucillaginosa strisciante.

acrosoma vescicola di grandi dimensioni, situata sulla testa dello ▷ spermatozoo, contenente enzimi che degradano la membrana della cellula uovo per permettere la ▷ fecondazione.

ACTH sigla dell'ormone adrenocorticotropo; ▷ ormoni.

actina proteina globulare che forma i microfilamenti del ▷ citoscheletro ed è un importante costituente delle fibre muscolari, dove assieme alla ▷ miosina è responsabile della contrazione.

aculeo 1) *in botanica*, formazione appuntita e legnosa derivante da una modificazione dell'epidermide. 2) *in zoologia*, qualsiasi organo pungente; nei mammiferi, come il riccio, gli aculei derivano da peli modificati, negli echinodermi, come il riccio di mare, sono formazioni scheletriche; negli imenotteri (api, vespe) derivano da modificazioni dell'ovopositore.

adattamento 1) riferito ad un singolo *individuo* è la capacità di un organismo di modificare funzioni e struttura in seguito a variazioni delle condizioni ambientali; per esempio un cambiamento nella dieta di un animale determina la comparsa di nuovi enzimi digestivi. Queste modificazioni non sono trasmesse alla progenie. 2) riferito a una *popolazione*, è il risultato della ▷ selezione naturale, per cui in risposta a un cambiamento ambientale sopravvivono solamente gli individui più adatti alle nuove condizioni. In questo modo si modifica il patrimonio genetico di una popolazione ponendo le basi per la formazione di nuove specie.

adenina base azotata derivata della ▷ purina; è un componente dei nucleotidi, presente nel DNA e nell'RNA; si appaia con le basi pirimidiniche timina e uracile mediante due legami idrogeno.

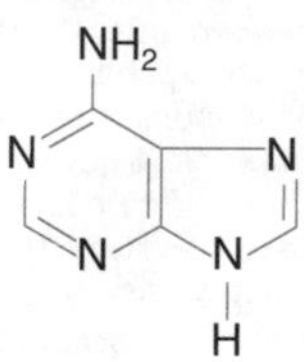

adenosina composto organico (*nucleoside*) formato da una molecola della base azotata adenina e una molecola di ribosio.

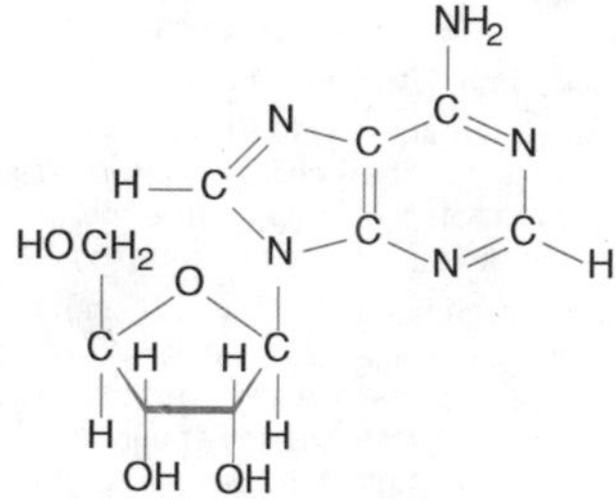

Gli esteri fosforici di questo nucleoside, adenosina mono- (AMP), di- (ADP) e trifosfato (▷ ATP), sono di fondamentale importanza per gli scambi di energia chimica nei sistemi biologici.

adenosina difosfato (ADP) ▷ ATP.

adenosina monofosfato ciclico ▷ AMP ciclico.

adenosina trifosfatasi enzima che catalizza la scissione dell'ATP ad ADP e fosfato.

adenosina trifosfato ▷ ATP.

adenovirus gruppo di virus a DNA patogeni per diversi vertebrati; nell'uomo provocano infezioni acute all'apparato respiratorio.

ADH sigla dell'ormone antidiuretico; ▷ ormoni.

ADP adenosina difosfato; ▷ ATP.

adiposo, tessuto tipo di tessuto ▷ connettivo formato da cellule contenenti grandi quantità di grasso; il tessuto adiposo ha funzione di riserva energetica e protezione contro il freddo.

adrenalina (o epinefrina) sostanza con funzione ormonale prodotta, in risposta a condizioni di stress, dalle ghiandole surrenali e dal sistema nervoso dove funge da ▷ neurotrasmettitore. L'adrenalina, legandosi a specifici recettori presenti su diversi organi, predispone l'organismo all'azione: produce un aumento dell'attività cardiaca e dell'irrorazione sanguigna ai muscoli, migliora la funzione respiratoria, mentre inibisce le funzioni digestive ed escretive, determina vasocostrizione dei vasi sanguigni cutanei (pallore) e un aumento del tasso di glucosio nel sangue.

adrenocorticotropo, ormone ▷ ormoni.

aerenchima ▷ parenchima aerifero.

aerobico termine riferito a processo (oppure organismo) che richiede la presenza di ossigeno molecolare (O_2); la respirazione per esempio è un processo aerobico.

aerobio organismo che vive solamente in presenza di ossigeno molecolare (O_2) che utilizza per ossidare le sostanze organiche e ricavare in questo modo l'energia necessaria per lo svolgimento dei processi vitali (▷ respirazione cellulare).

aerobiosi vita in presenza di ossigeno.

afanitteri ▷ sifonatteri.

afferente termine riferito a fibre nervose o vasi sanguigni che trasportano rispettivamente impulsi nervosi o sangue, dalle regioni più esterne del corpo (o di un organo) verso il suo centro.

afidi nome comune di insetti ▷ emitteri.

aflatossine gruppo di sostanze prodotte da muffe del genere *Aspergillus* che crescono comunemente su cibo conservato, come arachidi o riso, o sul cotone. Alcune sono altamente tossiche, possono produrre danni al fegato ed essere cancerogene.

agamia sinonimo di ▷ riproduzione asessuata.

agar-agar sostanza estratta da alcune alghe rosse e utilizzata come gelificante per terreni di coltura microbiologici, per uso alimentare e farmaceutico.

aghifoglie piante con foglie molto sottili (aghiformi); si oppone a ▷ latifoglie.

agnati (*Agnatha*) gruppo di vertebrati caratterizzati da bocca circolare, priva di mascelle, e da scheletro cartilagineo. Sono state rinvenute numerose forme fossili, risalenti a 440-345 milioni di anni fa, che testimoniano l'esistenza di agnati rivestiti di placche ossee, gli *ostracodermi*. Attualmente questo gruppo comprende l'unica classe dei *ciclostomi* (lamprede), animali simili a pesci, privi di arti pari, eterotermi, dotati di branchie e di bocca a ventosa.

AIDS sigla per *sindrome da immunodeficienza acquisita*; comprende un insieme di malattie che si verificano in seguito all'infezione da parte del *virus dell'immunodeficienza umana*, o *HIV*, un ▷ retrovirus, che colpisce le cellule del sistema immunitario (linfociti T e macrofagi). In una prima fase, anche molto lunga (5-10 anni) rimane nell'organismo senza dare sintomi evidenti, mentre il numero dei linfociti T decresce costantemente, finché a un certo punto diventano insufficienti, permettendo l'insorgere di numerose infezioni, contro cui l'organismo non è in grado di reagire. Il virus si trasmette attraverso alcuni liquidi corporei, come sangue, liquido seminale, secrezioni vaginali o latte.

ala organo di volo degli animali, di origine e struttura molto varia; negli insetti per esempio le ali derivano da espansioni del torace, negli uccelli da una trasformazione degli arti anteriori.

alanina ▷ amminoacidi.

albinismo mancanza di pigmentazione; gli animali che ne sono colpiti (albini) sono caratterizzati da pelle, capelli e iride privi di colorazione. Si tratta di un'anomalia ereditaria dovuta a un allele recessivo; ▷ melanine.

albumine gruppo di semplici proteine globulari, solubili in acqua, molto diffuse nei viventi; nel sangue umano, partecipano alla regolazione della pressione osmotica, e al trasporto di sostanze endogene (come acidi grassi) o esogene (per esempio farmaci).

alburno nel ▷ legno degli alberi, la porzione di formazione più recente.

alcalino termine riferito a composto che si comporta da ▷ base.

alcaloidi composti organici contenenti azoto, prodotti dalle piante, dotati di diverse proprietà farmacologiche. A questo gruppo appartengono la *morfina*, la *cocaina*, l'*atropina*, la *chinina*; molti di questi composti sono utilizzati in medicina come analgesici o anestetici. A dosi elevate quasi tutti gli alcaloidi hanno effetti tossici.

aldoesoso tipo di ▷ monosaccaride.

aldoso tipo di ▷ monosaccaride.

aldosterone ▷ ormoni.

alghe ampio ed eterogeneo gruppo di organismi fotosintetici che vivono in ambiente acquatico; possono essere unicellulari o pluricellulari, le prime a volte sono dotate di flagelli per il movimento, e in alcuni casi formano colonie, quelle pluricellulari hanno corpo a ▷ tallo. La sistematica delle alghe è complessa e controversa, quelle unicellulari sono generalmente inquadrate nel regno dei protisti, quelle pluricellulari in quello delle piante. In base al tipo di pigmenti fotosintetici, le alghe sono suddivise in *alghe rosse* (*rodofite*), *alghe brune* (*feofite*) e *alghe verdi* (*clorofite*), gruppi comprendenti a volte sia organismi unicellulari che pluricellulari. I gruppi delle ▷ *diatomee*, ▷ *dinoflagellate* ed ▷ *euglenofite* invece, comprendono esclusivamente forme unicellulari.

alghe azzurre nome utilizzato talvolta per indicare i ▷ cianobatteri.

alghe brune (*Phaeophyta*) o feofite alghe marine che contengono, oltre alla clorofilla, il pigmento *fucoxantina* (▷ xantofille); hanno forma molto diversificata (laminari, filamentose, ramificate) e possono raggiungere dimensioni notevoli. Appartiene a questo gruppo il sargasso (*Sargassum*) che forma vaste distese nei mari tropicali.

alghe rosse (*Rodophyta*) o rodofite alghe contenenti, oltre alla clorofilla, *ficoeritrina*, pigmento che impartisce un colore dal rosso al nero e permette a questi organismi di captare le radiazioni luminose verdi-azzurre che penetrano in profondità. Vivono soprattutto nei mari caldi, fino a 170 m di profondità; possono essere filamentose o nastriformi, a volte sono ramificate.

alghe verdi (*Chlorophyta*) o clorofite gruppo comprendente alghe unicellulari, coloniali e pluricellulari. Sono dotate di clorofilla *a* e *b* e carotenoidi, contengono amido come sostanza di riserva e hanno pareti cellulari di cellulosa, sono quindi molto simili, dal punto di vista biochimico, alle piante superiori; si ritiene che le piante terrestri abbiano avuto origine da organismi di questo tipo. Vivono in acqua dolce o marina, alcune sulle rocce o nel terreno umido. Sono molto diversificate, il genere *Chlamydomonas* per esempio comprende organismi unicellulari flagellati, mentre *Ulva lactuca* è un'alga laminare detta anche "lattuga di mare".

allantoide uno degli ▷ annessi embrionali, tipico di rettili, uccelli e mammiferi. Nei rettili e negli uccelli è una sorta di sacchetto che in un primo momento funge da luogo di accumulo dei prodotti di rifiuto dell'embrione, e successivamente, grazie a una ricca rete di vasi, svolge funzione respiratoria. Nei mammiferi placentati, partecipa alla costituzione della ▷ placenta e del cordone ombelicale, svolgendo funzioni nutritive ed escretorie.

allele una delle forme alternative possibili di un dato ▷ gene.

alleli multipli situazione in cui un carattere è controllato da più di due alleli. Questo si verifica per esempio nel sistema ▷ AB0 che caratterizza i gruppi sanguigni. In base alla presenza sulla membrana dei globuli rossi degli antigeni A e B i gruppi sanguigni sono classificati come A, B, 0 e AB. La presenza di questi antigeni è controllata da 3 alleli: I^A che codifica l'antigene A, I^B che codifica l'antigene B e I^0 che non codifica alcun antigene. Gli alleli I^A e I^B sono dominanti rispetto a I^0 e codominanti tra loro quindi, per esempio, il gruppo sanguigno AB è determinato dal genotipo I^AI^B, mentre appartengono al gruppo A gli individui con genotipo I^AI^A e quelli con genotipo I^AI^0; (anche ▷ codominanza).

allergia complesso di reazioni anomale del sistema ▷ immunitario in risposta a specifici antigeni, detti *allergeni*, normalmente innocui per l'organismo, come la polvere, i pollini, alcuni cibi, o farmaci. In questi casi l'antigene determina l'immissione nel circolo sanguigno di grandi quantità di *istamina*, causando infiammazioni, arrossamenti, difficoltà respiratorie e reazioni più gravi, fino allo *shock anafilattico*, che comprende caduta della pressione, insufficienza respiratoria e perdita di coscienza, e può risultare mortale.

allogamia fecondazione fra gameti maschile e femminile provenienti da fiori diversi; modalità opposta all' ▷ autogamia.

allopatrico termine riferito a gruppi di individui simili, potenzialmente interfecondi, ma separati geograficamente, si oppone a ▷ simpatrico (▷ speciazione).

alofilo organismo che vive in ambiente a elevata concentrazione di sale.

alofita pianta che vive in ambienti ricchi di sali, come per esempio le paludi salmastre; sono alofite la lavanda marina (*Limonium*) e l'armeria (*Armeria*).

alternanza di generazioni esistenza, all'interno del ciclo vitale di un organismo, di due o più forme diverse per aspetto e modalità di riproduzione. Questo fenomeno si verifica nella maggior parte dei vegetali e in alcuni animali. Nelle piante la forma aploide, il *gametofito*, produce i gameti, dalla cui fusione si forma lo zigote che dà origine a un organismo diploide, lo *sporofito*. Le spore, prodotte per ▷ meiosi nello sporofito, danno origine (senza fecondazione) a nuovi gametofiti aploidi, così che il ciclo si ripete. Nei muschi (▷ briofite) la forma dominante è il gametofito, mentre nelle felci (▷ pteridofite) è lo sporofito, così come nelle piante con semi (spermatofite). Tra gli animali presentano alternanza di generazioni per esempio i ▷ celenterati e alcuni protozoi parassiti (▷ malaria).

altruismo comportamento di un animale che diminuisce le sue probabilità di sopravvivenza mentre incrementa quelle di un altro individuo, come per esempio quando una madre "si sacrifica" attirando l'attenzione di un predatore per proteggere la prole. Dal punto di vista biologico questo comportamento non implica alcuna forma cosciente di generosità verso il destinatario, e si spiega ammettendo che comporti una maggior diffusione degli alleli dell'altruista nel *pool* genico della popolazione. In quest'ottica una madre si sacrifica per i propri figli per aumentare la rappresentazione dei suoi alleli nel *pool* genico.

ambiente insieme delle condizioni fisiche, chimiche e biologiche in cui si svolge la vita di un organismo. Il complesso dei vari ambiente costituisce la *biosfera*.

ambiente interno insieme delle condizioni interne di un organismo, con particolare riferimento alla composizione del fluido intercellulare. Queste condizioni vengono controllate tramite l'assorbimento selettivo di sostanze attraverso le membrane cellulari; negli animali le condizioni dell'ambiente interno sono controllate dal sistema nervoso e dagli ormoni (▷ *omeostasi*).

ambra resina fossile di colore giallo o brunorossiccio; prodotta da alcune conifere o da altre piante, contiene spesso organismi, o parti di organismi intrappolati. Si rinviene in tutto il mondo, soprattutto in rocce del Cretaceo e del Terziario (135 - 2 milioni di anni fa).

ambulacrale, sistema denominazione dell'apparato ▷ acquifero degli echinodermi.

ameba (*Amoeba*) genere di protozoi (▷ sarcodini) comprendente organismi privi di forma propria, che si muovono e si nutrono emettendo pseudopodi.

amebocita cellula animale priva di collocazione precisa, capace di spostarsi all'interno del corpo; per esempio alcuni ▷ globuli bianchi.

amento ▷ infiorescenza racemosa formata da piccoli fiori, come per esempio nel nocciolo e nella betulla.

amido polisaccaride formato da due polimeri di glucosio: *amilosio*, a catena lineare, e *amilopectina*, a catena ramificata. È ampiamente diffuso nelle piante, dove rappresenta la principale sostanza di riserva, particolarmente abbondante nelle patate e nei semi dei cereali; a livello cellulare è accumulato in specifici organuli incolori detti *amiloplasti*.

amilasi gruppo di enzimi che catalizzano la demolizione dell'amido, del glicogeno e di altri polisaccaridi. Si distinguono *endoamilasi* (*α-amilasi*) ed *esoamilasi* (*β-amilasi*), le prime idrolizzano i legami interni delle molecole polisaccaridiche; le seconde, staccano dall'estremità del polisaccaride una molecola di maltosio (disaccaride) per volta.

amilopectina polimero di glucosio a catena ramificata, costituente dell'▷ amido.

amiloplasti organuli (plastidi) incolori ripieni di amido, presenti nelle cellule vegetali con funzione di riserva.

amilosio polimero di glucosio a catena lineare, costituente dell'▷ amido.

amminoacidi composti organici caratterizzati dalla presenza di un gruppo amminico, $-NH_2$ (basico) e un gruppo carbossilico, $-COOH$ (acido). Sono indicati dalla formula di struttura qui a fianco.

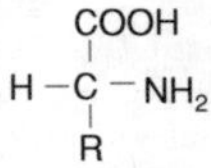

dove R rappresenta l'atomo o il gruppo di atomi caratteristico di un dato amminoacido. Sono suddivisi in 4 gruppi: apolari, polari neutri, acidi oppure basici, a seconda delle caratteristiche del gruppo R. Molto importanti in tutti gli esseri viventi come costituenti delle proteine, gli amminoacidi che rivestono questo ruolo sono circa 20; oltre a questi nei viventi si trovano numerosi amminoacidi con funzioni diverse.

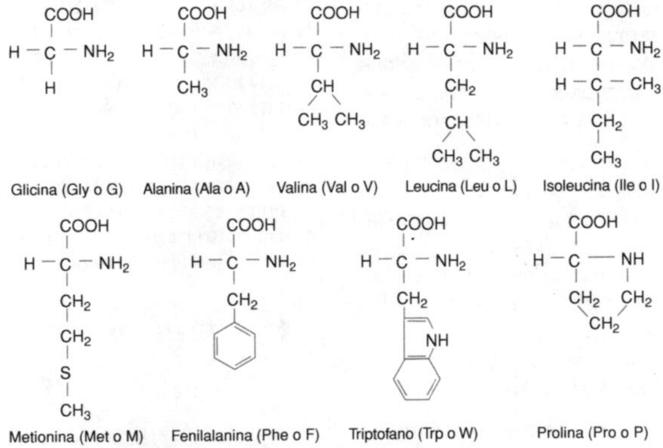

Amminoacidi con gruppo R apolare.

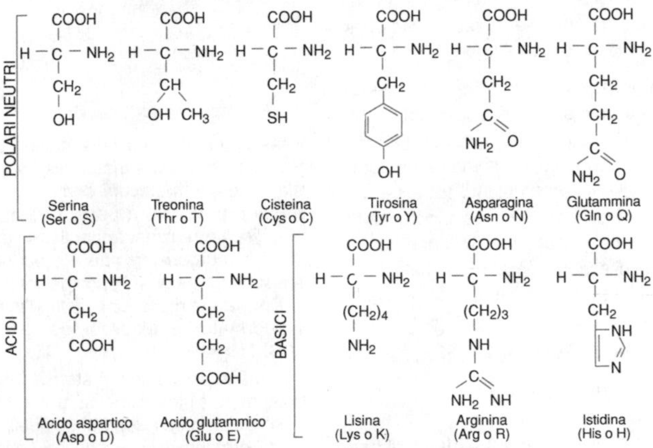

Amminoacidi con gruppc R polare, acidi, neutri o basici.

amminoacidi essenziali amminoacidi che un organismo non è in grado di sintetizzare, e devono quindi essere assunti con l'alimentazione.

amminozucchero composto glucidico (zucchero) che contiene un gruppo amminico ($-NH_2$) al posto di un gruppo ossidrilico ($-OH$). Questi zuccheri non si trovano in forma libera negli organismi viventi, ma sono costituenti dei ▷ mucopolisaccaridi acidi; per esempio la *glucosammina*, derivata dal glucosio, entra nella costituzione della chitina, e la *galattosammina*, derivata dal galattosio, è fra i costituenti della cartilagine.

ammoniti molluschi acquatici estinti, appartenenti alla classe dei ▷ cefalopodi. Caratterizzate da conchiglia avvolta a spirale, suddivisa in numerose camerette, le ammoniti erano particolarmente numerose nel Mesozoico (225-65 milioni di anni fa); sono comuni negli strati rocciosi di quell'epoca e vengono utilizzate come fossili-guida.

amnios uno degli ▷ annessi embrionali, è una membrana che delimita la *cavità amniotica*, riempita di *liquido amniotico*, in cui è sospeso l'embrione di rettili, uccelli e mammiferi durante lo sviluppo.

amnioti gruppo di vertebrati comprendente rettili, uccelli e mammiferi, il cui embrione si sviluppa all'interno dell'▷ amnios. Questo annesso embrionale, rappresenta un adattamento alla vita in ambiente terrestre, infatti l'amnios impedisce l'essiccamento dell'embrione, cosicché le uova non hanno necessità di essere liberate in ambiente acquatico. La categoria contrapposta è quella degli ▷ anamni.

AMP adenosina monofosfato; ▷ ATP.

AMP ciclico (o adenosina monofosfato ciclico, cAMP) nucleotide ciclico diffuso in tutti i viventi, sintetizzato a partire dall'ATP dall'enzima *adenilato ciclasi*.

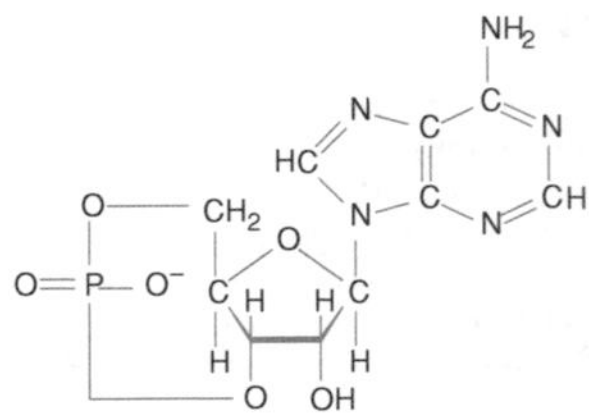

L'AMP ciclico è un importante regolatore cellulare che agisce come *secondo messaggero* per molti ormoni, soprattutto proteici. Quando l'ormone raggiunge la cellula bersaglio si lega ai recettori presenti sulla membrana, e attiva l'enzima *adenilato ciclasi*, che permette la sintesi di cAMP, il quale poi all'interno della cellula può attivare alcuni enzimi oppure stimolare la sintesi di proteine, permettendo l'esplicarsi dei processi indotti dall'ormone.

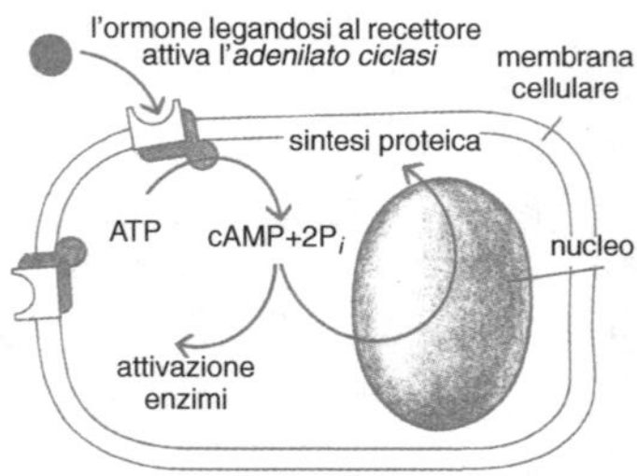

Schema dell'azione dell'AMP ciclico.

anabolismo insieme delle reazioni cellulari che, nell'ambito del metabolismo, portano alla sintesi di molecole complesse, come grassi o proteine, a partire da molecole semplici. Le reazioni anaboliche sono reazioni *endoergoniche*, che richiedono energia, sotto forma di ATP; poiché sono reazioni di riduzione richiedono inoltre l'intervento di ▷ donatori di elettroni, come NADH e NADPH.

anabolizzanti composti steroidei che, stimolando la sintesi proteica, promuovono la crescita dei tessuti, soprattutto quelli muscolari; gli ormoni sessuali maschili (androgeni) sono anabolizzanti naturali. Anabolizzanti artificiali vengono utilizzati in medicina per facilitare il recupero del peso corporeo in individui debilitati; il loro utilizzo da parte degli atleti per aumentare le masse muscolari (*doping*) può provocare danni al fegato ed è vietato dalla gran parte dei regolamenti sportivi.

anaerobico termine riferito a organismo, o processo che non richiede la presenza di ossigeno molecolare (O_2); la ▷ fermentazione, per esempio è un processo anaerobico.

anaerobio organismo in grado di vivere in assenza di ossigeno molecolare. Gli *anaerobi facoltativi* sono in grado di vivere sia in presenza che in assenza di ossigeno, mentre gli *anaerobi obbligati* possono vivere esclusivamente in ambienti privi di questo gas; gli organismi di questo tipo ricavano energia con processi come le ▷ fermentazioni.

anafase terzo stadio della ▷ mitosi e della ▷ meiosi, durante il quale i cromatidi (nella mitosi) o i cromosomi (nella meiosi) migrano verso i poli opposti della cellula, trascinati dalle fibre del fuso mitotico.

anafilassi sinonimo di ▷ allergia.

analogia fenomeno per cui due o più strutture hanno funzione simile, ma diversa origine evolutiva; per esempio le ali degli uccelli e quelle degli insetti sono organi analoghi. Il concetto di analogia si contrappone a quello di ▷ omologia.

anamni gruppo di vertebrati comprendente i pesci e gli anfibi, i cui embrioni sono privi di ▷ annessi embrionali. Sono animali legati all'ambiente acquatico, che liberano le uova in acqua, lo sviluppo è indiretto e comprende sempre una fase larvale acquatica. Si contrappone al gruppo degli ▷ amnioti.

anatomia branca della biologia che studia la costituzione interna degli esseri viventi per mettere in evidenza le strutture e le funzioni di un organismo e delle sue parti.

androceo insieme degli stami, parte maschile del ▷ fiore.

androgeni ormoni sessuali maschili, fra cui il principale è il *testosterone*; ▷ ormoni.

anelli di crescita anelli annuali di accrescimento visibili nelle sezioni trasversali di un tronco d'albero. Sono costituiti da anelli di ▷ xilema (legno) più chiari e più scuri in modo alternato, derivati dall'attività variabile del cambio cribro-legnoso: in primavera quando è necessario un grande apporto di acqua alle gemme e alle parti in crescita si forma xilema con vasi più ampi e pareti più sottili (*legno primaverile*, più chiaro), mentre nella tarda estate si forma legno più scuro e più duro (*legno autunnale*). Il conteggio degli anelli presenti nella sezione di un tronco d'albero permette quindi di conoscerne l'età.

anellidi (*Anellida*) *phylum* di invertebrati vermiformi con corpo formato da una serie di anelli; alla segmentazione esterna corrisponde una segmentazione interna, in cui tutti i segmenti, ad eccezione di quello cefalico, hanno identica costituzione; questo tipo di struttura a unità ripetute è detta metamerica, in particolare si tratta di ▷ *metameria omonoma*. Ogni metamero contiene due gangli nervosi, una coppia di organi escretori (*nefridi*) e due vasi sanguigni circolari che connettono il vaso dorsale al vaso ventrale. Il tubo digerente è dotato di bocca e ano, respirano per via cutanea, la riproduzione è sessuata. Possiedono setole più o meno numerose e in base al numero e alla distribuzione di queste sono suddivisi nelle classi dei ▷ *policheti*, ▷ *oligocheti* e ▷ *irudinei*.

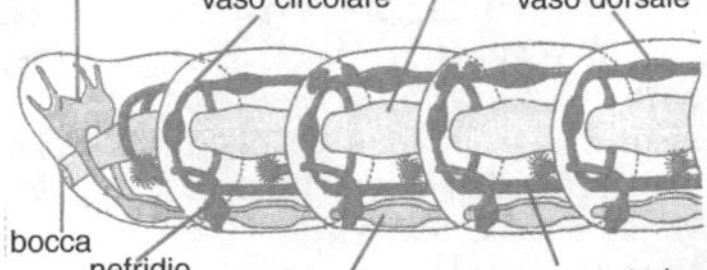

Schema del corpo di un anellide.

anemia diminuzione fino a valori inferiori al normale della concentrazione di emoglobina e di globuli rossi nel sangue; può essere dovuta a perdita di sangue, a produzione insufficiente di globuli rossi, oppure può essere una malattia genetica, come nel caso dell'anemia falciforme.

anemia falciforme malattia genetica dovuta a una ▷ mutazione puntiforme nel gene che codifica per la catena β dell'▷ emoglobina; a causa di questa alterazione la catena polipeptidica si aggrega perdendo la propria funzionalità. La malattia si manifesta in forma grave solo negli individui omozigoti per la forma mutata, mentre gli eterozigoti, portatori di un allele normale e un allele mutato manifestano una forma anemica molto lieve.

anemocoria dispersione dei semi di una pianta che si realizza per azione del vento.

anemofila termine riferito all'▷ *impollinazione* che avviene per azione del vento.

aneuploidia mutazione del genoma che consiste nella presenza di un numero anormale di cromosomi, non multiplo del corredo cromosomico normale; per esempio la *monosomia*, mancanza di un cromosoma nella coppia di omologhi, o la *trisomia*, presenza di tre cromosomi, anziché di una coppia.

anfibi (*Amphibia*) classe di vertebrati eterotermi (a sangue freddo) che attraversano un primo stadio vitale sotto forma di larva acquatica simile a un pesce, con respirazione tramite branchie, e in seguito subiscono una ▷ metamorfosi in cui i trasformano in adulti a vita terrestre, con corpo sostenuto da 4 arti (tetrapodi) e respirazione tramite polmoni; le larve sono vegetariane, gli adulti carnivori (si nutrono di artropodi, vermi ecc). La pelle degli anfibi, umida e priva di squame, permette gli scambi gassosi, e la *respirazione cutanea* integra la respirazione polmonare. Gli anfibi, originatisi circa 370 milioni di anni fa, sono stati i primi vertebrati a occupare le terre emerse; la respirazione tramite polmoni e la fecondazione interna sono adattamenti alla vita sulla terraferma, ma per molti aspetti sono ancora legati all'ambiente acquatico, infatti le uova, prive di guscio, devono essere deposte in acqua, le larve sono organismi prettamente acquatici, inoltre la pelle nuda non impedisce la disidratazione. La classe degli anfibi comprende 3 ordini: *urodeli*, dotati di coda, come i tritoni e le salamandre; *anuri*, privi di coda, come le rane e i rospi, e *apodi*, privi di arti, con corpo simile a serpenti.

anfimissia riproduzione sessuata vera e propria, comprende la fecondazione fra un gamete femminile e uno maschile; modalità opposta all'▷ apomissia

anfiosso ▷ cefalocordati.

angiosperme (*Angiospermae*) piante con fiori; sono una sottodivisione delle spermatofite. Il ▷ fiore è una struttura riproduttiva specializzata, in cui sono prodotti i gameti e avviene la fecondazione. I gameti sono contenuti negli ovuli, protetti dall'ovario, e dopo la fecondazione a partire dagli ovuli si formano i ▷ semi, mentre l'ovario va a formare il ▷ frutto. I tessuti vascolari delle angiosperme comprendono le *trachee*, particolarmente efficienti per il trasporto della linfa all'interno della pianta. Le angiosperme rappresentano il gruppo dominante di piante, comprendono 250.000 specie e sono diffuse in ogni tipo di ambiente. Sono divise in due classi, in base al numero di foglioline embrionali (cotiledoni) presenti nel seme: ▷ *monocotiledoni* (uno) e ▷ *dicotiledoni* (due).

anidride carbonica (o biossido di carbonio, CO_2) gas che in atmosfera costituisce lo 0,03% in volume, estremamente importante per il mondo vivente. Gli organismi autotrofi utilizzano l'anidride carbonica per formare composti organici, primo fra tutti il glucosio ($C_6H_{12}O_6$), principale fonte energetica per i viventi e costituente di amido e cellulosa (▷ fotosintesi). La CO_2 viene continuamente rinnovata perché è prodotta dai processi ossidativi (▷ respirazione) svolti dalla maggior parte degli esseri viventi, e questo continuo scambio si inserisce nel *ciclo del* ▷ *carbonio*; (anche ▷ effetto serra).

animali (*Animalia*) uno dei 5 regni in cui sono suddivisi gli esseri viventi, comprendente organismi pluricellulari, eterotrofi. Gli animali sono formati da cellule prive di parete cellulare (presente nei vegetali e nei batteri), si riproducono prevalentemente in modo sessuato e sono mobili almeno in una fase della loro vita. La caratteristica che accomuna tutti gli animali è l'incapacità di sintetizzare gli alimenti (*eterotrofia*), e quindi la necessità di procurarsi il cibo, da questo deriva la necessità di movimento e, quindi la presenza di sistemi di controllo e integrazione complessi e precisi. La classificazione degli animali si basa principalmente sul tipo di simmetria, la presenza di cavità corporee e di strutture scheletriche.

anisogamia (o **eterogamia**) tipo di ▷ riproduzione sessuata in cui la fecondazione avviene fra gameti diversi; è la modalità più comune in natura, si oppone all'▷ isogamia.

annessi cutanei strutture anatomiche che accompagnano la cute (▷ pelle), come ▷ peli, ▷ penne e ▷ unghie.

annessi embrionali insieme delle strutture anatomiche che partecipano all'alimentazione, alla protezione, alla respirazione e ai processi di escrezione dell'embrione di rettili, uccelli e mammiferi (amnioti). Comprendono ▷ *amnios*, ▷ *corion*, ▷ *sacco vitellino*, ▷ *allantoide* e, nei mammiferi, la ▷ *placenta*. Gli annessi embrionali derivano da modificazioni (estroflessioni, ripiegature, ecc.) di strutture dell'embrione e sono caratterizzati da sviluppo e funzioni diverse nei diversi gruppi di animali.

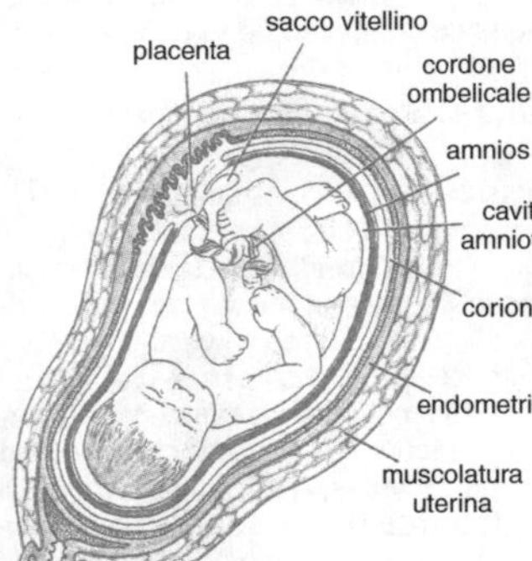

Gli annessi embrionali nella specie umana.

annuale termine riferito a pianta che completa il proprio ciclo vitale in un anno; una pianta annuale è sempre ▷ *erbacea*.

ano apertura terminale del ▷ tubo digerente della maggior parte degli animali, attraverso il quale vengono espulse, sotto forma di feci, le sostanze non digeribili.

anofele (*Anopheles*) genere di insetti i cui individui femmine si nutrono del sangue di mammiferi; comprende diverse specie di zanzare alcune delle quali capaci di trasmettere il plasmodio della ▷ malaria.

anopluri (*Anoplura*) sottordine di insetti comprendente i pidocchi. Sono insetti di piccole dimensioni (1 - 3 mm), privi di ali, con apparato boccale pungitore-succhiatore e arti uncinati per aggrapparsi ai peli dell'ospite; sono ectoparassiti di vari mammiferi (fra cui l'uomo) di cui succhiano il sangue. Il pidocchio dell'uomo, *Pediculus humanus* ha due sottospecie, *capitis* (pidocchio del capo) e *vestimentorum* (degli abiti).

antagonismo 1) interazione tra due sostanze (farmaci, enzimi, ecc.) che in un sistema esercitano effetti opposti. 2) interazione tra due muscoli in cui la contrazione di uno contrasta quella dell'altro.

antenne appendici poste sul capo di alcuni artropodi (crostacei, miriapodi e insetti), solitamente collegate al tatto e all'odorato; in alcuni crostacei sono modificate per il nuoto o per la presa. Nei crostacei corrispondono al secondo paio di appendici, mentre negli altri gruppi costituiscono il primo paio di appendici apicali.

antennule primo paio di appendici del capo dei ▷ crostacei, hanno di solito funzione sensoria, sono seguite dalle antenne.

antera nel ▷ fiore, parte dello stame, sede di produzione dei granuli pollinici.

anteridio organo riproduttore maschile di briofite (muschi) e pteridofite (felci); produce i gameti maschili, gli *anterozoidi*, mobili.

anterozoidi gameti maschili, mobili, delle briofite e pteridofite; sono detti anche *spermatozoidi*.

antibiotici sostanze prodotte da alcuni microrganismi, soprattutto muffe, in grado di distruggere altri microrganismi (batteri o funghi patogeni), o di inibirne la crescita. Tra i più comuni sono la *penicillina*, la *streptomicina* e le *tetracicline*; sono utilizzati nel trattamento di numerose infezioni batteriche ma possono indebolire i meccanismi di difesa naturale; l'abuso, inoltre, può portare allo sviluppo di ceppi di microrganismi resistenti.

anticoagulante sostanza che impedisce la ▷ coagulazione del sangue; *eparina* e *antitrombina* sono anticoagulanti normalmente presenti nel sangue.

anticodone tripletta di nucleotidi in una molecola di tRNA che si accoppia con una tripletta complementare sull'mRNA durante la ▷ sintesi proteica.

anticorpo (o immunoglobulina) proteina sintetizzata dai linfociti B nel corso della risposta ▷ immunitaria (*risposta umorale*) in presenza di una specifica sostanza estranea, o antigene. Ogni anticorpo lega un antigene con una reazione altamente specifica e lo disattiva con meccanismi diversi: può alterare la struttura di una tossina, interferire con le attività vitali di un microrganismo, provocare aggregazione e precipitazione di particelle, innescare le reazioni del ▷ complemento. Gli anticorpi sono formati da 4 catene polipeptidiche, unite in una struttura a forma di Y; ogni catena è formata da una parte *costante* e da una *variabile*. Le regioni variabili sono codificate da una serie di sequenze di DNA che possono essere tagliate e assemblate in modi diversi, generando una grande varietà di catene possibili.

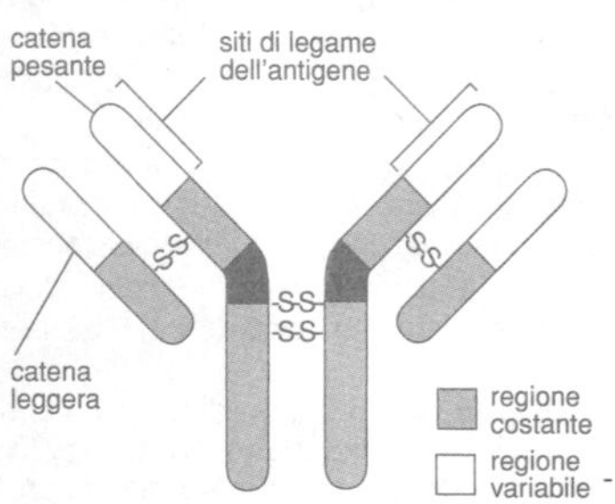

Struttura di un anticorpo.

antidiuretico, ormone ▷ ormoni.

antigene qualsiasi molecola estranea all'organismo in grado di suscitare una risposta ▷ immunitaria nell'organismo stesso; generalmente si tratta di proteine.

antisettico sostanza che elimina o inibisce la crescita di microrganismi patogeni. In generale gli anitisettici agiscono sulla struttura cellulare dell'agente patogeno, indipendentemente dalla sua natura specifica, possono quindi essere tossici o irritanti anche per l'uomo; tra i più comuni sono l'alcol etilico e l'acqua ossigenata. Gli antisettici più efficaci, usati per sterilizzare oggetti, sono detti *disinfettanti*.

antistaminici farmaci che contrastano le azioni fisiologiche dell'▷ istamina; vengono utilizzati per contrastare gli effetti di questa sostanza nella terapia delle forme allergiche come asma, orticaria, riniti. Grazie all'analogia strutturale con la molecola dell'istamina ne occupano i recettori, esercitando in questo modo l'azione antagonista.

antocianine gruppo di pigmenti presenti, all'interno dei vacuoli, nelle cellule di diversi organi delle piante (fiori, frutti), responsabili di numerose colorazioni azzurre, violette e rosse.

antozoi (*Anthozoa*) classe di ▷ celenterati in cui è presente solo la forma di polipo; comprende le *attinie*, che vivono isolate e i ▷ *coralli*, coloniali.

anuri (*Anura*) ordine di ▷ anfibi privi di coda.

ape genere di insetti appartenente all'ordine degli ▷ imenotteri, caratterizzato dall'organizzazione in società complesse in cui esistono tre tipi di individui: una sola femmina fertile (*regina*), femmine sterili (*operaie*), e maschi (*fuchi*). La regina viene fecondata da uno dei maschi e lo sperma, conservato fino a 4-5 anni in una spermateca, è utilizzato per fecondare le uova, che daranno origine a femmine, mentre le uova che si sviluppano senza essere fecondate (▷ partenogenesi) danno origine a maschi. Le operaie vivono poche settimane, sono dotate di pungiglione e possono avere diversi compiti: pulizia dell'alveare e cura delle larve, difesa, raccolta del polline (bottinatrici). Quando la comunità diventa troppo numerosa alcune larve, nutrite con un miele speciale (la pappa reale), danno origine a femmine feconde, lottano fra loro e una diventerà la nuova regina, mentre la vecchia regina si allontana con una parte dello sciame. *Apis mellifica*, è la specie allevata in tutto il mondo per la produzione del miele.

aplodiplonte termine riferito a un organismo nel cui ciclo vitale sono presenti una fase aploide e una diploide in equilibrio tra loro; ▷ alternanza di generazioni.

aploide termine riferito a una cellula, o un organismo, che possiede cromosomi tutti diversi tra loro, ne contiene cioè una sola copia per ogni tipo. La condizione aploide, tipica dei ▷ gameti degli animali, viene indicata con *n*.

aplonte termine riferito a un organismo nel cui ciclo vitale prevale la fase aploide, per esempio i muschi (▷ briofite).

apoenzima enzima inattivo che viene attivato dall'associazione con uno specifico ▷ *cofattore*, formando l'*oloenzima*.

apogamia tipo di ▷ apomissia.

apomissia tipo di riproduzione che coinvolge cellule sessuali, ma non richiede fecondazione (si contrappone all'▷ anfimissia). L'apomissia può realizzarsi con due modalità: si parla di *apogamia* quando si sviluppa una cellula sessuale diploide (si verifica in alcune piante); di ▷ *partenogenesi* quando si realizza a partire da una cellula sessuale aploide.

apparato in anatomia, insieme di organi che operano in modo coordinato e le cui diverse funzioni si sommano dando luogo a una funzione più generale (▷ digerente, ▷ respiratorio, ▷ escretore, ▷ riproduttore).

apprendimento processo che comprende le modificazioni del comportamento prodotte dall'esperienza. L'apprendimento permette di realizzare, in seguito alle esperienze precedenti, nuove modalità di risposta di fronte a una situazione problematica o alle pressioni ambientali. Sono forme di apprendimento l'▷ *imprinting* e il ▷ condizionamento, l'apprendimento per prove ed errori, e l'apprendimento per imitazione. Questi ultimi due processi richiedono la presenza di meccanismi neurali complessi.

aracnidi (*Aracnida*) classe di ▷ artropodi terrestri che comprende ragni, scorpioni, zecche e acari. Il corpo è suddiviso in una porzione anteriore, il cefalotorace (*prosoma*) e una posteriore, l'addome (*opistosoma*). Anteriormente sono presenti un paio di appendici utilizzate per la presa e la difesa, i *cheliceri* e un paio di appendici prensili e sensorie, i *pedipalpi*, oltre a 4 paia di zampe per la locomozione. L'addome non porta appendici locomotorie, ma può portare strutture di tipo sensorio o appendici filanti. Le zecche e alcuni acari sono parassiti, ma la maggior parte degli aracnidi sono predatori e si nutrono dei liquidi corporei delle prede, a volte secernono enzimi digestivi per digerirle all'esterno. Respirano tramite ▷ *trachee* oppure ▷ *polmoni a libro*.

archebatteri gruppo di procarioti molto diversi dal punto di vista biochimico sia dagli eucarioti che dagli altri procarioti (detti anche *eubatteri*). In particolare sono diverse la composizione della parete cellulare e della membrana cellulare, oltre alle caratteristiche dell'RNA ribosomale. Attualmente inquadrati nel regno delle ▷ *monere*, cui appartengono tutti i procarioti, secondo alcuni autori rappresentano un regno distinto. Vivono in condizioni estreme simili a quelle che si suppone esistessero all'origine della Terra e sono considerati organismi primordiali, precursori degli altri procarioti. Si conoscono tre gruppi principali:

- i *metanobatteri*, o batteri *metanogeni*, anaerobi, riducono l'anidride carbonica (CO_2) a metano (CH_4), vivono nel fondo marino, nei fanghi marcescenti e nell'intestino degli animali;
- gli *alobatteri*, alofili, vivono in acque salate molto concentrate (come quelle del Mar Morto);
- i *termoacidofili* (generi *Sulfolobus* e *Thermoplasma*), vivono nelle sorgenti termali sulfuree, acide e calde.

archegonio organo riproduttivo femminile di briofite (muschi) e pteridofite (felci); al suo interno si differenzia l'*oosfera*, il gamete femminile.

archenteron durante lo sviluppo ▷ embrionale, è la cavità interna alla gastrula.

arginina ▷ amminoacidi.

arteria vaso sanguigno che trasporta il sangue dal cuore verso gli altri tessuti del corpo; generalmente (tranne le arterie polmonari) si tratta di sangue ricco di ossigeno.

arteriola arteria di piccolo calibro.

articolazione struttura che comprende le superfici di contatto fra due o più ossa e i tessuti che le circondano.

artiodattili (*Artiodactyla*) ordine di mammiferi ▷ ungulati *paridigitati* (in cui il terzo e quarto dito sono ugualmente sviluppati). Appartengono a questo ordine i bovini, i cammelli, gli ippopotami e i maiali. Tutti animali erbivori, tranne i maiali, sono dotati di denti adatti a triturare le erbe dure e di intestino molto lungo.

arto termine generico riferito alle appendici di vertebrati e invertebrati dotate di funzione locomotoria, prensile, tattile. Gli arti dei vertebrati (cui è più correttamente riferito questo termine), pur presentando diversi adattamenti e modificazioni, possono essere ricondotti a una struttura fondamentale comune. Tutti i vertebrati, tranne i ciclostomi sono dotati di due paia di arti collegati al tronco tramite il ▷ cinto pettorale e il ▷ cinto pelvico, costituiti fondamentalmente di tre porzioni, la prima formata da un osso lungo (nell'uomo il braccio e la coscia), la seconda due ossa lunghe (l'avambraccio e la gamba), la terza formata da un certo numero di ossa corte (mano e piede).

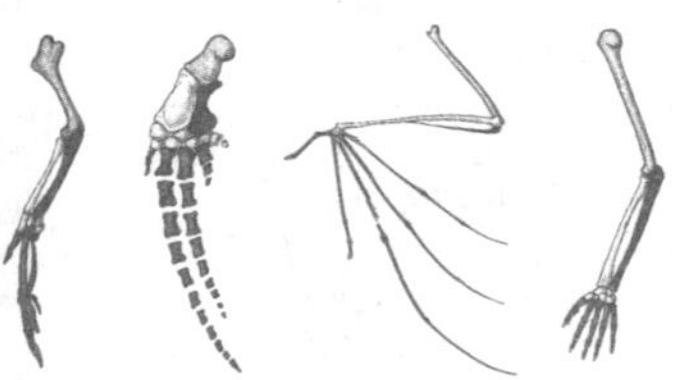

Schema degli arti anteriori di alcuni vertebrati.

artropodi (*Arthropoda*) *phylum* di invertebrati dotati di appendici articolate adatte al movimento e di ▷ *esoscheletro* con funzione protettiva, costituito principalmente di chitina. La presenza dell'esoscheletro impedisce un accrescimento continuo, lo sviluppo degli artropodi infatti avviene attraverso più stadi (▷ metamorfosi), fra i quali l'esoscheletro viene perso e riformato tramite il processo della muta. L'apparato circolatorio è aperto, l'escrezione avviene generalmente attraverso ▷ *tubuli di Malpighi*; respirano tramite branchie (se acquatici), ▷ polmoni a libro oppure ▷ trachee (se terrestri). I segmenti (metameri) che costituiscono il corpo degli artropodi sono organizzati in tre parti: il *capo*, dove si trovano gli occhi composti e le antenne, il *torace* e l'*addome*. Il *phylum* degli artropodi, con più di un milione di specie, è il più grande del regno animale e comprende organismi diffusi in ambiente terrestre, marino e d'acqua dolce. La sistematica è complessa e si basa principalmente sulle caratteristiche dell'apparato boccale. I gruppi più importanti sono gli ▷ *aracnidi* (ragni, scorpioni, acari e zecche), i ▷ *crostacei* (gamberi, granchi, ecc.), i ▷ *miriapodi* (centopiedi e millepiedi) e gli ▷ *insetti*.

aschelminti (*Aschelmintes*) o **nematelminti** *phylum* controverso ed eterogeneo, comprendente animali vermiformi a simmetria bilaterale, dotati di ▷ pseudoceloma; hanno il corpo rivestito da una cuticola resistente e sono a sessi separati. Le due classi più importanti sono ▷ rotiferi e ▷ nematodi. Comprende inoltre i *gastrotrichi* (*Gastrotricha*) con poche specie, simili ai nematodi, con faccia ventrale ciliata, lunghi fino a 1,5 m; i *chinorinchi* (*Kinorhyncha*) marini, a vita libera, provvisti di setole o aculei; gli *acantocefali* (*Acanthocephala*) parassiti, privi di intestino, dotati di una proboscide armata di uncini; i *nematomorfi* (*Nematomorpha*) simili ai nematodi, con larve parassite e adulti liberi.

asco struttura contenente le spore nei funghi *ascomiceti*.

ascomiceti (*Ascomycetes*) il più numeroso gruppo di funghi, comprendente organismi unicellulari o pluricellulari che si riproducono prevalentemente per via asessuata; le spore coinvolte nella riproduzione sessuata sono prodotte da una struttura a sacchetto detta *asco*. Appartengono a questo gruppo numerose muffe che si sviluppano sui cibi avariati, il tartufo (*Tuberales*), i ▷ lieviti e diversi parassiti delle piante, come *Claviceps purpurea*, che colpisce la segale e provoca intossicazioni alimentari in seguito al consumo della farina infestata.

ascorbico, acido vitamina C; ▷ vitamine.

asparagina ▷ amminoacidi.

aspartico, acido ▷ amminoacidi.

assimilazione 1) *in fisiologia animale*, utilizzazione, da parte dei tessuti, degli alimenti digeriti, assorbiti e passati nel circolo sanguigno. 2) *in fisiologia vegetale*, processo che permette la trasformazione in composti organici (zuccheri, proteine, ecc.) delle sostanze inorganiche (fosfati, nitrati, ecc.) assorbite dal terreno.

associazione vegetale insieme di piante strettamente correlate, adattate a un determinato ambiente; le associazioni vegetali sono rette da equilibri delicati in cui le diverse specie si influenzano reciprocamente in modo complesso.

assone prolungamento di un ▷ neurone che trasmette l'impulso nervoso in senso centrifugo, dal corpo cellulare a un organo effettore o all'encefalo.

assorbimento passaggio di un liquido o di sostanze in soluzione attraverso la membrana cellulare, dall'esterno all'interno; in questo modo per esempio le radici delle piante assorbono acqua e sali dal terreno. Nell'apparato digerente degli animali gli alimenti digeriti, disciolti nei liquidi intestinali, sono assorbiti nel sistema circolatorio attraverso le cellule che rivestono l'intestino.

assortimento indipendente principio secondo il quale nell'incrocio tra due individui differenti per più di un carattere ereditario, tali caratteri, durante la formazione dei gameti, si assortiscono indipendentemente gli uni dagli altri e si combinano secondo le leggi del caso (terza legge di ▷ Mendel). Secondo la teoria cromosomica dell'eredità possiamo dire che nel corso della ▷ meiosi i cromosomi omologhi di ogni coppia cromosomica si distribuiscono nei gameti in modo indipendente.

assuefazione 1) *in etologia*, tipo di apprendimento che comporta la scomparsa della risposta a uno stimolo ripetuto, se questo si rivela innocuo; così per esempio gli uccelli imparano a ignorare uno spaventapasseri che in un primo momento avevano temuto. 2) *in fisiologia*, fenomeno di progressiva tolleranza dell'organismo all'azione di sostanze particolari, come morfina, cocaina, alcol; è uno stato reversibile, e l'astensione ripristina la sensibilità originale.

aster struttura formata da piccole fibre disposte a raggiera attorno a un centriolo; gli aster sono visibili nelle cellule animali all'inizio della ▷ mitosi, disposti alle estremità del fuso mitotico.

asteroidi (*Asteroidea*) classe di ▷ echinodermi comprendente le stelle di mare.

ATP (adenosina trifosfato) nucleotide costituito dalla base azotata adenina, lo zucchero ribosio e tre gruppi fosfato (derivanti dall'acido fosforico H_3PO_4, e indicati anche con P_i) legati covalentemente.

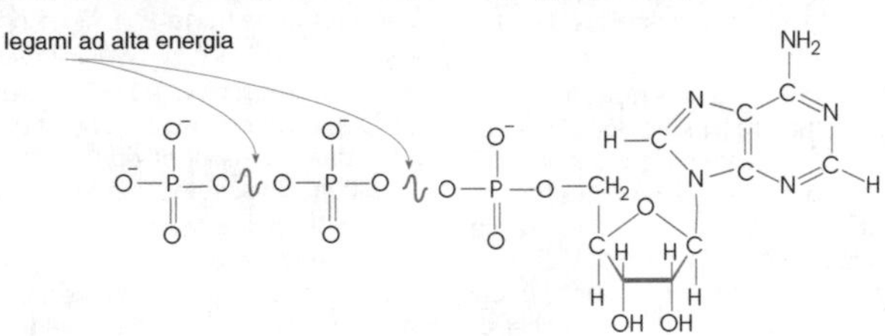

L'ATP.

I due fosfati più esterni costituiscono legami ad alta energia, e possono essere idrolizzati, formando ADP (*adenosina difosfato*), quando si stacca un fosfato, oppure AMP (*adenosina monofosfato*) se si staccano due fosfati. Entrambe le reazioni liberano molta energia (7,3 Kcal/mol) che viene utilizzata per i processi cellulari. La sintesi di ATP a partire da ADP, si realizza grazie all'energia chimica liberata dagli alimenti; avviene durante la ▷ glicolisi e il ▷ ciclo di Krebs, ma soprattutto nel corso delle reazioni di ossido-riduzione della catena di trasporto degli elettroni che si svolge durante la respirazione cellulare (▷ catena respiratoria). L'ATP svolge un ruolo cardine come molecola trasportatrice di energia nei sistemi biologici, infatti la scissione e la formazione di questi legami altamente energetici permettono di liberare o immagazzinare energia rapidamente disponibile per la cellula.

atrio cavità del cuore che riceve il sangue dalle vene e lo passa in un ventricolo.

atrofia degenerazione di un organo o di parte di un organo.

attenuazione riduzione della capacità di un microrganismo di provocare malattie; si può ottenere mediante trattamento chimico, irradiazione o altri procedimenti. Batteri o virus attenuati vengono usati per preparare alcuni ▷ vaccini.

attinomiceti (*Actinomycetes*) gruppo di batteri per lo più anaerobici, comprendente microrganismi patogeni per l'uomo e gli animali, e altri utili perché produttori di importanti ▷ antibiotici, come il genere *Streptomyces*, produttore della streptomicina.

attinomorfo termine riferito a un organismo o un organo (in particolare fiori) a ▷ simmetria radiale.

attività ottica proprietà di composti che sono in grado di ruotare il piano della luce polarizzata quando questa attraversa una loro soluzione. L'attività ottica è una caratteristica di composti la cui molecola presenta due forme isomere (*isomeri ottici*) diverse solamente per la distribuzione nello spazio degli stessi atomi, impegnati negli stessi legami; i due isomeri ruotano il piano della luce polarizzata di angoli uguali, ma in senso opposto. I composti di questo tipo vengono attribuiti alla serie D o alla serie L a seconda della disposizione degli atomi rispetto all'atomo di carbonio preso come riferimento. Quando nelle molecole biologiche sono presenti composti otticamente attivi, le due forme (D oppure L) non sono mai intercambiabili, per esempio tutti gli amminoacidi presenti nelle proteine appartengono alla serie L, il glucosio è sempre D-glucosio, il ribosio degli acidi nucleici è D-ribosio.

austorio organo specializzato, presente in alcune piante parassite, che penetra nelle cellule della pianta ospite per assorbirne le sostanze nutritive.

Australopitecus genere di primati fossili vissuti da circa 4,4 a 1,3 milioni di anni fa; ▷ ominazione.

autoclave grande recipiente di acciaio utilizzato per effettuare operazioni che richiedono elevata pressione e temperatura, per esempio per sterilizzare materiale utilizzato in ambito microbiologico.

autogamia 1) fusione di due gameti provenienti dallo stesso individuo (per esempio in alcuni protozoi); 2) in botanica, fenomeno per cui il polline di un fiore può fecondare gli ovuli dello stesso fiore (*autofecondazione*).

autoimmunità reazione anomala del sistema immunitario che non riconosce come propri alcuni elementi appartenenti all'organismo stesso, e produce anticorpi contro questi elementi, causando le *malattie autoimmuni*. L'*artrite reumatoide*, per esempio, caratterizzata da grave infiammazione delle articolazioni, è una malattia autoimmune.

autoimpollinazione impollinazione che ha luogo fra il polline e gli ovuli dello stesso fiore.

autolisi processo di autodistruzione di una cellula, di un organulo o di un tessuto, causato dall'azione di enzimi contenuti e rilasciati dai ▷ lisosomi.

autoradiografia tecnica usata per rivelare la presenza e determinare la quantità di una sostanza radioattiva contenuta in un essere vivente. Il campione radioattivo viene messo a contatto con una lastra fotografica, che viene impressionata dalle radiazioni emesse dalle zone radioattive del campione, in questo modo si ricava una mappa della distribuzione della radioattività nel campione stesso. Questa tecnica viene usata per studiare il percorso e la distribuzione di particolari sostanze nei tessuti e nelle cellule, a questo scopo si introducono nell'organismo sostanze marcate con isotopi radioattivi (▷ marcatura).

autosomi tutti i cromosomi di una cellula, esclusi i ▷ cromosomi sessuali.

autotrofia tipo di nutrizione in cui gli organismi (detti *autotrofi*) sintetizzano i composti organici a loro necessari a partire da sostanze inorganiche semplici, prelevate dall'ambiente. Le principali fonti di carbonio e azoto sono rispettivamente l'anidride carbonica presente in atmosfera e i nitrati disciolti nelle acque e presenti nel suolo; la CO_2 atmosferica, attraverso complesse serie di reazioni viene utilizzata per la sintesi di composti organici, come i carboidrati (*organicazione*). Gli organismi che utilizzano l'energia luminosa per sintetizzare carboidrati, attraverso la ▷ fotosintesi, sono detti *fotoautotrofi*; altri, i *chemioautotrofi*, ricavano l'energia e il potere riducente necessari attraverso reazioni di ossidazione di sostanze inorganiche (composti dell'azoto, dello zolfo, oppure ferro). Tutte le piante verdi sono fotoautotrofe, come alcuni batteri, mentre altri sono chemioautotrofi.

autotrofo ▷ autotrofia.

auxine ormoni vegetali che regolano alcuni processi come l'attivazione della crescita cellulare e il mantenimento della ▷ dominanza apicale. Una delle principali sostanze appartenenti a questo gruppo è l'*acido indolacetico* (IAA).

azoto elemento chimico che allo stato gassoso, in forma di molecola biatomica (N_2), costituisce il 78% dell'atmosfera. È un costituente fondamentale dei viventi (macronutriente), presente principalmente come gruppo amminico ($-NH_2$) negli amminoacidi; è un componente fondamentale delle basi azotate, e quindi di nucleotidi e acidi nucleici; è presente inoltre in molti composti glucidici.

azoto, ciclo del serie di reazioni tramite le quali l'azoto entra nella componente vivente (animali, piante ecc.) e non vivente (suolo, acqua) dell'ecosistema; comprende i seguenti stadi principali:

- *assimilazione* nelle piante di azoto inorganico (soprattutto nitrati, NO_3^-) assorbito dal terreno, e incorporato in composti organici (N_{org}), come amminoacidi e proteine che entrano nelle catene alimentari;
- *ritorno* nell'ambiente di *azoto organico* contenuto nelle escrezioni degli animali (▷ urea e ▷ acido urico) e nei resti di animali e vegetali morti;
- *nitrificazione:* trasformazione dell'azoto organico (NH_3) nelle forme inorganiche di nitriti (NO_2^-) e nitrati (NO_3^-) a opera di batteri, che lo rendono nuovamente disponibile per i vegetali;
- *fissazione* in composti organici dell'azoto atmosferico;
- *denitrificazione*: trasformazione (a opera di batteri) di NO_3^- e NO_2^- in N_2 che viene immesso in atmosfera;

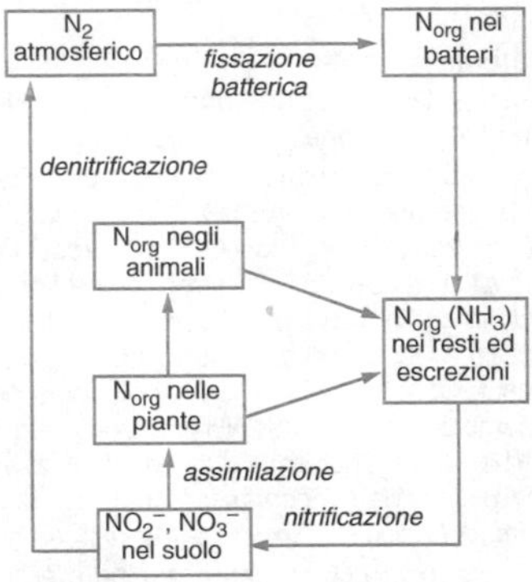

azoto, fissazione del processo effettuato da alcuni organismi procarioti che consiste nella trasformazione dell'azoto atmosferico (N_2) in azoto organico ($-NH_2$). Nel ciclo dell'azoto, questo passaggio permette di arricchire il *pool* di azoto organico a partire dall'azoto atmosferico. Gli organismi che compiono questa funzione, detti azotofissatori, sono batteri (come *Azotobacter*) o cianobatteri (come *Anabaena*) che vivono liberi nel terreno, oppure formano simbiosi con le cellule della radice di alcune piante, per esempio i batteri del genere *Rhizobium* con molte leguminose. Per questo motivo le tecniche agronomiche tradizionali prevedono la coltura di leguminose (come l'erba medica) in rotazione con i cereali, per arricchire i terreni in azoto.

B

bacca tipo di ▷ frutto carnoso.

baccello sinonimo di legume, tipo di ▷ frutto secco deiscente.

bacillariofite altro nome delle ▷ diatomee.

bacillo batterio a forma di bastoncino.

bacino sinonimo di ▷ cinto pelvico.

balausta tipo di ▷ frutto, caratteristico del melograno.

banda di Caspary striscia cerosa che circonda le cellule dell'endoderma nella ▷ radice delle piante rendendo impermeabili gli spazi intercellulari.

barbe ▷ penna.

barbule ▷ penna.

barocettori recettori sensibili ai cambiamenti di pressione.

base composto chimico che in soluzione acquosa, reagendo con H_2O, fa aumentare la concentrazione degli ioni OH^-. Gli idrossidi di metalli alcalini e alcalino terrosi, come l'idrossido di sodio (NaOH), l'idrossido di potassio (KOH) e l'idrossido di calcio ($Ca(OH)_2$) sono basi forti; numerosi altri composti, come per esempio l'ammoniaca (NH_3), si comportano da basi deboli, determinando un aumento più modesto della concentrazione di OH^-. Sinonimo di *basico* è il termine *alcalino*.

base azotata composto organico eterociclico contenente azoto caratterizzato da comportamento basico. In biologia con questo termine si indicano composti organici ad anello che sono fra i costituenti dei nucleotidi e quindi degli ▷ acidi nucleici, in particolare le basi *puriniche*, *adenina* e *guanina* (derivate della ▷ purina) e le basi *pirimidiniche*, *timina*, *uracile* e *citosina* (derivate della ▷ pirimidina).

basidio struttura in cui si verifica la meiosi e si formano le spore nei funghi *basidiomiceti*.

basidiomiceti (*Basidiomycetes*) gruppo di funghi comprendente i comuni funghi a cappello. Questi organismi sono formati da un micelio che si espande sottoterra oppure sui tronchi marcescenti, e dal corpo fruttifero formato da *gambo* e *cappello*. Per la maggior parte saprofiti, alcuni sono parassiti, come le *ruggini* e i *carboni*, parassiti di vegetali, privi di corpo fruttifero. I basidiomiceti sono i funghi più evoluti, nel loro ciclo vitale predomina la generazione diploide, la riproduzione sessuata prevede la formazione di spore all'interno di strutture dette *basidi*.

bastoncelli recettori fotosensibili presenti nella ▷ retina; contengono il pigmento rodopsina, grazie al quale permettono la visione notturna.

batiale, zona strato di acqua, in oceano aperto, sovrastante la scarpata continentale, compreso in media fra 200 e 2000 m di profondità. Nella zona batiale non arriva luce, quindi non ci sono organismi vegetali, ma sono presenti molte specie animali, come per esempio i calamari giganti.

batteri gruppo eterogeneo di organismi unicellulari procarioti, inclusi nel regno delle *monere*; secondo le classificazioni più recenti vengono suddivisi in ▷ *eubatteri* e ▷ *archebatteri*, simili morfologicamente ma profondamente diversi per alcuni caratteri biochimici. La maggior parte delle cellule batteriche, molto semplici, ha dimensioni comprese fra 0,5 e 5 μm, il materiale genetico non è racchiuso da una membrana nucleare, e non sono presenti organuli citoplasmatici. Sono dotati di parete cellulare (diversa da quella delle cellule vegetali) e a volte di un ulteriore rivestimento polisaccaridico. Sono classificati come *gram-positivi* o *gram-negativi* in base alla loro reazione alla colorazione di ▷ Gram. A seconda della forma sono denominati *cocchi* (sferoidali), *bacilli* (a bastoncino), *spirilli* (a spirale) o *vibrioni* (a virgola). Si riproducono in modo asessuato per *scissione bina-*

ria, ma possono realizzare anche una forma di sessualità indicata come ▷ *coniugazione batterica* che permette lo scambio di materiale genetico. Esistono forme di resistenza dette *endospore* che permettono la sopravvivenza in condizioni ambientali avverse. Organismi ubiquitari, alcuni ceppi sono adattati a condizioni estreme di temperatura, pH o salinità. Hanno metabolismo molto diversificato: alcuni sono aerobi, altri anaerobi, obbligati oppure facoltativi. Esistono batteri eterotrofi oppure autotrofi; gli eterotrofi sono parassiti di animali o piante, oppure saprofiti, in questo caso hanno un ruolo fondamentale come decompositori della sostanza organica morta presente nell'ambiente e sono coinvolti in tutti i ▷ cicli biogeochimici. Gli autotrofi sono *chemioautotrofi* oppure *fotoautotrofi*; fra i fotoautotrofi i *batteri verdi* e i *batteri fotosintetici purpurei*, utilizzano per la fotosintesi pigmenti diversi da quelli delle piante e acido solfidrico (H_2S) al posto dell'acqua; mentre i ▷ *cianobatteri*, dal punto di vista fotosintetico, sono molto simili alle piante.

battericida qualsiasi sostanza chimica (alcoli, acidi, aldeidi, fenoli, antibiotici, ecc.) o agente fisico (calore, raggi ultravioletti, raggi X) in grado di eliminare i batteri.

batteriofago (o fago) virus parassita di un batterio. L'azione dei batteriofagi può seguire due modalità: nella maggior parte dei casi il virus infetta il batterio ospite iniettando il proprio materiale genetico e ne sfrutta le attività enzimatiche per replicare il proprio genoma e sintetizzare le proteine del capside, dopo di che le nuove particelle virali si assemblano e fuoriescono provocando la lisi del batterio. In questo caso il fago è detto *virulento*, e si parla di *ciclo litico*. Esistono fagi detti *temperati* che integrano il proprio genoma in quello batterico (*profago*) e si moltiplicano sincronicamente con quest'ultimo senza danneggiarlo, si parla allora di *ciclo lisogeno*; spontaneamente, o in seguito a eventi scatenanti (radiazioni, sostanze chimiche ecc.), il materiale genetico virale si può liberare dando luogo a un ciclo litico. I batteriofagi sono utilizzati nelle tecniche di ingegneria genetica come vettori di materiale genetico.

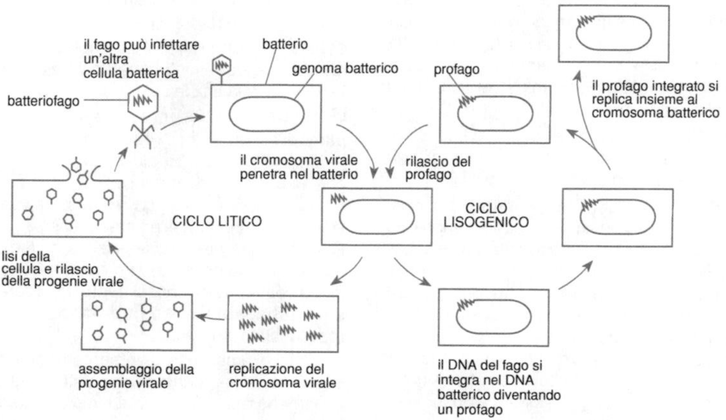

Ciclo riproduttivo di un batteriofago

batteriologia ramo della microbiologia che studia i batteri, principalmente tramite colture *in vitro*.

bentonico termine riferito a organismo che vive sul fondo di un corpo idrico (lago o mare); gli organismi bentonici possono essere mobili, come le stelle di mare, oppure ancorati al substrato, come i coralli.

biennale termine riferito a una pianta che necessita di due stagioni di crescita per completare il proprio ciclo vitale. Durante il primo anno di vita accumula riserve, che poi sono utilizzate, durante il secondo anno per la produzione di fiori, semi e frutti (per esempio la carota).

bilateri (*Bilateria*) vasto gruppo di animali a ▷ simmetria bilaterale; sono dotati di un polo posteriore e uno anteriore, dove si concentrano il sistema nervoso, gli organi di senso e la bocca (cefalizzazione). Nella gastrula sono presenti tre ▷ foglietti embrionali; si dividono in ▷ protostomi e ▷ deuterostomi.

bile liquido secreto dal fegato che, immesso nel duodeno, facilita la digestione e l'assorbimento dei grassi.

binoculare, visione modalità visiva tipica degli animali dotati di occhi frontali, capaci di proiettare simultaneamente sulla retina di entrambi gli occhi un'immagine a fuoco dello stesso oggetto; permette una visione tridimensionale e una migliore valutazione delle distanze.

biocenosi associazione di organismi animali e vegetali che occupa un determinato ambiente; sinonimo di *comunità*.

biochimica disciplina che studia la chimica degli esseri viventi; riguarda la composizione, la funzione e le trasformazioni chimiche delle sostanze che compongono gli organismi viventi e sono implicate nel ▷ metabolismo. La biochimica è una parte importante di numerose altre discipline, come la fisiologia e la genetica; le scoperte in questo campo hanno importanti ripercussioni sulla medicina, l'agricoltura e l'industria.

biodegradabilità proprietà di sostanza che può venire degradata a opera degli agenti biofisici naturali, quindi microrganismi come batteri, funghi, protozoi e agenti fisici quali luce, umidità ecc.

bioenergetica settore della biologia che studia il flusso e le trasformazioni di energia che coinvolgono gli organismi viventi.

biofisica studio degli aspetti fisici dei fenomeni biologici; riguarda anche l'applicazione delle leggi fisiche ai fenomeni biologici.

biogas miscela di gas combustibili derivata dalla ▷ fermentazione anaerobica di materiale organico.

biogeografia studio della distribuzione degli esseri viventi sulla Terra.

bioingegneria disciplina riguardante le applicazioni dell'ingegneria al campo della biologia e della medicina. La bioingegneria si basa sull'utilizzo nel campo dell'ingegneria di risultati delle scienze medico-biologiche per progettare e realizzare apparecchiature utili per la sostituzione di organi o di loro parti, come arti artificiali, protesi per articolazioni, *pacemaker* cardiaci.

biologia scienza comprendente tutte le discipline che studiano gli esseri viventi nei loro diversi aspetti: la forma, la struttura, le funzioni degli organismi viventi, l'evoluzione, il comportamento e gli effetti delle interazioni fra le diverse specie.

biologia molecolare studio della struttura e della funzione delle macromolecole caratteristiche dei viventi, in particolare le proteine e gli acidi nucleici.

bioluminescenza emissione di luce da parte di esseri viventi. Presentano fenomeni di bioluminescenza alcuni batteri e funghi, insetti, protozoi marini e pesci abissali. Il meccanismo biochimico richiede l'ossidazione, per azione dell'enzima *luciferasi*, di una sostanza detta *luciferina*. La bioluminescenza può essere un richiamo sessuale, un segnale di riconoscimento fra organismi della stessa specie, oppure un meccanismo di difesa.

bioma insieme delle diverse comunità di organismi viventi che in una determinata zona geografica hanno raggiunto una relativa stabilità, mantenuta da quella delle condizioni ambientali. I principali biomi, descritti soprattutto in base ai vegetali che li caratterizzano, sono la ▷ *tundra*, la ▷ *taiga* (o *foresta a conifere*), la ▷ *foresta decidua temperata*, la ▷ *foresta pluviale*, la ▷ *prateria* e il ▷ *deserto*.

biomassa massa totale degli organismi di un certo tipo presenti in una data area, espressa in termini di unità di peso secco per unità di superficie. Il valore della biomassa fornisce un'indicazione sulla capacità produttiva di un particolare ecosistema.

biomolecola composto organico importante nella costituzione degli organismi viventi; i principali gruppi di biomolecole sono ▷ *carboidrati*, ▷ *lipidi*, ▷ *acidi nucleici* e ▷ *proteine*.

biopoiesi ▷ abiogenesi.

bioritmo cambiamento periodico nel comportamento o nella fisiologia di un organismo, generato e mantenuto da un orologio biologico, il più noto è il *ritmo circadiano,* secondo il quale la maggior parte degli esseri viventi mostra cicli giornalieri regolari in molte funzioni fisiologiche.

biosfera insieme delle zone sulla superficie terrestre, nell'aria e nell'acqua, abitate da organismi viventi.

biosintesi produzione da parte di una cellula vivente delle molecole biologiche, tramite le reazioni dell'anabolismo. Le reazioni biosintetiche (*endoergoniche*) possono avvenire solo mediante apporto di energia esterna, a questo scopo le cellule autotrofe utilizzano la radiazione solare, mentre le cellule eterotrofe ottengono energia dalla degradazione di molecole organiche quali gli zuccheri e i grassi.

biossido di carbonio altro nome dell'▷ anidride carbonica (CO_2).

biotecnologia sviluppo di tecniche che riguardano l'utilizzazione di sistemi biologici (organismi, cellule, oppure enzimi) per la produzione di materiali utili in campo medico o industriale. Questa definizione comprende sia tecniche antichissime come la produzione del vino, della birra o dello yogurt, che utilizzano processi di ▷ fermentazione, che tecnologie di recente sviluppo che prevedono la manipolazione del materiale genetico di determinati organismi e la loro coltura al fine di produrre sostanze utili; ▷ *ingegneria genetica*.

biotico nella definizione di un ▷ ecosistema, termine riferito a ogni fattore determinato dalla presenza di esseri viventi.

biotina vitamina H; ▷ vitamine.

biotopo sito fisicamente occupato da una popolazione in un ▷ ecosistema.

Bivalvi (*Bivalvia*) ▷ lamellibranchi.

blastocele cavità della ▷ blastula.

blastocisti termine riferito all'embrione dei mammiferi, allo stadio di blastula.

blastoderma involucro esterno della ▷ blastula.

blastomero ▷ blastula.

blastoporo ▷ gastrula.

blastula stadio precoce dello ▷ sviluppo embrionale di un animale, risultante dalla segmentazione dell'uovo fecondato. È simile a una sfera cava in cui le cellule in divisione (*blastomeri*) formano un involucro (*blastoderma*) che delimita una cavità centrale (*blastocele*). Ha forma e dimensioni diverse a seconda della quantità di materiale di riserva contenuta nell'uovo.

blu di metilene colorante utilizzato in microscopia ottica per evidenziare i nuclei di tessuti animali.

bocca parte iniziale del ▷ tubo digerente; nei mammiferi contiene la ▷ *lingua*, i ▷ *denti* e le aperture dei dotti delle ▷ *ghiandole salivari*.

boccale, apparato struttura anatomica formata da coppie di appendici presenti sul capo degli artropodi (insetti, crostacei ecc.), utilizzate per la nutrizione. Generalmente un insetto è dotato di un labbro inferiore, un paio di mandibole, un paio di mascelle e un labbro superiore. In numerose specie l'apparato boccale è modificato a formare stiletti adatti a pungere o proboscidi per succhiare.

BOD sigla di *biochemical oxygen demand* (richiesta biochimica di ossigeno), indica la quantità di ossigeno necessaria ai microrganismi decompositori per ossidare la sostanza organica presente in un corpo idrico. Un elevato BOD è indice della presenza di un'elevata quantità di sostanza organica, quindi di un inquinamento, spesso infatti la sostanza organica viene immessa in un corpo idrico dagli scarichi urbani, agricoli o industriali.

botanica scienza che si occupa degli organismi vegetali, studiandone anatomia, morfologia, fisiologia, biochimica, genetica, evoluzione, tassonomia, ecologia e distribuzione.

bottone gustativo piccolo organo di senso, presente in gran parte dei vertebrati, specializzato nella percezione dei sapori. Nell'uomo i bottoni gustativi si trovano sulla lingua, organizzati nelle *papille gustative*; nei pesci i bottoni gustativi sono distribuiti sull'intera superficie corporea e forniscono informazioni sull'acqua circostante.

bozzolo involucro che racchiude le pupe di molte specie di insetti (lepidotteri, imenotteri) a ▷ metamorfosi completa, viene prodotto dalla larva prima della trasformazione in pupa. Sono detti bozzoli anche i rivestimenti mucosi che racchiudono le uova degli ▷ oligocheti.

branchie organi respiratori tipici degli animali acquatici che permettono di utilizzare l'ossigeno disciolto nell'acqua. Le branchie sono costituite da estroflessioni della superficie corporea, filamentose o membranose, poste a contatto con l'acqua e dotate di un'estesa area superficiale riccamente vascolarizzata che permette gli scambi gassosi tra l'acqua e il sangue. Possono essere *interne*, come nei pesci, in cui il passaggio dell'acqua si realizza fra le fessure branchiali e la bocca, oppure *esterne*, come in molti invertebrati acquatici e nelle larve di anfibi.

brattea foglia modificata che alla sua ascella contiene un fiore o un'infiorescenza. Le brattee possono avere forma appariscente e colori brillanti; i vivaci "fiori" della bouganvillea, per esempio, sono in realtà formati da brattee, mentre i fiori veri sono piccoli e poco appariscenti.

brevidiurna termine riferito a pianta che fiorisce solo quando la luce del giorno dura meno di 12 ore (per esempio granoturco, miglio, cotone, fragola, crisantemo).

briofite (*Bryophyta*) divisione botanica comprendente piante prive di tessuti veri e propri (a *tallo*). Non hanno vere radici e sono ancorate al suolo tramite semplici strutture dette *rizoidi*; assorbono l'umidità dall'aria e non possiedono tessuti vascolari, per questo motivo vivono esclusivamente in ambienti umidi. Il ciclo vitale delle briofite comprende un'▷ alternanza di generazioni in cui prevale il gametofito (n), la pianticella dotata di stelo, foglioline e rizoidi è infatti aploide. I gameti sono prodotti all'interno di strutture specializzate: gli *archegoni* per i gameti femminili (*oosfere*), gli *anteridi* per i gameti maschili (*anterozoidi*). In condizioni di sufficiente umidità gli anterozoidi, flagellati, vengono liberati dall'anteridio e nuotano verso l'archegonio, per fondersi con la cellula uovo. Dallo zigote, così formato si sviluppa lo sporofito ($2n$), molto ridotto, che cresce sul gametofito ed è costituito da un peduncolo e da una capsula nella quale ha luogo la meiosi e si formano le spore dalla cui germinazione avrà origine il nuovo gametofito. Le briofite comprendono le *epatiche*, con tallo laminare e i *muschi*, caratterizzati da un fusticino che porta foglioline.

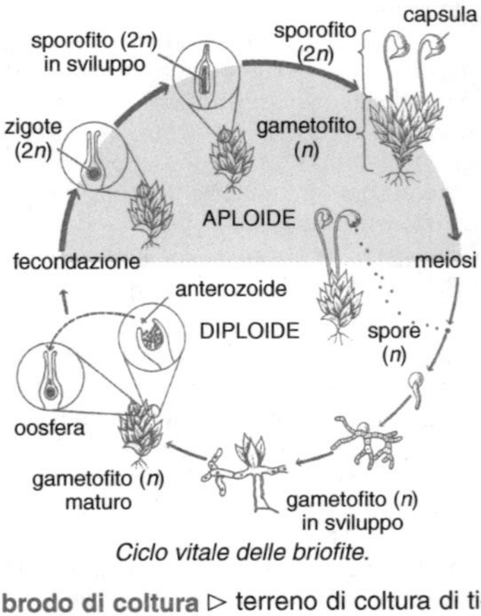

Ciclo vitale delle briofite.

brodo di coltura ▷ terreno di coltura di tipo liquido.

bronchi i due principali condotti che trasportano l'aria ai polmoni, formati dalla biforcazione della trachea; si ramificano via via in condotti più sottili (*bronchioli*) terminanti negli alveoli che formano la massa spugnosa dei polmoni.

bulbo 1) *in botanica*, organo sotterraneo tipico di alcune piante monocotiledoni (cipolla, tulipano, giglio) che permette loro di superare il periodo compreso tra una stagione di crescita e un'altra. Si tratta di un germoglio modificato, con fusto molto breve e gemma apicale, avvolto da foglie carnose contenenti le sostanze di riserva che saranno utilizzate nella stagione di crescita, quando il bulbo germina. 2) in *anatomia*, parte del ▷ tronco encefalico, detto anche *midollo allungato*.

C

caglio sostanza presente nei tessuti dello stomaco dei giovani ruminanti non ancora svezzati, contiene ▷ *rennina* e viene utilizzato nella preparazione del formaggio per fare coagulare il latte.

calaza nell'▷ uovo degli uccelli è un cordone fibroso di albume, che mantiene il tuorlo al centro dell'uovo.

calciferolo vitamina D; ▷ vitamine.

calcio (Ca) elemento chimico essenziale per gli organismi viventi (uno dei *macronutrienti*). Negli animali il calcio è un importante costituente delle ossa (nel minerale idrossiapatite) e dei denti; è inoltre coinvolto nel meccanismo della ▷ contrazione muscolare; nelle piante è un costituente della ▷ lamella mediana.

calcitonina ▷ ormoni.

calice parte del ▷ fiore formata dai *sepali*.

caliptra nelle piante, struttura che avvolge la zona apicale della ▷ radice; è detta anche *cuffia* o *pileoriza*.

callo in botanica, tessuto protettivo formato da cellule parenchimatiche, che si sviluppa nel corso della cicatrizzazione, sopra un taglio o una superficie danneggiata di una pianta.

caloria quantità di energia (calore) necessaria per aumentare di 1°C (da 14,5 a 15,5°C) la temperatura di 1 grammo di acqua. È l'unità di misura della quantità di calore nel sistema c.g.s. Il multiplo kilocaloria (kcal o Cal), pari a 1000 calorie viene di solito utilizzato per indicare la quantità di energia fornita dagli alimenti.

cambio tessuto vegetale costituito da cellule che si dividono attivamente (*meristema secondario*). È responsabile dell'accrescimento secondario in spessore del ▷ fusto e della ▷ radice; sono presenti due tipi di cambio: *cribro-legnoso* e *subero-fellodermico* (o *fellogeno*). Il primo, disposto più internamente, forma un anello continuo attraverso la zona centrale dei fasci vascolari, agisce producendo legno secondario verso l'interno e il libro secondario verso l'esterno; il secondo, posto più esternamente, determina l'accrescimento della corteccia e origina verso l'interno tessuto parenchimatico (felloderma) e verso l'esterno sughero.

Cambriano il più antico periodo dell'era Paleozoica, da 570 a 500 milioni di anni fa, caratterizzato da flora e fauna esclusivamente marine. La flora è costituita da numerosi e diversi gruppi di alghe, mentre gli animali sono rappresentati da invertebrati marini dotati di gusci mineralizzati; numerosi sono i resti fossili appartenenti soprattutto a molluschi e crostacei, fra cui predominano le ▷ trilobiti.

cAMP ▷ AMP ciclico.

canale gastrointestinale sinonimo di ▷ tubo digerente.

cancerogeno si dice di fattore in grado di favorire l'insorgenza del cancro; sinonimo di ▷ oncogeno.

cancro alterazione della crescita cellulare, caratterizzata da proliferazione indiscriminata e perdita, almeno parziale, della specializzazione, da parte dei tessuti colpiti. Questi processi di degenerazione cellulare causano la riduzione della funzionalità degli organi colpiti, fino ad abolirne le funzioni. Le cellule cancerose possono propagarsi attraverso la circolazione sanguigna, o linfatica, ad altre parti del corpo, dove proseguono i loro processi di crescita incontrollata, danneggiando tessuti anche molto distanti dal focolaio di origine, si parla allora di *metastasi*. Si è visto che l'insorgenza del cancro è correlata a un'alterazione genetica, in particolare all'attività di alcuni geni, detti ▷ *oncogèni*; sono stati individuati alcuni fattori che favoriscono l'insorgenza del cancro, detti *agenti* ▷ *oncogeni* o *cancerogeni*.

canino tipo di ▷ dente.

capillare il vaso sanguigno di diametro più ridotto presente nell'apparato circolatorio dei vertebrati.

capolino tipo di ▷ infiorescenza racemosa, con asse molto breve e dilatato, che porta numerosi piccoli fiori circondati da un involucro di brattee, disposti in modo da sembrare un unico fiore (per esempio la pratolina).

cappello (o pileo) parte superiore del corpo fruttifero di numerosi funghi commestibili; le spore vengono prodotte da lamelle o da pori posti sulla parte inferiore del cappello.

capside involucro proteico dei ▷ virus.

capsula tipo di ▷ frutto secco deiscente.

carapace 1) parte dorsale dell'esoscheletro di alcuni ▷ crostacei, come i granchi, che ricopre come uno scudo il capo e del torace. 2) parte dorsale, convessa, del guscio delle testuggini e delle tartarughe; è formato da placche ossee fuse con le vertebre e ricoperto di uno strato corneo di natura epidermica.

carattere ognuno degli aspetti morfologici e fisiologici che distinguono un organismo. I caratteri sono comunemente distinti in *ereditari*, rappresentati dalle caratteristiche di una specie che vengono trasmesse da una generazione all'altra, e *acquisiti*, intendendo le particolarità del ▷ fenotipo che un individuo acquisisce nel corso della vita.

carattere poligenico carattere determinato da numerosi geni, anziché da uno solo; i caratteri di questo tipo, come per esempio l'altezza, non mostrano variabilità del tipo presenza/assenza bensì una gamma di variabilità continua (*caratteri quantitativi*).

caratteri legati al sesso caratteristiche, non correlate alle strutture sessuali, che si presentano con frequenza molto maggiore in un sesso piuttosto che nell'altro. Questo accade perché i geni che controllano i caratteri in questione sono posti su uno dei ▷ cromosomi sessuali. Nella specie umana un carattere portato dal cromosoma Y si manifesta in tutta la prole maschile mentre non può comparire nelle femmine. Un carattere portato dal cromosoma X si manifesta sempre nella prole maschile perché essendoci un solo cromosoma X non c'è il carattere omologo a contrastarlo; nelle femmine, invece, può manifestarsi oppure no, in base alla presenza dello stesso gene sul cromosoma X omologo: delle due forme alleliche si manifesterà una o l'altra in base alle loro caratteristiche di dominanza e recessività. Per esempio ▷ emofilia e ▷ daltonismo.

caratteri sessuali caratteristiche che permettono di distinguere il maschio dalla femmina in una specie animale; per indicare la presenza di due morfologie distinte si parla di ▷ *dimorfismo sessuale*, che può essere più o meno accentuato.

carbammide altro nome dell'▷ urea.

carboidrati (o glucidi) composti organici costituiti da una catena di atomi di carbonio, a cui si legano idrogeno e ossigeno nella proporzione di 2:1; l'ossigeno compare nei gruppi ossidrilici (–OH), inoltre è sempre presente un gruppo carbonilico (–C=O), aldeidico negli *aldosi*, chetonico nei *chetosi*. I glucidi sono suddivisi in classi in base al numero di atomi di carbonio, i più comuni sono i *pentosi* (a 5 atomi di C), e gli *esosi* (a 6 atomi di C). Possono essere costituiti da una sola molecola e sono detti *monosaccaridi* (come glucosio e ribosio), da due molecole e sono detti *disaccaridi* (come il saccarosio), oppure da lunghe catene formate da numerose molecole, nel caso dei *polisaccaridi*. I carboidrati svolgono un ruolo fondamentale nel metabolismo energetico di tutti i viventi, inoltre formano sostanze strutturali, come la ▷ cellulosa, o di riserva come l'▷ amido e il ▷ glicogeno. Alcuni carboidrati (detti modificati) contengono nella molecola gruppi diversi da quelli idrossilici e carbonilici sempre presenti: gli *amminozuccheri* (come *glucosammina* e *galattosammina*) contengono un gruppo amminico, gli *zuccheri acidi* contengono uno o più gruppi acidi.

carbone fossile sostanza naturale di origine fossile, ricca di carbonio e adatta a bruciare. Il carbone si trova in depositi derivanti dalla fossilizzazione di estese foreste, che originariamente crescevano in ambienti umidi. Il processo di formazione del carbone, che si è svolto in diversi momenti nelle ere geologiche e ha richiesto tempi estremamente lunghi, consiste nel progressivo aumento del contenuto di carbonio nella sostanza organica sepolta. Considerando il contenuto crescente di carbonio si formano *torba, lignite, litantrace* e *antracite*.

carboni gruppo di funghi ▷ basidiomiceti, parassiti dei cereali.

Carbonifero quinto periodo geologico dell'era paleozoica, da 345 a 280 milioni di anni fa. Il clima caldo e umido che caratterizza questo periodo permette lo sviluppo di una vegetazione rigogliosa, costituita principalmente da pteridofite di dimensioni gigantesche, mentre compaiono le prime gimnosperme; questa enorme biomassa vegetale, accumulandosi in ambienti paludosi ha permesso la formazione di importanti depositi di ▷ carbone fossile. La fauna marina del Carbonifero è costituita da numerosi invertebrati e pesci, soprattutto pesci ossei. In ambiente terrestre dominano gli anfibi e sono presenti numerosi insetti, anche giganteschi, inoltre compaiono i primi rettili.

carbonio (C) elemento chimico fondamentale nella composizione dei viventi, infatti i *composti organici*, caratteristici degli esseri viventi, si basano su una catena di atomi di carbonio. Il ruolo centrale del carbonio nella chimica dei viventi è dovuto alla sua grande versatilità, e alla capacità di formare lunghe catene in cui è sempre legato ad atomi di idrogeno, spesso a ossigeno e azoto, oltre ad altri elementi, come fosforo e zolfo. Il carbonio presente nella materia vivente deriva, tramite la fotosintesi, dall'anidride carbonica (CO_2) presente in atmosfera (ciclo del carbonio). I composti organici più importanti nella costituzione dei viventi (*biomolecole*) appartengono a 4 gruppi: *carboidrati* (zuccheri), *proteine*, *lipidi* e *acidi nucleici*.

carbonio, ciclo del serie di reazioni tramite le quali il carbonio entra nella componente vivente (animali, piante ecc.) e non vivente (suolo, acqua ecc.) dell'ecosistema; si può suddividere in 4 stadi:

- l'anidride carbonica (CO_2) atmosferica è utilizzata dalle piante (terrestri e marine) e, tramite la *fotosintesi*, trasformata in composti organici (C_{org}); i tessuti delle piante entrano nelle catene alimentari, e quindi nella composizione degli animali;
- la CO_2 torna all'atmosfera in seguito ai processi di *ossidazione* della sostanza organica (respirazione, fermentazione, decomposizione) svolti dagli esseri viventi e alle reazioni di combustione, come incendi naturali e utilizzo di combustibili fossili;
- resti di alghe e gusci di animali marini, formati di *carbonato di calcio* ($CaCO_3$) si accumulano sul fondo marino, trasformandosi in rocce calcaree;
- il carbonio incorporato nelle rocce calcaree ritorna in circolo in seguito alle eruzioni vulcaniche che liberano CO_2 nell'atmosfera, oppure grazie al dilavamento delle rocce che porta in soluzione il carbonato come bicarbonato di calcio.

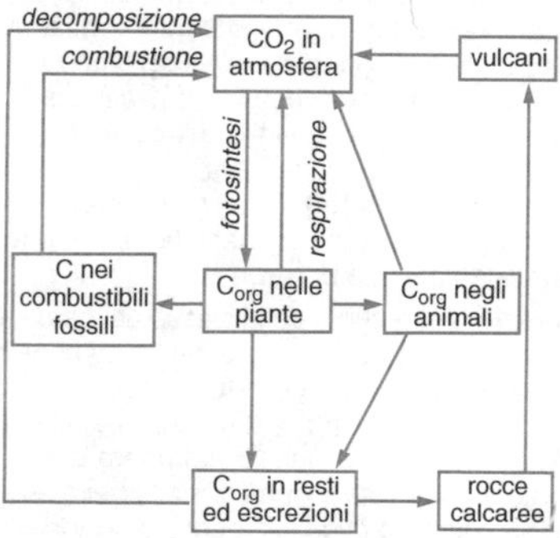

carbonio radioattivo, datazione con metodo che permette di valutare l'età di un dato materiale organico considerando la radioattività residua del campione. Si basa sul fatto che il carbonio in natura si trova sotto forma di 3 isotopi, il ^{12}C e il ^{13}C, stabili e il ^{14}C, radioattivo (detto anche *radiocarbonio*); la quantità percentuale di ^{14}C in atmosfera è costante e tutti gli organismi viventi, che partecipano al ciclo del carbonio, contengono nei tessuti la stessa percentuale di ^{14}C. Dopo la morte la quantità di ^{14}C, diminuisce regolarmente, dimezzandosi ogni 5730 anni; quindi, misurando la percentuale di ^{14}C presente in un fossile o in un reperto archeologico di origine organica, è possibile stimare il tempo trascorso dalla morte dei suoi componenti organici.

carena lamina ossea prominente dello sterno degli uccelli e dei pipistrelli, su cui si inseriscono i muscoli del volo.

cariocinesi sinonimo di ▷ mitosi.

cariogamia fusione dei nuclei di due gameti (maschile e femminile) che porta alla formazione dello zigote.

cariosside tipo di ▷ frutto secco indeiscente.

cariotipo numero, forma e dimensioni dei ▷ cromosomi presenti nel nucleo di una cellula; il cariotipo è identico in tutte le cellule diploidi di un organismo.

carnivori 1) ordine di mammiferi che si nutrono principalmente di carne. Sono caratterizzati da vista, olfatto e udito ben sviluppati e denti specializzati per la presa e per dilaniare la carne, hanno canini robusti e appuntiti e alcuni dei molari specializzati per la triturazione (*denti carnassiali*). L'ordine comprende le famiglie dei *canidi* (lupo, volpe, sciacallo, cane), *ursidi* (orso), *felidi* (tigre, leone, gatto). 2) termine riferito, in generale, a tutti gli animali che si nutrono prevalentemente di carne.

carotene pigmento della classe dei carotenoidi formato dalla miscela dei tre composti α, β e γ-carotene. Questo composto, assunto dall'uomo con l'alimentazione, viene trasformato in vitamina A ad opera del fegato, e in questa forma coinvolto nelle reazioni chimiche che permettono la visione.

carotenoidi gruppo di pigmenti di colore giallo, arancione, rosso o bruno presenti in molti vegetali; sono contenuti nei ▷ *cromoplasti*, e sono responsabili del colore di fiori e frutti (come il pomodoro e la carota). Si tratta di idrocarburi (o derivati idrocarburici) a lunga catena di atomi di carbonio, contenenti diversi doppi legami; i due gruppi principali di carotenoidi sono i *caroteni* e le *xantofille*. Hanno un ruolo nel processo fotosintetico, infatti possono catturare radiazioni luminose di lunghezza d'onda diversa da quelle assorbite dalla clorofilla.

carpello elemento fogliare modificato che nel ▷ fiore costituisce la parte femminile (ovario).

cartilagine tessuto ▷ connettivo duro e flessibile che forma lo scheletro dei pesci cartilaginei, mentre negli altri vertebrati forma lo scheletro dell'embrione, e viene poi sostituita dal tessuto osseo, per rimanere solamente in alcuni punti come il padiglione auricolare e i dischi intervertebrali. È costituita principalmente da un ▷ mucopolisaccaride acido secreto da cellule dette *condroblasti*, che rimangono conglobate nella matrice del tessuto come *condrociti*.

caseina principale proteina del latte, formata da 18 diversi amminoacidi e contenente fosforo. La caseina è un componente importante del latte, completa dal punto di vista nutritivo e facilmente digeribile dai piccoli dei mammiferi.

casta ciascuno dei gruppi di individui con caratteri morfologici e fisiologici differenti, che svolge un ruolo specifico nelle società degli insetti (▷ ape, ▷ formica).

catabolismo nell'ambito del metabolismo comprende le reazioni di demolizione a molecole semplici delle molecole complesse, soprattutto glucosio, derivate dall'alimentazione (negli eterotrofi) o dalla fotosintesi (negli autotrofi), con liberazione dell'energia contenuta nei legami chimici.

catalisi fenomeno in base al quale la velocità di alcune reazioni chimiche viene modificata grazie all'azione dei *catalizzatori*, sostanze che risultano inalterate al termine del processo.

catalizzatore sostanza che accelera una reazione chimica abbassandone l'energia di attivazione. Nel corso della reazione il catalizzatore rimane inalterato e non viene consumato. Gli ▷ *enzimi* sono proteine che svolgono funzione di catalizzatori nelle cellule e sono dunque catalizzatori biologici.

catecolammine composti chimici prodotti dal sistema nervoso e dalla porzione midollare della ghiandola surrenale, con funzione di ▷ neurotrasmettitori e ▷ ormoni. Le più importanti sono ▷ *adrenalina* e *noradrenalina* che innescano nell'organismo attività fisiologiche utili nella reazione allo stress.

categoria sistematica ▷ sistematica.

catena alimentare serie di passaggi che la sostanza organica compie attraverso una successione di organismi viventi; si intende cioè la successione con cui alcuni organismi si alimentano di quelli che li precedono e costituiscono alimento per quelli che li seguono. Il posto occupato nella catena da un organismo è detto *livello trofico*, e in base a questo gli organismi sono suddivisi in ▷ *produttori*, ▷ *consumatori* e ▷ *decompositori*. Per esempio in un'ecosistema di savana le piante (produttori primari) sono mangiate dagli erbivori, come la gazzella (consumatori primari), i quali a loro volta sono mangiati dai carnivori, come il leone (consumatori secondari). Molti organismi si nutrono su livelli trofici differenti, quindi si realizza un sistema di relazioni più complesso in cui si integrano le diverse catene alimentari, che formano la *rete alimentare*. Attraverso le catene alimentari passa un continuo flusso di energia: a partire dall'energia solare utilizzata dalle piante (produttori), a ogni passaggio della catena una parte dell'energia si degrada, cioè è dissipata come calore ed è perduta dall'ecosistema; questa diminuzione di livello in livello viene rappresentata dalla ▷ *piramide ecologica*. L'attività dei decompositori si svolge parallelamente alle catene alimentari "di consumo", questi organismi infatti utilizzano parte della sostanza organica morta, presente a ogni livello, riportandola in forma inorganica, utilizzabile da parte delle piante.

catena respiratoria sequenza di reazioni che si svolgono (in presenza di O_2) nei mitocondri delle cellule di tutti gli organismi aerobici. Comprende una serie di reazioni di ossidoriduzione in cui gli atomi di idrogeno messi a disposizione nel ▷ ciclo di Krebs sotto forma di NADH e $FADH_2$ vengono trasferiti da un composto all'altro fino a reagire con l'ossigeno atmosferico, formando acqua. Della catena fanno parte alcuni coenzimi trasportatori di idrogeno (*flavoproteine*, *coenzima Q*) e i ▷ *citocromi*, trasportatori di elettroni, che subiscono successive reazioni reversibili di ossidazione e riduzione. Il processo si svolge nei mitocondri ed è accoppiato alla produzione di ATP (▷ fosforilazione ossidativa).

caule sinonimo di ▷ fusto.

cavità corporea cavità interna del corpo di un animale, che contiene gli organi più importanti; nei vertebrati e in molti invertebrati è il ▷ celoma.

cavità nasale cavità presente nella testa dei vertebrati, rivestita da una membrana ricca di recettori per l'olfatto; è collegata con l'esterno per mezzo delle *narici*, e nei vertebrati che respirano aria, è collegata con la cavità boccale tramite le *coane*.

cDNA ▷ DNA complementare.

cefalizzazione tendenza, presente in tutti i gruppi di animali, a raggruppare la bocca, l'encefalo e i principali organi di senso nell'estremità anteriore del corpo, dove sono contenuti in una struttura cefalica specializzata, la testa.

cefalocordati (*Cephalocordata*) *subphylum* di ▷ cordati in cui la corda dorsale, sviluppata dalla testa alla coda, permane per tutta la vita. Sono animali marini di forma affusolata, (il più noto è l'*anfiosso)*, hanno sistema nervoso tubulare, sono privi di un vero e proprio cervello o di organi di senso; il sistema circolatorio è chiuso, lo sviluppo è indiretto.

cefalopodi (*Cephalopoda*) classe molto evoluta di molluschi marini comprendente seppie, polpi e calamari. Sono dotati di un capo differenziato, provvisto di tentacoli; hanno sistema nervoso molto sviluppato e occhi simili a quelli dei vertebrati; la conchiglia, quando è presente, è interna. Sono predatori e si muovono con un sistema a propulsione grazie a un *imbuto* muscoloso che espelle in modo violento l'acqua contenuta nel mantello. Depongono uova protette da masse gelatinose e il loro sviluppo è diretto.

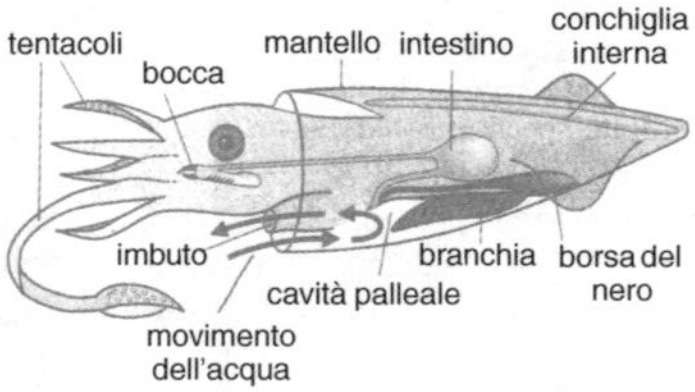

Schema del corpo di un cefalopode.

cefalotorace parte anteriore del corpo dei ▷ crostacei e degli ▷ aracnidi, formata dalla fusione del capo e del torace.

celacanto (*Latimeria chalumnae*) pesce osseo, appartenente all'ordine dei crossopterigi, lo stesso degli antenati degli anfibi. Considerato estinto fino al 1938, quando ne fu scoperto un esemplare, questo pesce vive nell'Oceano Indiano, a 200-300 metri di profondità, è lungo 1-2 metri ed è caratterizzato dalla pinna caudale trilobata. È dotato di grosse pinne pettorali che possono essere utilizzate per spostarsi sul fondo marino; partorisce piccoli vivi.

celenterati (*Coelenterata*) *phylum* di animali caratterizzati da simmetria radiale, privi di ▷ celoma (acelomati). Sono invertebrati marini di consistenza gelatinosa, che possono presentare due forme: la *medusa*, forma libera, "a campana", che galleggia nell'acqua e il *polipo*, forma sessile, "a vaso", solitario o coloniale. Il polipo e la medusa costituiscono due fasi del ciclo vitale, che presenta ▷ alternanza di generazioni: dalla cellula uovo, liberata da una medusa e fecondata, si forma una larva (*planula*) che vive libera nell'acqua. Quando la larva si fissa al substrato si trasforma in polipo che si riproduce in modo asessuato suddividendosi in più parti che poi si staccano trasformandosi in meduse mature. Il corpo dei celenterati è costituito da due strati di cellule, *epidermide* e *gastroderma*, fra i quali si trova una sostanza gelatinosa, la *mesoglea*, particolarmente abbondante nelle meduse. I due strati delimitano la *cavità gastrovascolare* dove vengono convogliate e digerite le particelle di cibo. L'apertura che mette in comunicazione questa cavità con l'esterno è circondata da tentacoli urticanti per la presenza di particolari cellule, i *cnidoblasti*; sono presenti cellule nervose che costituiscono un rudimentale sistema nervoso. Comprendono tre classi: ▷ *idrozoi*, ▷ *scifozoi* e ▷ *antozoi*.

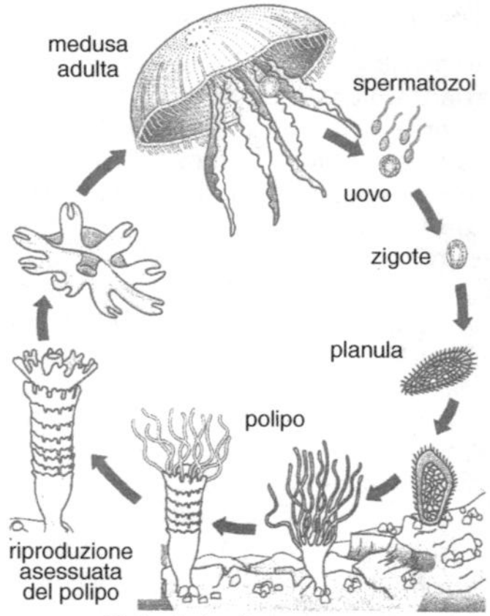

Ciclo vitale di una medusa.

cellula unità strutturale e funzionale degli organismi viventi. Ogni cellula è delimitata da una ▷ *membrana plasmatica* che racchiude un materiale fluido detto ▷ *citoplasma* nel quale sono immerse, oltre al *materiale genetico* (▷ DNA), strutture e *organuli* diversi a seconda del tipo di cellula. Le dimensioni cellulari sono nell'ordine dei micron (1 $\mu m = 10^{-6}$ m), la forma è molto varia. I tipi cellulari fondamentali sono due, ▷ *procariote*, privo di nucleo e di organuli citoplasmatici, ed ▷ *eucariote*, dotato di nucleo e organuli. Quando una cellula costituisce un organismo indipendente, si parla di organismo *unicellulare*, altrimenti, numerose cellule possono unirsi a formare *colonie* (poco specializzate) oppure *tessuti* in cui sono altamente differenziate, si parla allora di organismo *pluricellulare*, le cellule che formano il corpo umano, per esempio, sono nell'ordine di 10^{28}.

cellula compagna elemento cellulare che partecipa alla formazione del ▷ floema.

cellula cribrosa elemento cellulare che partecipa alla costituzione del ▷ floema. Le cellule cribrose si uniscono a formare i *tubi cribrosi*, strutture tubulari responsabili del trasporto della linfa elaborata nel corpo della pianta; zone perforate dette *placche cribrose* permettono il passaggio dei materiali da una cellula all'altra.

cellula germinale cellula appartenente alla linea cellulare che, attraverso la meiosi, genera le cellule riproduttive (▷ *gameti*); nell'uomo le cellule germinali sono contenute nelle ▷ ovaie e nei ▷ testicoli.

cellula di guardia in uno ▷ stoma, ognuna delle cellule che delimitano l'apertura.

cellula nervosa ▷ neurone.

cellula staminale cellula (di un animale) appartenente a una linea indifferenziata in continua divisione; le cellule staminali, contenute nel midollo rosso delle ossa, tramite divisione e differenziamento, sono responsabili della formazione dei ▷ globuli rossi e dei diversi tipi di ▷ globuli bianchi.

cellula uovo cellula riproduttiva matura femminile (*gamete*), degli animali e delle piante; è detta anche semplicemente uovo.

cellule somatiche tutte le cellule di un organismo a esclusione di quelle riproduttive (gameti); mentre queste sono aploidi, le cellule somatiche sono diploidi.

cellulosa polisaccaride formato da lunghe catene di ▷ β-glucosio (▷ glucosio) non ramificate; è il principale costituente delle pareti cellulari di tutte le piante superiori, di numerose alghe e di alcuni funghi, responsabile della rigidità delle pareti. Il legame β-glucosidico presente fra le molecole di glucosio viene scisso dall'enzima *cellulasi* che non è prodotto dai mammiferi. L'uomo non è in grado di digerire la cellulosa, mentre i mammiferi erbivori ospitano nello stomaco o nell'intestino dei batteri che digeriscono questo polisaccaride.

celoma cavità corporea ripiena di liquido, posta fra il canale digerente e la parete interna del corpo, di quasi tutti gli animali; in questo spazio si sviluppano e si dispongono gli organi, sospesi ai mesenteri. Gli animali più semplici, privi di celoma (platelminti e celenterati) sono detti *acelomati*. I nematodi e i rotiferi, *pseudocelomati*, sono dotati di una cavità corporea molto semplice, non delimitata da specifici epiteli (*pseudoceloma*). Tutti gli altri gruppi di animali (anellidi, molluschi, artropodi, echinodermi, e cordati) sono *celomati*. Il celoma si forma durante lo sviluppo ▷ embrionale secondo due diverse modalità: da espansioni dell'endoderma (*schizocelia*), oppure per escavazione del mesoderma (*enterocelia*).

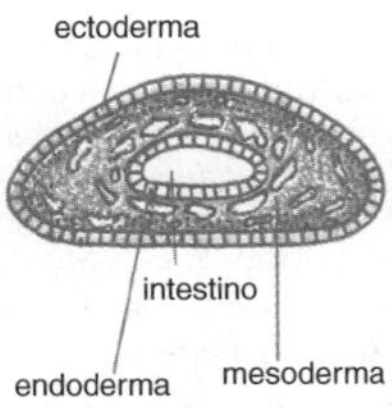

Acelomati

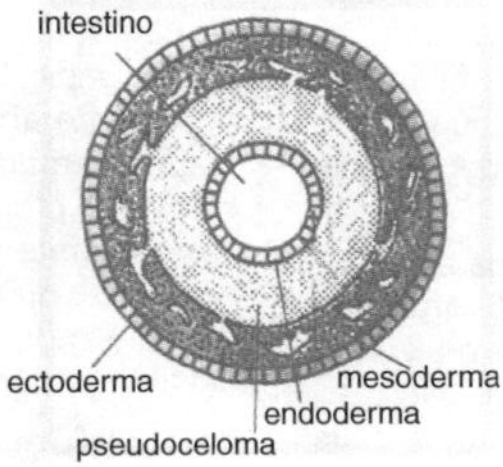

Pseudocelomati

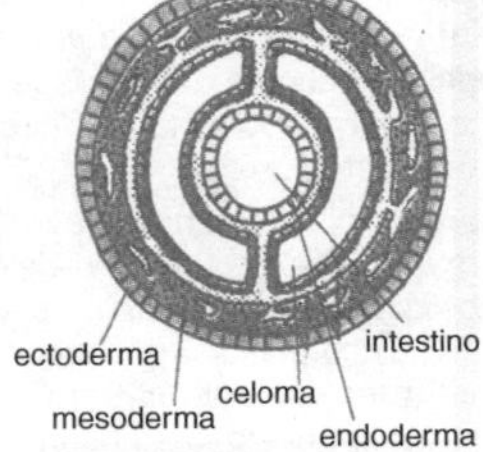

Celomati

celomati (*Coelomata*) animali dotati di celoma.

cemento sottile strato di sostanza ossea che, nel ▷ dente, riveste la dentina nella porzione che costituisce la radice.

Cenozoico l'era geologica attuale, ha avuto inzio 65 milioni di anni fa ed è caratterizzata da una flora dominata dalle angiosperme e una fauna dominata dai mammiferi. Durante questa era si sono formate le catene montuose più recenti come le Alpi e l'Himalaya. È suddivisa in due periodi: ▷ Terziario e ▷ Quaternario.

centrifuga apparecchio nel quale la forza centrifuga è utilizzata per separare particelle solide o liquide di densità differente. La sostanza da trattare viene introdotta in un recipiente cilindrico posto in rapida rotazione attorno al proprio asse; le particelle di maggior densità tendono a migrare all'esterno, quelle di minor densità tendono a restare all'interno.

centriolo organulo citoplasmatico, assente nelle cellule vegetali, formato da 9 gruppi di 3 ▷ *microtubuli*, disposti a formare un cilindro cavo. Ogni cellula contiene una coppia di centrioli, perpendicolari l'uno all'altro; questi si duplicano prima della divisione cellulare e hanno un ruolo importante nell'organizzazione del ▷ fuso mitotico. Nelle cellule provviste di ciglia e flagelli, il centriolo forma il ▷ corpo basale di tali appendici.

centromero regione del ▷ cromosoma a livello della quale sono associati i cromatidi fratelli; non contiene geni, bensì particolari sequenze nucleotidiche ripetute. La posizione del centromero è caratteristica per ogni cromosoma e costituisce il punto di attacco del cromosoma alle fibre del fuso durante la mitosi e la meiosi.

cere termine generico che indica sostanze organiche solide o semisolide di varia composizione: esteri di alcoli mono- o bivalenti con acidi organici. Sono prodotte dagli animali (per esempio la cera d'api) e dalle piante; in questo caso hanno di solito funzione impermeabilizzante e protettiva per foglie, frutti e semi. Attualmente vengono prodotte sostanze simili, le cere minerali (per esempio la paraffina), miscele di idrocarburi ad alto peso molecolare.

cervelletto organo localizzato nella parte posteriore dell'▷ encefalo dei vertebrati, responsabile della coordinazione involontaria dei movimenti. È poco sviluppato nei pesci e nei rettili, che si muovono lentamente, mentre è particolarmente sviluppato negli uccelli, dove garantisce il coordinamento necessario per il volo.

cervello parte più evoluta dell'▷ encefalo dei vertebrati; suddiviso in due emisferi, è formato da uno strato esterno di sostanza grigia, la *corteccia cerebrale*, che riveste la sostanza bianca. La corteccia cerebrale, responsabile di complessi processi di integrazione, è diversamente sviluppata nelle diverse classi di vertebrati: pesci e anfibi non hanno corteccia, mentre rettili e uccelli hanno una corteccia rudimentale; nei mammiferi, e nell'uomo in particolare, raggiunge il suo massimo sviluppo grazie a numerose e profonde circonvoluzioni. In quest'ultimo gruppo di animali il cervello è il più importante centro di integrazione delle funzioni nervose, riceve le informazioni sensoriali ed elabora le risposte; riveste un ruolo fondamentale nei processi di apprendimento.

cestodi (*Cestoda*) classe di vermi piatti (▷ platelminti) parassiti che comprende le *tenie*; queste, formate da numerosi segmenti (*proglottidi*), contenenti gli organi riproduttori, si collocano nell'intestino dell'ospite e si nutrono dei prodotti della digestione, assorbendoli con tutta la superficie corporea. Il ciclo vitale delle tenie prevede due ospiti, la *Tenia solium*, per esempio, allo stadio adulto è parassita dell'uomo (ospite primario), che attraverso le feci ne elimina le proglottidi contenenti le uova; le larve, liberate dalle uova, attraversano una prima fase di vita nel maiale (ospite secondario), e raggiungono l'uomo quando questo mangia carne di maiale infetta.

cetacei (*Cetacea*) ordine di mammiferi adattati alla vita acquatica. Gli arti anteriori sono modificati in pinne, quelli posteriori sono rudimentali; la pelle è nuda e ricopre uno spesso strato di grasso che isola il corpo impedendo la dispersione termica, oltre a costituire una importante riserva energetica. Sono dotati di grandi polmoni che permettono di rimanere a lungo in immersione e respirano per mezzo di uno sfiatatoio dorsale che si chiude quando sono immersi. Le femmine partoriscono e allattano uno o due piccoli all'anno. I cetacei dotati di denti (*odontoceti*), come i delfini e l'orca sono carnivori, quelli privi di denti (*misticeti*), come la balenottera azzurra, si nutrono di ▷ plancton filtrandolo con i ▷ fanoni.

CFC sigla per ▷ clorofluorocarburi.

cheloni (*Chelonia*) ordine di rettili che comprende le *testuggini* (terrestri) e le *tartarughe* (acquatiche). I cheloni sono caratterizzati da corpo appiattito protetto da una corazza di piastre ossee rivestite di placche cornee, composta di due parti: il *piastrone* ventrale e il *carapace* dorsale. Testa, coda e zampe sono retrattili; hanno sessi separati e sono ovipari; crescono molto lentamente ma possono vivere a lungo.

chemioautotrofia ▷ autotrofia.

chemiocettore struttura anatomica (recettore) che rileva la presenza di determinate sostanze chimiche nell'ambiente; sono chemiocettori per esempio i recettori dell'olfatto e del gusto (▷ bottoni gustativi).

chemiosintesi processo di sintesi della sostanza organica operato dagli organismi *chemioautotrofi*; ▷ autotrofia.

chemiosmotica, ipotesi spiegazione proposta per la sintesi di ATP che si verifica durante le reazioni della catena respiratoria (▷ fosforilazione ossidativa). Secondo questa ipotesi il flusso di elettroni che accompagna queste reazioni determina uno spostamento di ioni H^+ (protoni) e genera un potenziale elettrico che può essere utilizzato per la sintesi di ATP.

chemiotropismo movimento di una pianta, o di una sua parte in risposta a uno stimolo chimico. Per esempio la crescita del tubo pollinico lungo lo stilo durante l'impollinazione avviene in risposta alla presenza di zuccheri nello stilo.

cheratina proteina fibrosa, resistente ma elastica, a funzione strutturale. È costituita da catene polipeptidiche che si combinano formando grandi ammassi spiraliformi; più ammassi costituiscono delle microfibrille che, immerse in una matrice proteica, formano la struttura di base di unghie, peli, piume ecc., derivati epidermici dei vertebrati.

cheratinizzazione processo di sostituzione del citoplasma con *cheratina* nelle cellule più esterne dell'epidermide dei mammiferi (strato corneo); la cheratinizzazione inoltre si verifica nelle penne, nei peli, nelle unghie, negli zoccoli e nelle corna.

chetoesoso tipo di ▷ monosaccaride.

chetopentoso tipo di ▷ monosaccaride.

chilomicroni particelle formate da proteine e lipidi (trigliceridi, fosfolipidi e colesterolo); sono prodotti a livello intestinale e rappresentano una forma di trasporto dei grassi nel sangue.

chimera in biologia, organismo costituito da più parti geneticamente diverse. Le chimere possono svilupparsi in seguito a una mutazione che si verifica in una cellula di un embrione in via di sviluppo, oppure in seguito a trapianti (per esempio gli innesti che si realizzano con le piante).

chimica organica ramo della chimica che studia i composti del carbonio, detti *sostanze organiche*, e le reazioni caratteristiche di queste sostanze.

chimotripsina enzima proteolitico prodotto dal pancreas sotto forma di *chimotripsinogeno*, precursore inattivo; viene secreto nel duodeno e lì attivato a chimotripsina.

chimotripsinogeno forma inattiva della ▷ chimotripsina.

chinorinchi (*Kinorhyncha*) ▷ aschelminti

chiocciola parte dell'▷ orecchio.

chirotteri (*Chiroptera*) ordine di mammiferi capaci di volare grazie ad ali formate da una membrana sostenuta dagli avambracci e dalle dita, molto allungate, che si estende ai lati del corpo fino agli arti posteriori. Gli animali appartenenti a questo ordine (pipistrelli) sono quasi tutti notturni; per individuare le prede ed evitare gli ostacoli durante il volo utilizzano l'eco di ultrasuoni da loro stessi emessi, che captano tramite le grandi orecchie specializzate. Si nutrono di insetti, frutta, nettare, e, alcune specie, di sangue; durante l'inverno, quando vi è scarsità di cibo, vanno in ▷ ibernazione.

chitina polisaccaride duro e resistente, che contiene azoto ed è strutturalmente molto simile alla cellulosa. È un costituente dell'esoscheletro degli artropodi e di molti altri invertebrati, oltre che delle pareti cellulari dei funghi.

chitridi (*Chytridiomycetes*) ▷ muffe d'acqua.

cianobatteri organismi procarioti fotosintetici, che svolgono la fotosintesi in modo molto simile alle alghe e alle piante superiori, infatti contengono clorofilla *a* (oltre al pigmento *ficocianina*) e scindono l'acqua, liberando ossigeno. Vivono nelle acque dolci o salate, sulle rocce umide o le cortecce degli alberi dove formano patine viscide. Alcuni cianobatteri sono in grado di effettuare la fissazione dell'▷ azoto atmosferico; si tratta di organismi pionieri, diffusi in ogni tipo di ambiente; alcune specie, in simbiosi con ife fungine, formano licheni.

cianocoblammina vitamina B_{12}; ▷ vitamine.

cianoficee denominazione utilizzata per indicare i ▷ cianobatteri.

cicadine (*Cycadate*) classe di ▷ gimnosperme.

ciclo biogeochimico percorso chiuso, ciclico, attraverso cui nell'ecosistema avviene la circolazione di un elemento chimico tra ambiente fisico e organismi viventi. La descrizione di un ciclo biogeochimico prende in considerazione i composti di cui va a far parte un dato elemento e i comparti fisici o biologici in cui si svolgono queste reazioni. Di grande importanza in ogni ecosistema sono il ciclo del ▷ carbonio, quello dell'▷ azoto e quello del ▷ fosforo.

ciclo degli acidi tricarbossilici sinonimo di ▷ ciclo di Krebs.

ciclo dell'acido citrico sinonimo di ▷ ciclo di Krebs.

ciclo di Calvin fase oscura della ▷ fotosintesi; comprende una serie ciclica di reazioni in cui si realizza l'organicazione del carbonio, cioè l'anidride carbonica (CO_2) è convertita in glucosio ($C_6H_{12}O_6$) utilizzando le molecole energetiche (ATP) e i trasportatori di potere riducente (NADPH) prodotti durante la fase luminosa.

ciclo cellulare ciclo vitale di una cellula eucariote, suddiviso in due fasi principali: la *mitosi*, per mezzo della quale si attua la divisione cellulare, e l'*interfase*, che rappresenta la fase di crescita. L'interfase comprende tre periodi: il *periodo* G_1 che segue la mitosi ed è caratterizzato da intensa attività biosintetica, il *periodo S* in cui si compie la replicazione del DNA, e il *periodo* G_2 in cui la cellula continua a crescere e si prepara alla nuova divisione cellulare. La durata del ciclo dipende dal tipo di cellula e dalle condizioni ambientali; negli organismi superiori è di 10-30 ore. La mitosi occupa il 5-10% della durata del ciclo, la fase G_1 il 30-40%, la fase S il 30-50% e la G_2 il 10-20%.

ciclo estrale ciclo che caratterizza l'attività riproduttiva delle femmine della maggior parte dei mammiferi, esclusi l'uomo e gli altri primati. Comprende 4 fasi: *proestro*, fase in cui all'interno dell'ovaia si sviluppano i ▷ follicoli ovarici; *estro* (o *calore*) in cui si verifica l'ovulazione e la femmina è pronta per essere fecondata; *metaestro*, in cui si sviluppa il ▷ corpo luteo; *diestro*, in cui il progesterone secreto dal corpo luteo prepara l'utero a un'eventuale annidamento dell'uovo. La durata del ciclo è diversa nelle diverse specie, nelle femmine dei grandi mammiferi di norma si verifica un solo ciclo estrale all'anno.

ciclo di Krebs (o dell'acido citrico o degli acidi tricarbossilici) serie ciclica di reazioni in cui l'▷ acetilCoA, derivante dalla scissione del glucosio (glicolisi), viene demolito producendo due molecole di CO_2. Consiste in una serie di reazioni di ossidazione che portano alla formazione di una molecola di ATP, una di $FADH_2$ e 3 di NADH, per ogni acetilCoA che entra nel ciclo. NADH e $FADH_2$ entrano poi nella catena di trasporto di elettroni respiratoria (▷ catena respiratoria) che permette la sintesi di numerose molecole di ATP. È una delle tappe della respirazione cellulare e avviene nei mitocondri.

ciclo lisogeno ▷ batteriofago.

ciclo litico ▷ batteriofago.

ciclo mestruale processo fisiologico proprio della donna in età fertile, caratterizzato da periodiche modificazioni della mucosa uterina per effetto di diversi ormoni prodotti dall'ipotalamo, dall'ipofisi e dalle ovaie. Il ciclo mestruale dura mediamente 28 giorni e comprende una prima fase in cui nelle ovaie iniziano a crescere alcuni ▷ follicoli ovarici, uno di questi giunge a maturazione e libera la cellula uovo che contiene (*ovulazione*). Contemporaneamente la mucosa uterina si ispessisce, preparandosi ad accogliere l'eventuale cellula uovo fecondata; se la fecondazione non si verifica la mucosa si sfalda e viene eliminata nel corso della *mestruazione*.

ciclo vitale sequenza di eventi cui è sottoposto un organismo, con riferimento in particolare alle modalità di divisione cellulare. La fase del ciclo vitale in cui le cellule si dividono per mitosi e il numero di cromosomi non cambia è detta *generazione*. Negli individui che si riproducono in modo asessuato, per semplice mitosi, il ciclo vitale comprende una sola generazione. Negli organismi a riproduzione sessuata è presente una fase in cui la *meiosi* porta alla formazione dei *gameti* (aploidi), cui segue la fusione dei gameti (*fecondazione*) per formare lo *zigote* (diploide). Nella maggior parte degli animali le cellule aploidi non vanno incontro a divisioni mitotiche, quindi non è presente una generazione aploide, e l'organismo è diploide; in alcuni invertebrati e in quasi tutte le piante si alternano invece una generazione aploide e una diploide (▷ alternanza di generazioni).

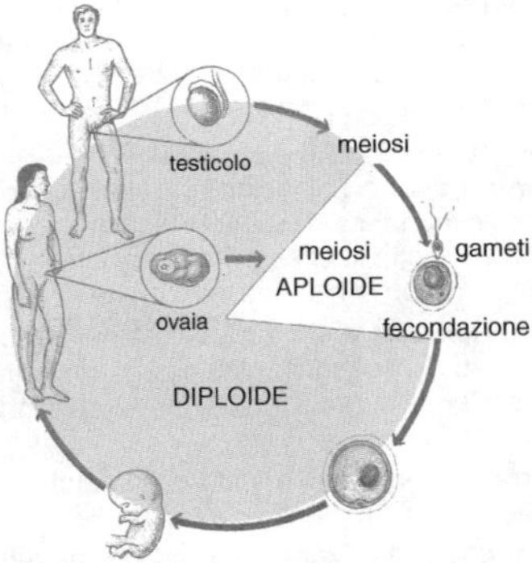

Ciclo vitale della specie umana.

ciclostomi classe di animali appartenenti al gruppo degli ▷ agnati.

cieco nell'apparato ▷ digerente è una dilatazione dell'intestino situata fra il tenue e il colon; nell'uomo è scarsamente sviluppato; negli erbivori invece è ben sviluppato e contiene batteri che digeriscono la cellulosa.

ciglio appendice filiforme della superficie di alcune cellule, dotata di movimento; è formato da un'estroflessione della membrana cellulare contenente al suo interno fasci di ▷ microtubuli disposti in modo caratteristico (come nei flagelli), con 9 coppie di microtubuli periferici più due microtubuli centrali. Le cellule cigliate possiedono solitamente numerose ciglia disposte in fila, queste svolgono funzioni locomotorie o permettono con il loro movimento lo spostamento di sostanze lungo la superficie cellulare. Ogni ciglio ha origine da un ▷ corpo basale.

ciliati (*Ciliata*) classe comprendente organismi unicellulari eterotrofi (▷ protozoi) caratterizzati dalla presenza di ciglia, che permettono il movimento. Si riproducono generalmente per via asessuata (scissione), sono diffusi nelle acque dolci, in mare, nel suolo.

cilindrasse parte del ▷ neurone, sinonimo di assone.

cinetocori filamenti situati, a coppie, nel centromero di un ▷ cromosoma, che durante la mitosi e la meiosi collegano i cromosomi alle fibre del fuso.

cinorrodo tipo di falso frutto (▷ frutto).

cinto pelvico (o bacino) struttura ossea dei vertebrati su cui sono articolati gli arti posteriori che in questo modo si mettono in rapporto con la colonna vertebrale.

cinto pettorale struttura ossea dei vertebrati su cui sono articolati gli arti anteriori, che in questo modo si collegano alla colonna vertebrale.

cinto scapolare nome attribuito nei mammiferi al cinto pettorale.

circadiano termine riferito a fenomeno fisiologico o comportamentale di un essere vivente che si manifesta con una periodicità di circa 24 ore. Per esempio il ritmo sonno-veglia di molti animali e i movimenti di crescita delle piante.

circolatorio, apparato insieme degli organi che permettono la circolazione dei fluidi corporei in un animale; permette il trasporto a tutte le cellule di ossigeno e sostanze nutritive, l'allontanamento delle sostanze di rifiuto e il trasporto di eventuali messaggeri chimici agli organi bersaglio. Solo gli animali più semplici, come i celenterati (meduse) e i platelminti (vermi piatti) non possiedono un apparato circolatorio. In molti invertebrati, per esempio gli artropodi e i molluschi (tranne i cefalopodi) è presente un apparato circolatorio *aperto*, in cui i fluidi scorrono all'interno di lacune presenti nei tessuti corporei. Gli anellidi e i vertebrati sono dotati invece di un sistema circolatorio *chiuso*, in cui il cuore funge da pompa per la circolazione del sangue all'interno di una rete di canali priva di interruzioni. I pesci hanno una *circolazione semplice*, per cui il sangue passa una sola volta attraverso il cuore, che è formato da due sole camere: un atrio e un ventricolo. Negli anfibi la circolazione è *doppia* incompleta infatti il sangue compie due percorsi, cuore-polmoni e cuore-tessuti, ma il cuore è formato da tre camere e il sangue ossigenato si mescola in parte con quello non ossigenato. Nei mammiferi e negli uccelli la circolazione del sangue, *doppia* e *completa,* comprende la ▷ *circolazione polmonare* (cuore-polmoni-cuore), e la ▷ *circolazione sistemica* (cuore-tessuti-cuore). In tutti i vertebrati inoltre è presente, più o meno sviluppata, una circolazione linfatica (▷ linfa).

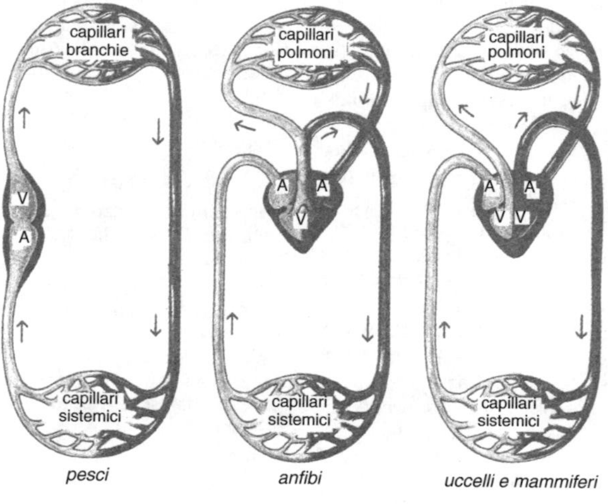

pesci *anfibi* *uccelli e mammiferi*

circolazione polmonare (o piccola circolazione) circuito sanguigno, presente negli uccelli e nei mammiferi, che porta il sangue povero di ossigeno dal ventricolo destro del cuore ai polmoni, attraverso le arterie polmonari; dopo aver ceduto l'anidride carbonica e acquistato ossigeno a livello degli alveoli polmonari, il sangue raggiunge l'atrio sinistro per mezzo delle vene polmonari.

circolazione sistemica (o grande circolazione) circuito, presente negli uccelli e nei mammiferi, in cui il sangue ossigenato viene inviato dal ventricolo sinistro agli organi e ai tessuti di tutto il corpo; dopo aver attraversato i sistemi capillari, torna al cuore povero in ossigeno e arricchito in anidride carbonica.

ciste stadio di alcune specie di protozoi o di alghe unicellulari, che si forma in condizioni ambientali avverse; le cisti, rivestite da una parete molto resistente sono in grado di restare in uno stadio di vita latente anche molto a lungo.

cisteina ▷ amminoacidi.

cistina ▷ amminoacidi.

citidina composto (▷ nucleoside) formato dalla base azotata citosina legata a una molecola di ribosio; è un precursore degli acidi nucleici, inoltre i nucleotidi citidina mono-, di- e trifosfato (CMP, CDP e CTP) partecipano a reazioni biochimiche (come la biosintesi dei lipidi), e possono fungere da trasportatori di energia con un meccanismo analogo all'ATP (anche se quantitativamente molto meno importante).

citochinine gruppo di fattori di crescita prodotti dalle piante (fitormoni) chimicamente correlati alla purina; attivano la sintesi proteica e la mitosi, quindi stimolano l'accrescimento e ritardano l'invecchiamento.

citocinesi sinonimo di ▷ citodieresi.

citocromi proteine in cui è presente un gruppo ▷ eme, contenente ferro; partecipano alle catene di reazioni con trasporto di elettroni nei mitocondri (▷ catena respiratoria) e nei cloroplasti (nel corso della ▷ fotosintesi). Gli elettroni vengono trasportati grazie ai cambiamenti reversibili dell'atomo di ferro tra la forma ridotta Fe(II) e la forma ossidata Fe(III).

citodieresi (o citocinesi) divisione del citoplasma e degli organuli citoplasmatici della cellula madre in due porzioni; avviene al termine della ▷ mitosi e della ▷ meiosi e permette la formazione di due cellule figlie.

citolisi rottura di una cellula, in seguito alla distruzione della membrana plasmatica.

citologia studio della struttura e della funzione delle cellule. Lo sviluppo del microscopio elettronico ha permesso di analizzare la struttura della cellula e degli organuli subcellulari. Lo studio citologico è spesso utilizzato per la diagnosi di alcune malattie, come per esempio il cancro.

citomegalovirus virus appartenente al gruppo degli ▷ *herpesvirus*, molto diffuso, si stabilisce di solito nelle ghiandole salivari e non dà manifestazioni patologiche, mentre può provocare disturbi di una certa gravità in individui che hanno risposta immunitaria insufficiente.

citoplasma fluido cellulare, composto da acqua (circa l'80%) e da una varietà di composti, come proteine, zuccheri, acidi nucleici, ioni ecc., sede di numerosi processi metabolici. Nel citoplasma sono sospesi gli organuli cellulari, inoltre sono presenti numerosi microtubuli e microfilamenti (▷ citoscheletro) che mantengono la forma della cellula e partecipano ai processi di movimento.

citoscheletro insieme di fibre di natura proteica presenti nel citoplasma delle cellule eucariote, permette il mantenimento della forma cellulare ed è coinvolto nei movimenti della cellula. Il citoscheletro è formato da tre tipi di fibre: i *microfilamenti*, semplici "catene" di actina (proteina globulare), del diametro di 5-7 nm, i *filamenti intermedi* (8-10 nm) e i *microtubuli*, tubuli cavi del diametro di 25 nm, che costituiscono anche i centrioli, le ciglia e i flagelli.

citosina base azotata derivata dalla ▷ pirimidina; è un componente dei nucleotidi, presente nel DNA e nell'RNA; si appaia con la guanina mediante 3 legami idrogeno.

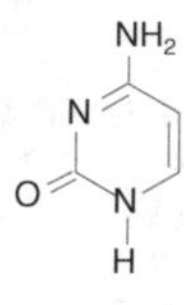

citotossico si dice di sostanza che distrugge le cellule viventi.

citrico, acido acido organico contenente 3 gruppi carbossilici (–COOH); è un prodotto intermedio del ciclo di Krebs; in natura è presente negli agrumi.

cladodio fusto, o porzione di fusto, che assume la forma e la funzione di una foglia; per esempio le "foglioline" del pungitopo sono in realtà cladodi; sono presenti anche in molte ▷ xerofite in cui le foglie sono trasformate in spine.

classe categoria sistematica che comprende ordini simili; classi simili di animali sono riunite in un *phylum*, se si tratta di piante in una *divisione*. Per esempio gli uccelli e i mammiferi sono due delle classi comprese nel *phylum* cordati, *subphylum* vertebrati.

classificazione suddivisione degli organismi viventi in gruppi basati su relazioni di diverso tipo. Una *classificazione artificiale* (o *sistema artificiale*) si basa su pochi caratteri, spesso di tipo morfologico, di facile identificazione; è utile a volte a scopi pratici, per esempio gli uccelli sono spesso classificati, a seconda delle loro abitudini di vita, in uccelli marini, rapaci, notturni, ecc. La *clasificazione naturale* (*sistema naturale*) si basa sulle somiglianze, o meglio ▷ analogie, tra le strutture dell'organismo; le analogie sono l'espressione di una parentela evolutiva, e il sistema naturale degli organismi viventi è il risultato dell'evoluzione (▷ filogenesi, ▷ *sistematica*).

climax comunità stabile, propria di un ecosistema in equilibrio, si raggiunge al termine di una ▷ successione ecologica.

cline serie continua di cambiamenti graduali di qualche carattere all'interno di una specie, correlata a qualche cambiamento nei fattori ambientali che caratterizzano l'area dove quella specie è diffusa.

cloaca parte terminale dell'intestino di alcuni invertebrati (rotiferi, nematodi) e vertebrati (selaci, anfibi, rettili, uccelli) in cui sboccano i vasi escretori e i dotti dell'apparato riproduttore (gonodotti).

clonazione in generale si intende la formazione di un gruppo di cellule identiche a partire da una cellula (*clone*). La *clonazione genica* è la tecnica dell' ▷ ingegneria genetica che permette di replicare un determinato gene ottenendone numerose copie. Il gene da clonare viene ottenuto tagliando il DNA in cui è contenuto tramite enzimi di restrizione, il frammento è inserito in un vettore, come un plasmide, o un batteriofago e tramite questo introdotto in una cellula batterica. La cellula batterica moltiplicandosi dà origine a una colonia di cellule contenenti il gene bersaglio, che a questo punto è stato riprodotto in numerose copie (clonato), e può essere utilizzato per studi genetici, oppure per produrre la proteina per cui codifica.

clone gruppo di cellule, o di organismi, che hanno avuto origine da un singolo individuo mediante riproduzione asessuata e sono quindi geneticamente identici.

cloroficee denominazione con cui a volte sono indicate le ▷ alghe verdi.

clorofilla termine riferito a un gruppo di pigmenti presente in quasi tutte le piante e le alghe, cui impartisce il colore verde, che rende possibile il processo della ▷ fotosintesi. Le clorofille sono molecole *porfiriniche*, formate cioè da un ▷ *anello tetrapirrolico* che lega un atomo metallico, in questo caso magnesio. Esistono diversi tipi di clorofilla, le più comuni sono la clorofilla *a*, *b* e *c* e la *batterioclorofilla*, quest'ultima tipica dei batteri. La più diffusa è la clorofilla *a*, presente in tutte le piante superiori e nelle alghe; assorbe la radiazione luminosa di lunghezza d'onda intorno a 4200 Å (blu) e a 6620 Å (rosso), e innesca le reazioni della fotosintesi.

clorofite ▷ alghe verdi.

clorofluorocarburi (o CFC) composti che si ottengono per sostituzione con atomi di cloro o di fluoro degli atomi di idrogeno degli idrocarburi. Sono utilizzati per molteplici usi: come propellenti per bombolette spray, liquidi refrigeranti, tensioattivi, coloranti; l'immissione di questi gas in atmosfera è una delle cause dell'impoverimento dello strato di ozono (▷ ozonosfera).

cloroplasto organulo citoplasmatico delle cellule vegetali, presente nelle piante e negli altri organismi fotosintetici, delimitato da doppia membrana; contiene clorofilla ed è sede della fotosintesi. Internamente si trova una matrice fluida detta *stroma* in cui sono immersi i *grana* (o *grani*), pile di vescicole membranose appiattite, i *tilacoidi*; le membrane dei tilacoidi sono sede delle reazioni della fase luminosa della fotosintesi, mentre quelle della fase oscura si svolgono nello stroma.

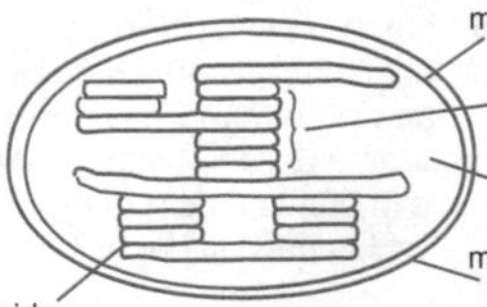

Schema della struttura di un cloroplasto.

clorosi ingiallimento degli organi verdi di una pianta dovuto alla distruzione o alla mancata formazione di clorofilla (pigmento verde). Può essere dovuto a condizioni ambientali sfavorevoli, come la mancanza di luce, ad attacchi parassitari, a carenza o eccesso di alcune sostanze nel terreno, oppure a fattori genetici.

cnidari (*Cnidaria*) altro nome dei ▷ celenterati.

cnidoblasto cellula urticante tipica dei ▷ celenterati, presente sui tentacoli delle meduse.

CoA ▷ coenzima A.

coagulazione del sangue complesso di fenomeni che portano alla formazione del coagulo sanguigno, un reticolo di *fibrina* sulle cui maglie si depositano i globuli rossi a costituire una specie di tessuto che consente l'arresto dell'emorragia. La fibrina, proteina insolubile, si forma a partire da un precursore solubile, il *fibrinogeno*, la cui trasformazione è innescata dall'azione delle ▷ *piastrine* e dei *fattori coagulanti*, un gruppo di sostanze presenti nel plasma che reagiscono a cascata in presenza di una lesione.

coane aperture che collegano la cavità nasale alla bocca, presenti nei vertebrati che respirano aria (non nei pesci).

coanocita cellula flagellata che nei poriferi (spugne) permette il continuo flusso di acqua all'interno dell'organismo.

cocchi batteri di forma sferoidale che possono vivere solitari oppure in gruppi di 2-4 individui, in grappoli (*stafilococchi*), in catene (*streptococchi*); comprendono forme patogene.

coccodrilli (*Crocodrilia*) ordine di rettili, detti anche *loricati*, comprendente animali di grandi dimensioni (lunghi fino a 10 m), con corpo allungato e rivestito di piastre ossee e cornee, dotati di arti corti, ovipari. Vivono nelle acque dolci e salmastre delle regioni tropicali; voraci predatori, sono dotati di dentatura molto robusta.

coclea (o **chiocciola**) parte dell'▷ orecchio.

codice genetico sistema che permette l'esplicazione delle informazioni genetiche, espresse da specifiche sequenze di nucleotidi sotto forma di proteine formate da corrispondenti sequenze di amminoacidi. Il codice è formato da una serie di triplette di nucleotidi del DNA (*codoni*), che tramite la ▷ trascrizione danno luogo a triplette complementari di RNA messaggero; la sequenza di triplette dell'RNA messaggero controlla la sequenza di amminoacidi assemblati durante la ▷ sintesi proteica. Poiché le basi del DNA sono 4, dal loro assortimento in triplette si formano $4^3 = 64$ codoni diversi; tre di questi non corrispondono ad alcun amminoacido e rappresentano segnali di arresto per la traduzione, i restanti 61 codificano i relativi amminoacidi. Poiché gli amminoacidi presenti nelle proteine sono 20, per la maggior parte sono codificati da più di un codone, fenomeno che viene indicato come *ridondanza*, o *degenerazione* del codice genetico. Il codice genetico è *universale*, cioè è identico in tutti gli organismi viventi.

PRIMA BASE	SECONDA BASE U	SECONDA BASE C	SECONDA BASE A	SECONDA BASE G	TERZA BASE
U	UUU Phe	UCU Ser	UAU Tyr	UGU Cys	U
U	UUC Phe	UCC Ser	UAC Tyr	UGC Cys	C
U	UUA Leu	UCA Ser	UAA Stop	UGA Stop	A
U	UUG Leu	UCG Ser	UAG Stop	UGG Trp	G
C	CUU Leu	CCU Pro	CAU His	CGU Arg	U
C	CUC Leu	CCC Pro	CAC His	CGC Arg	C
C	CUA Leu	CCA Pro	CAA Gln	CGA Arg	A
C	CUG Leu	CCG Pro	CAG Gln	CGG Arg	G
A	AUU Ile	ACU Thr	AAU Asn	AGU Ser	U
A	AUC Ile	ACC Thr	AAC Asn	AGC Ser	C
A	AUA Ile	ACA Thr	AAA Lys	AGA Arg	A
A	AUG Met	ACG Thr	AAG Lys	AGG Arg	G
G	GUU Val	GCU Ala	GAU Asp	GGU Gly	U
G	GUC Val	GCC Ala	GAC Asp	GGC Gly	C
G	GUA Val	GCA Ala	GAA Glu	GGA Gly	A
G	GUG Val	GCG Ala	GAG Glu	GGG Gly	G

Il codice genetico.

codominanza in genetica, situazione in cui, in condizioni di eterozigosi, entrambi gli alleli di un determinato gene si manifestano, senza che uno domini sull'altro, determinando la formazione di un fenotipo intermedio. Un esempio di codominanza è il sistema ▷ AB0 per i gruppi sanguigni umani: un individuo con genotipo I^AI^B appartiene al gruppo sanguigno AB e sui globuli rossi sono presenti entrambi gli antigeni (A e B).

codone sequenza di tre nucleotidi su un filamento di DNA, o di mRNA che codifica per uno specifico amminoacido; durante la ▷ sintesi proteica ogni codone è riconosciuto da uno specifico tRNA, grazie all'anticodone complementare.

coenzima sostanza organica di natura non proteica la cui presenza è essenziale perché un enzima possa esplicare la propria azione catalitica. Numerosi coenzimi sono ▷ vitamine o derivano da queste; per esempio il NAD, coenzima per importanti reazioni, è un derivato dell'acido nicotinico, vitamina del gruppo B.

coenzima A composto organico complesso coinvolto in importanti reazioni metaboliche come il ▷ ciclo di Krebs e i processi di sintesi e demolizione degli acidi grassi.

coenzima Q detto anche ubichinone, partecipa come trasportatore di elettroni nelle reazioni a catena con trasporto di elettroni.

coesione-tensione teoria che spiega il movimento di risalita dell'acqua nei vasi di una pianta: le molecole d'acqua aderiscono fra loro (*coesione*) e alle pareti dei vasi, nello stesso tempo le foglie con la traspirazione determinano una continua perdita d'acqua creando così una pressione negativa (*tensione*) che richiama altra acqua.

coevoluzione fenomeno per cui due o più specie si evolvono in modo coordinato, ciascuna in funzione del proprio vantaggio, conservando o rafforzando le interazioni o la dipendenza reciproca. Un esempio di questo fenomeno è l'evoluzione di alcuni fiori e degli insetti impollinatori: i fiori di alcune orchidee riproducono nella forma e nei colori l'addome della femmina di determinate specie di bombi (imenotteri), richiamando il maschio che vi si deposita e così facendo raccoglie il polline che depositerà su un altro fiore.

cofattore sostanza non proteica necessaria per la normale attività catalitica di un enzima. I cofattori possono essere molecole organiche (▷ *coenzimi*), oppure ioni inorganici. In alcuni casi attivano l'enzima modificandone la forma, in altri casi partecipano alla reazione chimica.

colchicina alcaloide ricavato dai semi del croco (*Colchicum autumnale*); inibisce la formazione del a fuso mitotico, impedendo la divisione cellulare. La colchicina viene usata per ricerche di genetica, per studi riguardanti la divisione cellulare e la riproduzione controllata delle piante.

coleotteri (*Coleoptera*) ordine di insetti caratterizzati dalle ali anteriori (*elitre*) indurite e impregnate di ▷ chitina che proteggono il secondo paio di ali e l'addome. Hanno apparato boccale masticatore, a volte modificato a formare escrescenze simili a corna, molti si nutrono di materia organica in decomposizione, alcuni di vegetali, alcuni predano altri artropodi. Lo sviluppo avviene attraverso una ▷ metamorfosi completa. L'ordine comprende circa 250.000 specie, fra cui il maggiolino (*Melolontha melolontha*) e le coccinelle (*Coccinella septempunctata, Rhodolia cardinalis*).

colesterolo ▷ sterolo presente, in forma libera, oppure legato (estere) ad acidi grassi, nei tessuti animali e in alcune piante e alghe. Viene assorbito dagli alimenti, nell'intestino, oppure prodotto nel fegato; è un costituente delle ▷ lipoproteine del plasma sanguigno, è fra i componenti delle membrane cellulari ed è un precursore di vari composti, fra cui gli ormoni sessuali.

colibacilli (o **coliformi**) batteri, tra cui *Escherichia coli*, normalmente presenti nell'intestino degli animali omeotermi (a sangue caldo), in condizioni particolari possono causare varie patologie; la loro presenza nelle acque è indice di inquinamento di origine fecale.

colina composto organico contenente azoto (amminoalcol) molto diffuso negli organismi viventi; è un costituente dei fosfolipidi delle membrane cellulari e della molecola del neurotrasmettitore ▷ acetilcolina.

colinergico termine riferito a cellula nervosa che rilascia ▷ acetilcolina come neurotrasmettitore, o che è stimolata dall'acetilcolina.

collagene proteina fibrosa, molto abbondante nel regno animale, caratteristica del tessuto connettivo. Le catene polipeptidiche del collagene, formano eliche a 3 filamenti, che unite, formano fibrille dotate di grande flessibilità e resistenza; queste fibrille sono presenti nelle ossa, nelle cartilagini, e in modo particolare, nei tendini. Nei mammiferi il collagene rappresenta circa il 30% delle proteine totali.

collenchima tessuto vegetale con funzione di sostegno formato da cellule vive, con parete irregolarmente ispessita; fornisce sostegno meccanico nelle regioni della pianta in fase di accrescimento.

colloide sistema composto da due fasi, una delle quali (*fase dispersa*) è distribuita nell'altra (*fase continua*); queste miscele sono costituite da particelle di dimensioni comprese fra 1 e 200 nm, più piccole di quelle che formano le ▷ sospensioni (non sono visibili al microscopio ottico), ma più grandi delle molecole presenti nelle ▷ soluzioni. I colloidi sono classificati in *liofili*, quando le particelle disperse hanno affinità con il solvente, per esempio l'amido in acqua, e *liofobi* quando le particelle non hanno alcuna affinità con il solvente (idrofobi se il solvente è l'acqua), per esempio il cloruro di argento in acqua. Quando le particelle disperse presentano contemporaneamente nella molecola aggruppamenti atomici a carattere liofilo e altri di tipo liofobo, si formano *soluzioni micellari* (▷ *micella*). I *sol* sono colloidi formati da piccole particelle solide disperse in un liquido, le *emulsioni* sono formate da due liquidi, come olio in acqua. I *gel* sono colloidi in cui entrambe le fasi sono formate da molecole che si dispongono a formare una rete tridimensionale.

colonia associazione di cellule che si può considerare intermedia fra l'unicellularità e la pluricellularità. La differenza fra una colonia e un organismo pluricellulare è che nelle colonie le singole cellule conservano un alto grado di autonomia funzionale; sono colonie i coralli (celenterati) e le spugne (poriferi).

colonna vertebrale struttura ossea o cartilaginea (solamente nei condritti), che costituisce il sostegno principale del corpo dei vertebrati, oltre a proteggere il midollo spinale. La colonna vertebrale è formata da ossa corte, le *vertebre*, separate da dischi di cartilagine, i *dischi intervertebrali*.

colorazione criptica tipo di colorazione di un animale che gli permette di nascondersi nel suo ambiente naturale, per esempio l'aspetto maculato della pelliccia del leopardo, oppure le strisce della zebra e della tigre.

colorazione istologica tecnica mediante la quale cellule o sezioni sottili di tessuti sono trattati con una o più sostanze coloranti che li rendono più chiaramente osservabili al microscopio ottico. Generalmente un colorante mette in evidenza alcune strutture (la parete cellulare, gli organuli, ecc.), aumentando il contrasto con gli altri componenti cellulari.

coltura axenica coltura microbiologica in cui cresce un solo tipo di microrganismo. Colture di questo tipo sono largamente usate in microbiologia per definire le necessità nutritive e le caratteristiche del metabolismo di un dato microrganismo.

coltura idroponica tecnica che consente la crescita di alcune piante in soluzioni di coltura anziché nel terreno.

coltura di organi mantenimento in vita di interi organi di animali o piante in un appropriato mezzo di coltura.

coltura di tessuti tecnica che permette la crescita di tessuti di organismi viventi separati dal corpo, in un adatto mezzo di coltura. Colture di tessuti vegetali sono largamente utilizzate per riprodurre in laboratorio intere piante utilizzate a scopo commerciale.

commensalismo tipo di ▷ simbiosi, tra organismi appartenenti a due specie animali o vegetali, in cui solo uno dei due (il *commensale*) trae vantaggio dall'associazione, ma senza produrre un danno all'altro.

competizione interazione che si verifica fra due o più individui, popolazioni o specie che condividono alcune risorse ambientali, in caso di scarsità di queste. La competizione, detta *intraspecifica* quando si verifica fra membri della stessa specie, e *interspecifica* quando riguarda individui appartenenti a specie diverse, riveste un ruolo fondamentale nell'evoluzione; le piante per esempio evolvono verso forme più alte in seguito alla competizione per la luce.

complemento sistema formato da 11 proteine presenti nel plasma sanguigno che si attivano quando batteri o cellule estranee (per esempio globuli rossi) penetrano nell'organismo, innescando una serie di reazioni che provocano la lisi e la distruzione delle cellule estranee.

complesso maggiore di istocompatibilità (o MHC) gruppo di geni che codificano per gli antigeni di istocompatibilità, cioè quelle glicoproteine, specifiche per un dato organismo, presenti sulla membrana di tutte le cellule dello stesso organismo, che fanno sì che le cellule del sistema immunitario le riconoscano come appartenenti all'organismo (appartenenti al *self*) e non le distruggano.

comportamento insieme di attività che costituiscono la risposta di un animale all'ambiente esterno; alcune di queste, come la nutrizione e la riproduzione, sono presenti in tutti gli esseri viventi, e si attuano in modo diverso a seconda della specie. Si distinguono comportamenti innati e appresi:

- il *comportamento innato* si basa sulle informazioni immagazzinate nel patrimonio genetico;
- il *comportamento appreso* si basa sulle informazioni apprese nel corso della vita individuale e immagazzinate nel sistema nervoso centrale.

compost sostanza ottenuta tramite ossidazione biologica del materiale organico contenuto nei rifiuti urbani, oppure agricoli; il processo di ossidazione avviene per azione di batteri e funghi che provocano la decomposizione della sostanza organica. Il compost può essere utilizzato in agricoltura come fertilizzante, consentendo di reinserire nei cicli naturali la componente organica dei rifiuti.

comunità aggregazione naturale di specie che vivono in un determinato ambiente; fra le specie che compongono una comunità si instaurano relazioni come competizione, predazione, simbiosi, ecc.

condizionamento forma di apprendimento, in base alla quale l'associazione ripetuta fra un importante stimolo biologico, come la presentazione di cibo, e un evento neutrale, come il suono di un campanello, determina la comparsa della risposta destinata allo stimolo biologico (in questo caso la salivazione) anche in presenza del solo stimolo neutrale, il suono del campanello quindi induce la salivazione anche in assenza di cibo. Si parla in questo caso di *condizionamento classico*; il *condizionamento operante* invece si realizza quando l'animale "impara" a svolgere una certa azione perché questa viene associata a un premio.

condritti (*Chondrichthyes*) detti anche *elasmobranchi* o *pesci cartilaginei,* costituiscono una classe di pesci dotati di scheletro di cartilagine. Sono quasi tutti carnivori marini, a differenza dei pesci ossei non sono dotati di ▷ vescica natatoria, quindi per non affondare sono costretti a nuotare continuamente, aiutati anche dalla particolare forma asimmetrica della coda (*coda eterocerca*). Respirano tramite branchie e le fessure branchiali non sono ricoperte da un opercolo; la fecondazione è interna e le poche uova prodotte sono grandi e dotate di abbondante tuorlo; alcune specie sono vivipare. L'ordine più importante è rappresentato dai *selaci* comprendente razze, mante, squali.

condroblasto cellula che produce la ▷ cartilagine.

condrocita cellula della ▷ cartilagine.

condrostei gruppo di pesci ossei (▷ osteitti), con scheletro in parte cartilagineo e struttura arcaica, privi di squame e di vescica natatoria. L'unico ordine attualmente esistente è quello degli *acipenseriformi*, cui appartengono gli storioni (genere *Acipenser*).

congenito termine riferito a carattere, malattia ecc. già presente al momento della nascita. I disturbi congeniti possono essere dovuti a fattori genetici (per esempio la ▷ sindrome di Down) oppure a fattori ambientali, come farmaci o sostanze chimiche assunte dalla madre durante la gravidanza, o anche ad infezioni contratte dalla madre nello stesso periodo.

coni recettori fotosensibili presenti nella ▷ retina, contengono il pigmento iodopsina e sono particolarmente importanti nella visione diurna.

conidio spora tipica di alcuni funghi, come le muffe e le ruggini.

conifere (*Coniferae*) classe delle ▷ gimnosperme.

coniugazione forma di riproduzione sessuata presente in alcune alghe unicellulari e protozoi, oltre che nei batteri (▷ plasmide F), consistente nell'unione di due individui mediante una sorta di tubo che permette il passaggio di materiale genetico da una cellula all'altra. Questo fenomeno si manifesta saltuariamente in questi microrganismi e permette lo scambio di materiale genetico, aumentando la variabilità dei caratteri all'interno di specie per le quali la scissione binaria è la forma di riproduzione (asessuata) più comune.

connettivo, tessuto tessuto formato da abbondante sostanza fondamentale (matrice) in cui sono immerse fibre e cellule. Si distinguono diversi tipi di tessuto connettivo in base al tipo e alla disposizione delle cellule e all'organizzazione della matrice; sono connettivi il *tessuto* ▷ *osseo*, la ▷ *cartilagine*, il *tessuto* ▷ *adiposo*, il ▷ *sangue* e la ▷ *linfa*.

cono (o **strobilo**) struttura riproduttiva delle conifere (▷ gimnosperme) formata da un grappolo di foglie fertili su cui si trovano gli ▷ ovuli (*squame ovulifere*) oppure le ▷ sacche polliniche. Dopo la fecondazione il cono si trasforma in una sorta di frutto in cui le squame lignificate portano i semi; questo è chiamato ancora *cono* o *strobilo*, a manche, più comunemente, *pigna*.

consumatore organismo eterotrofo che in una ▷ catena alimentare si nutre di altri esseri viventi; i *consumatori primari*, animali erbivori, si nutrono di produttori, i *consumatori secondari*, animali carnivori, si nutrono di consumatori primari; in alcuni ecosistemi, in cui esistono più ▷ livelli trofici, sono presenti anche *consumatori terziari* e *quaternari*, che si nutrono rispettivamente di consumatori secondari e terziari.

contrazione muscolare attività delle fibre muscolari, capaci di accorciarsi grazie alla presenza dei filamenti di *actina* e di *miosina* ordinati a formare i *sarcomeri* (tessuto ▷ muscolare). La molecola della miosina presenta una "testa" che fa da ponte e nel corso della contrazione si aggancia sull'actina, ruota, e permette lo slittamento reciproco dei due tipi di filamenti, provocando l'accorciamento del sarcomero e quindi della fibra muscolare. Questo processo richiede notevoli quantità di energia che è fornita dall'ATP. La contrazione muscolare è controllata dai *neuroni motori* del *sistema nervoso somatico* posti in contatto con le fibre muscolari tramite le *giunzioni* *neuromuscolari*, ed è mediata dalla liberazione di ioni calcio.

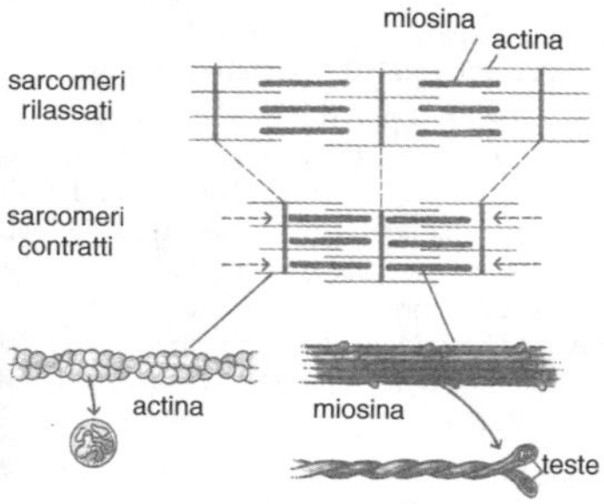

La contrazione muscolare.

controllo biologico (o lotta biologica) in agricoltura, controllo di agenti infestanti realizzato con metodi biologici anziché chimici. La lotta biologica si può attuare selezionando piante resistenti all'infestante, oppure introducendo un nemico naturale dell'infestante, predatore o parassita. Confrontato alla lotta chimica, il controllo biologico presenta il vantaggio di non richiedere l'introduzione nell'ambiente di sostanze tossiche, inoltre, mentre si possono sviluppare ceppi resistenti a qualsiasi pesticida, i nemici biologici non inducono la comparsa di fenomeni di resistenza.

convergenza evolutiva processo per mezzo del quale organismi che vivono in condizioni ambientali simili sviluppano strutture simili, pur appartenendo a specie molto diverse e non avendo alcuna parentela evolutiva. In questo modo, per esempio, i delfini (mammiferi) hanno evoluto una forma del corpo molto simile a quella degli squali (pesci).

copepodi (*Copepoda*) gruppo di crostacei comprendente piccoli organismi (0,5-2 mm) diffusi in ambiente marino o d'acqua dolce; sono importanti componenti del ▷ plancton.

coralli invertebrati marini coloniali e sedentari appartenenti al *phylum* ▷ celenterati, classe antozoi. Una colonia di coralli è formata di singoli polipi racchiusi in uno scheletro protettivo secreto dagli organismi stessi; lo scheletro può essere di consistenza gelatinosa oppure corneo, come quello del *Corallium rubrum*, utilizzato in gioielleria, o anche pietrificato, come le forme impregnate di carbonato di calcio che costituiscono le barriere corraline dei mari tropicali.

cordati (*Chordata*) *phylum* comprendente animali molto diversi, accomunati da alcune caratteristiche: la presenza di una *corda dorsale* (o *notocorda*) di tessuto cartilagineo oppure osseo, con funzione di rinforzo e sostegno del corpo; la presenza di un *tubo neurale*, che nella regione cefalica si dilata a formare il cervello e da cui si dipartono i nervi; la presenza di *fessure branchiali* nella regione della faringe che possono permanere, oppure chiudersi durante lo sviluppo embrionale. Il *phylum* è suddiviso in tre classi: ▷ *urocordati* (o *tunicati)*, ▷ *cefalocordati* e ▷ *vertebrati*.

cordone ombelicale struttura anatomica che collega l'embrione alla placenta e gli permette di realizzare scambi di gas, nutrienti e sostanze di rifiuto con il sistema sanguigno materno (anche ▷ annessi embrionali).

corea di Huntington malattia ereditaria a carattere dominante; si manifesta dopo i 30 anni e porta alla degenerazione delle cellule del sistema nervoso centrale.

corimbo tipo di ▷ infiorescenza racemosa in cui i fiori sono portati da peduncoli di lunghezza diversa, in modo da trovarsi più o meno alla stessa altezza.

corion il più esterno fra gli ▷ annessi embrionali; nell'uovo dei vertebrati amnioti (rettili, uccelli e mammiferi), racchiude l'embrione, con l'amnios, il sacco vitellino e l'allantoide. Nei mammiferi si pone in contatto con la mucosa uterina, partecipando alla formazione della ▷ placenta.

cormo corpo vegetale formato da organi con funzioni specifiche: la *radice* con funzione di assorbimento, sostegno e riserva, il *fusto* o *caule*, porzione di raccordo fra la radice e le foglie, con funzione di sostegno e trasporto, e le *foglie*, responsabili di fotosintesi e traspirazione. È tipico delle piante superiori, dette anche *cormofite* o *tracheofite*, appartenenti alle divisioni delle ▷ pteridofite e ▷ spermatofite.

cornea tunica dell'▷ occhio.

corno struttura dura presente in diversi gruppi di vertebrati come strumento di difesa-offesa; è un derivato del tegumento, di cui si conoscono tre tipologie:

- *rinoceronte*: produzione epidermica derivante da cilindretti cheratinizzati, è collegato alle ossa da fibre di connettivo;
- *ruminanti cavicorni*: astuccio corneo prodotto dall'epidermide, che riveste un'asta ossea;
- *cervidi*: corna piene (palchi), formate da tessuto osseo, sono caratteri sessuali secondari, ogni anno cadono e si rinnovano.

coroide tunica dell'▷ occhio.

corolla l'insieme dei petali di un ▷ fiore.

corona porzione del dente che sporge all'interno della cavità boccale.

corpo basale struttura che si trova alla base di ciglia e flagelli, è formato da 9 triplette di ▷ microtubuli che delimitano un cilindretto.

corpo fruttifero struttura formata da alcuni funghi, specializzata per la produzione delle spore; il gambo e il cappello dei funghi mangerecci costituiscono il corpo fruttifero.

corpo grasso massa di tessuto presente nella cavità corporea degli insetti contenente grasso, glicogeno e proteine, sostanze di riserva per l'ibernazione o per il passaggio allo stadio di pupa.

corpo luteo masserella di tessuto che si forma nelle ovaie, per trasformazione del ▷ follicolo ovarico, dopo l'espulsione della cellula uovo; il corpo luteo produce *progesterone* (▷ ormoni).

corpo polare sinonimo di ▷ globulo polare.

corteccia 1) tessuto situato tra l'epidermide e il sistema vascolare nel ▷ fusto e nella ▷ radice delle piante, formato da cellule parenchimatiche. La *corteccia primaria* formata nel corso dell'accrescimento primario, presente nei fusti giovani, verdi, comprende uno strato di parenchima clorofilliano. La *corteccia secondaria*, formata dall'attività del cambio subero-fellodermico comprende i tessuti esterni al cambio, e non contiene parenchima clorofilliano. 2) è detto impropriamente corteccia anche il *ritidoma*, strato esterno protettivo, costituito da cellule morte (sughero) che riveste le piante legnose.

corteccia cerebrale ▷ cervello.

corteggiamento insieme delle attività cui ricorrono i maschi di molte specie animali per attirare l'attenzione delle femmine e predisporle all'accoppiamento. Spesso consiste in comportamenti che prevedono l'esposizione di parti del corpo o nell'attuazione di comportamenti ritualizzati.

corticosteroidi ormoni steroidei secreti dalla parte corticale delle ghiandole surrenali, comprendono i *glucocorticoidi* (cortisolo, cortisone), e i *mineralcorticoidi* (aldosterone); ▷ ormoni.

corticotropina ormone adrenocorticotropo; ▷ ormoni.

cortisolo (o idrocortisone) ▷ ormoni.

cortisone ormone steroideo prodotto dalla corteccia della ghiandola surrenale, ▷ ormoni. Per la sue proprietà antinfiammatorie è molto usato nella terapia delle infiammazioni, nelle malattie del collagene e nelle manifestazioni allergiche.

cosmide piccolo ▷ plasmide con estremità adesive, contenente geni che permettono di assemblare il capside virale, può essere utilizzato per tecniche di ingegneria genetica.

cotiledone fogliolina annessa all'embrione nel seme delle spermatofite. Le gimnosperme hanno un numero variabile di cotiledoni (da 2 a 10). Nelle angiosperme il numero di cotiledoni rappresenta un importante carattere sistematico, infatti questo gruppo è diviso nelle due classi delle *monocotiledoni* (con un solo cotiledone) e *dicotiledoni* (con due cotiledoni). In alcune piante (come le leguminose) i cotiledoni rappresentano la riserva di sostanze nutritive per l'embrione.

cotrasporto trasporto accoppiato di due sostanze attraverso la membrana cellulare, un esempio di sistema di cotrasporto è la ▷ pompa del sodio/potassio, che trasporta ioni Na^+ fuori dalla cellula e ioni K^+ dentro alla cellula.

craniati ▷ vertebrati.

cranio scheletro della testa dei vertebrati, destinato a contenere il cervello. È formato da ossa piatte, tutte unite tramite articolazioni fisse (suture), tranne quella fra la mandibola e il resto del cranio.

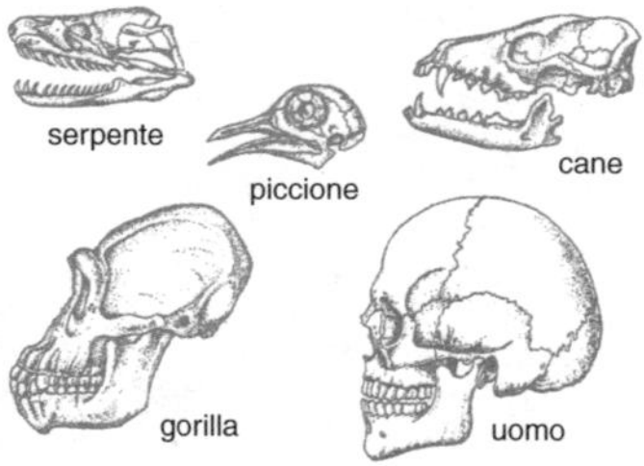

Diversi tipi di cranio dei vertebrati.

crasso porzione dell'▷ intestino.

creatina composto sintetizzato a partire da arginina, glicina e metionina, può legare un gruppo fosforico e come *creatinfosfato* è presente nei muscoli, con funzione di riserva energetica; l'energia viene liberata quando il creatinfosfato si scinde in acido fosforico e creatina.

creazionismo teoria secondo cui ogni specie è stata creata da Dio; secondo alcune versioni di questo pensiero le specie create non avrebbero poi subito alcuna modificazione (fissismo), mentre altre versioni ammettono la possibilità di evoluzione per le specie create. Questo tipo di pensiero è stato dominante finché non si è affermata la teoria di Darwin (▷ darwinismo).

crescita esponenziale andamento della crescita di una popolazione (animale, vegetale, batterica ecc.) che si realizza quando non è presente alcun fattore limitante. Condizioni di questo tipo si verificano quando un ambiente viene colonizzato, oppure quando dopo la stagione invernale riprende la stagione di crescita e le risorse disponibili sono abbondanti.

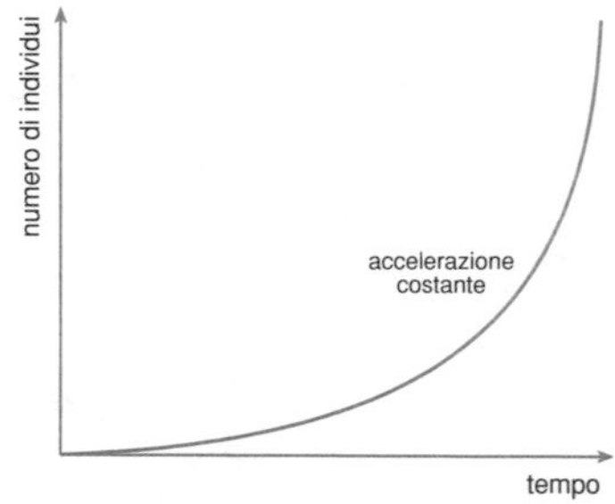

crescita logistica il più comune andamento della crescita di una popolazione (animale, vegetale, batterica ecc.) in natura. La crescita logistica si può rappresentare con una curva *sigmoide* (vedi figura), è quindi possibile distinguere una *fase lag*, in cui la popolazione aumenta lentamente, una fase di crescita esponenziale, detta anche *fase log* (*logaritmica*), in cui la popolazione aumenta molto rapidamente, e una *fase stazionaria* in cui non si verifica crescita, o meglio il numero di individui si stabilizza oscillando intorno a un valore che dipende dalle risorse disponibili e dalle esigenze della popolazione (capacità portante dell'ambiente).

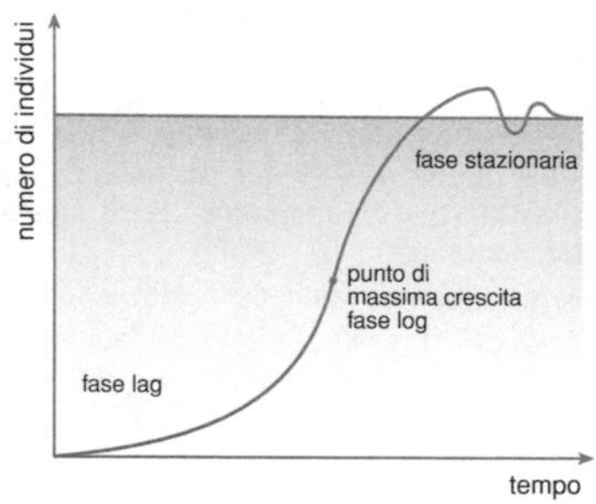

crescita, ormone della o somatotropina; ▷ ormoni.

creste pieghe della membrana interna del ▷ mitocondrio, sede della ▷ catena respiratoria e della ▷ fosforilazione ossidativa.

Cretaceo ultimo periodo geologico dell'era mesozoica, da 135 a 65 milioni di anni fa; nella flora sono molto diffuse le angiosperme, mentre si differenziano le dicotiledoni, le monocotiledoni e le conifere dei generi attuali. La fauna è ancora dominata dai grandi rettili, fino al termine del periodo, quando si verifica l'estinzione in massa di numerose forme viventi marine (come le ammoniti) e terrestri, fra cui i dinosauri (▷ estinzione cretacea).

crinoidi (*Crinoidea*) classe di ▷ echinodermi.

criofilo termine riferito a organismo che vive in ambienti particolarmente freddi.

criptobiosi condizione di vita latente tipica dei ▷ protozoi, quando l'ambiente diventa sfavorevole per scarsità di acqua. In questo caso i protozoi si disidratano, diventano immobili e il loro metabolismo viene sospeso; in questa forma possono resistere per mesi o anni, raggiungere nuovi ambienti, trasportati dal vento, e riprendere in condizioni favorevoli, le normali funzioni vitali.

crisalide tipo di ▷ pupa, caratteristica dei lepidotteri (farfalle e falene) in cui le ali sono saldate al corpo (obtecta).

cristallino parte dell'▷ occhio con funzione di lente.

cristallografia a raggi X tecnica che prevede l'uso della diffrazione dei raggi X per determinare la struttura di cristalli o di molecole. Un fascio di raggi X viene diretto sul campione, e i raggi X diffratti sono registrati su una lastra fotografica. Con questa tecnica è stata definita la struttura a doppia elica del DNA.

crittogame raggruppamento artificiale (privo di valore sistematico) comprendente tutte le piante prive di fiori: muschi, alghe, felci; si oppone al gruppo delle ▷ fanerogame.

Cromagnon, uomo di la forma più antica di uomo moderno; ▷ *Homo*.

cromatidio ciascuno dei due filamenti che formano il ▷ cromosoma. I due cromatidi, che si rendono visibili all'inizio della divisione cellulare (mitosi e meiosi), derivano dalla ▷ replicazione del DNA che si verifica prima della divisione stessa; ogni cromatidio quindi possiede un corredo completo di DNA e al termine della divisione cellulare diventa un nuovo cromosoma formato dagli stessi geni del cromosoma da cui ha avuto origine.

cromatina materiale genetico degli eucarioti, è formata da DNA e proteine, soprattutto ▷ istoni. Quando la cellula non è in divisione (interfase) costituisce un ammasso indifferenziato, mentre all'inizio della divisione cellulare si addensa a formare i cromosomi. Durante l'interfase sono visibili regioni di cromatina più o meno condensata, che costituiscono rispettivamente l'*eterocromatina*, e l'*eucromatina*; pare che questa differenza sia connessa con i meccanismi di regolazione della sintesi proteica, infatti solo i geni appartenenti alle regioni di eucromatina vengono trascritti.

cromatofori cellule contenenti granuli di pigmento, presenti nel tessuto connettivo di numerosi animali, sia invertebrati (crostacei, molluschi, insetti) che vertebrati (pesci, anfibi, rettili). Sono dotate di prolungamenti che spesso hanno la possibilità di estendere o ritirare, modificando il colore dell'animale in risposta a cambiamenti ambientali. I cromatofori sono detti melanofori, eritrofori ecc., a seconda del pigmento che contengono.

cromatografia tecnica che permette di separare le sostanze di cui è composta una miscela. Prevede la presenza di due fasi, la *fase stazionaria* e la *fase mobile*, la miscela da separare viene posta nella fase stazionaria, e messa in contatto con la fase mobile; i diversi componenti della miscela si separano in base alla maggior affinità per una o l'altra delle due fasi. La *cromatografia di adsorbimento su colonna* per esempio, prevede l'uso di un tubo di vetro (in posizione verticale) riempito con un materiale adsorbente in cui viene posto il campione da analizzare; successivamente viene aggiunto un solvente che trascina (*eluizione*) i componenti della miscela con velocità diversa a seconda della diversa affinità di questi per il materiale adsorbente o per il solvente. Le sostanze che costituiscono la miscela possono così essere separate e raccolte mano a mano che fuoriescono dal tubo. Si distinguono diversi tipi di cromatografia, in base alla natura delle fasi, nella *cromatografia su carta*, per esempio la fase stazionaria è un particolare tipo di carta, impregnata di acqua, su cui viene fatto scorrere un liquido che non si scioglie nell'acqua (fase mobile).

cromoplasti organuli delle cellule vegetali (plastidi) contenenti sostanze colorate (pigmenti); possono contenere *carotenoidi* che impartiscono colore rosso, arancione o giallo, oppure *clorofilla*, in questo caso hanno colore verde e sono detti ▷ cloroplasti.

cromosoma X ▷ cromosoma sessuale che nella specie umana si trova in due copie nel sesso femminile (XX) e in una singola copia nel sesso maschile (XY).

cromosoma Y ▷ cromosoma sessuale che nella specie umana è presente solamente nel sesso maschile, in una singola copia (XY).

cromosomi strutture presenti nel nucleo delle cellule eucariote, sono la sede dei ▷ geni, che determinano le caratteristiche di un organismo. I cromosomi, formati da ▷ DNA e proteine (*cromatina*), sono visibili al microscopio ottico durante la divisione cellulare (mitosi e meiosi) come corpuscoli costituiti da due *cromatidi* uniti a livello del *centromero*. I cromatidi sono formati da due copie della stessa molecola di DNA, ottenute mediante il processo di replicazione del DNA che si verifica durante l'interfase, quando la cromatina appare come un ammasso indifferenziato, che poi si addensa a formare i cromosomi. La molecola di DNA si avvolge attorno a corpuscoli costituiti da alcuni istoni, formando i *nucleosomi*, ordinati su un filamento che si avvolge ulteriormente su se stesso; il risultato è il passaggio dalla doppia elica, di spessore 2 nm, ai cromatidi di spessore 1400 nm. Il numero e la forma dei cromosomi è tipico e costante per ogni specie; nelle normali cellule degli organismi diploidi (cellule somatiche) i cromosomi si trovano a coppie, mentre nei gameti, il patrimonio è dimezzato, ed è presente un solo cromosoma di ogni coppia. Le cellule somatiche dell'uomo contengono 46 cromosomi, che comprendono 22 coppie di autosomi e una coppia di cromosomi sessuali, mentre i gameti ne contengono 23. Attualmente il termine cromosoma è utilizzato anche per il genoma di microrganismi come batteri o virus, in questi casi si tratta di un'unica molecola di acido nucleico (DNA o RNA), a catena singola o doppia, priva di istoni.

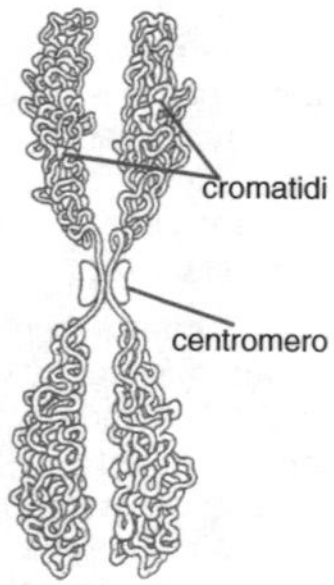

cromosomi omologhi coppia di cromosomi che portano ▷ geni corrispondenti, presenti nei nuclei diploidi. Ciascuna coppia è formata da un cromosoma di origine materna e uno di origine paterna.

cromosomi sessuali coppia di cromosomi che differisce negli individui di sesso diverso: nella specie umana (e in molti animali) la combinazione di due cromosomi X determina il sesso femminile, mentre la combinazione di un cromosoma X e un cromosoma Y determina il sesso maschile. I cromosomi sessuali portano i geni che controllano lo sviluppo degli organi sessuali e i caratteri sessuali secondari; portano inoltre geni per caratteri che non hanno a che fare col sesso, ma essendo situati su questi cromosomi vengono trasmessi alla prole in modo diverso da quanto stabilito dalle leggi di Mendel e sono detti ▷ caratteri legati al sesso.

crossing-over scambio di segmenti corrispondenti tra due cromatidi non fratelli di una coppia di cromosomi omologhi appaiati durante la profase I della ▷ meiosi. Il *crossing-over* consente la ricombinazione tra gli alleli dei geni associati sullo stesso cromosoma permettendo quindi una maggiore variabilità genetica all'interno della specie.

crostacei (*Crustacea*) classe di ▷ artropodi prevalentemente acquatici, comprendente fra l'altro i granchi e i gamberi, con il corpo diviso in *cefalotorace* (spesso ricoperto dal carapace) e *addome*, composto da vari segmenti. Nel cefalotorace sono presenti gli occhi composti, e sono inserite due paia di antenne (*antenne* e *antennule*), 3 paia di appendici boccali e un numero vario di arti toracici. Gli arti anteriori possono essere trasformati in chele, gli altri servono per la locomozione; l'addome porta arti addominali, con funzioni diverse, possono essere trasformati in branchie oppure adatti a filtrare particelle di cibo. La larva tipica, planctonica è detta *nauplius.*

ctenofori (*Ctenophora*) *phylum* comprendente animali marini caratterizzati da corpo gelatinoso e trasparente, costituito per il 95% di acqua, simili ai celenterati (meduse). Sono i più semplici organismi dotati di mesoderma, il foglietto embrionale intermedio; possiedono un organo di senso statico (organo apicale) da cui si dipartono 8 serie di ciglia vibratili utilizzate per la locomozione.

cultivar termine derivante dall'inglese cultivated variety che indica varietà (▷ sottospecie) coltivate di una specie vegetale, facendo riferimento a piante sviluppate appositamente per la coltivazione.

cuore organo cavo, formato da un particolare tipo di tessuto muscolare (*tessuto muscolare cardiaco* o *miocardio*), in cui le contrazioni si generano spontaneamente, al di fuori del controllo della volontà; permette il flusso del sangue nell'apparato ▷ circolatorio. Il cuore di tutti i mammiferi e degli uccelli, è diviso in 4 camere, due *atri* e due *ventricoli*, negli anfibi e nella maggior parte dei rettili è formato da due atri e un ventricolo, nei pesci semplicemente da un atrio e da ventricolo.

cute sinonimo di ▷ pelle.

cuticola 1) *in botanica,* strato ceroso che riveste alcune parti della pianta, come foglie e frutti. Cosituita da ▷ *cutina*, è secreta dalle cellule dell'epidermide per ridurre le perdite d'acqua e proteggere da parassiti e agenti patogeni. 2) *in zoologia*, strato protettivo, non cellulare, che riveste il corpo di molti invertebrati. Formata da una proteina simile al collagene, oppure da ▷ *chitina*, è secreta dalle cellule dell'epidermide, protegge l'organismo dall'eccessiva perdita d'acqua e in alcuni casi raggiunge uno spessore notevole, fino a costituire un vero e proprio scheletro esterno (▷ *esoscheletro*).

cutina sostanza complessa simile a cera formata da una miscela di composti polimerizzati, prodotta dalle cellule dell'epidermide delle piante.

D

daltonismo malattia ereditaria legata al sesso, caratterizzata dall'incapacità di distinguere i colori, in particolare il rosso e il verde. È dovuta a un gene recessivo localizzato sul cromosoma X, si manifesta nei maschi ogni volta che è presente la forma allelica che determina la malattia, mentre nelle femmine si manifesta solo se sono omozigoti per questo carattere; ▷ caratteri legati al sesso.

darwinismo teoria evolutiva proposta da Charles Darwin (1809-1882), con l'opera *L'origine delle specie* (1859). La teoria dell'evoluzione elaborata da Darwin si basa sui seguenti presupposti:

- gli esseri viventi si riproducono generando esseri simili, ma non identici; nell'ambito di una specie quindi vi è una grande variabilità e queste caratteristiche variabili sono ereditabili;
- nella maggior parte delle specie il numero di individui che sopravvivono, e che arrivano a riprodursi è solo una piccola parte degli individui nati;
- solo gli organismi più adatti all'ambiente sopravvivono, e si riproducono, tramandando le loro caratteristiche; l'ambiente cioè esercita un'azione selettiva, la *selezione naturale*;
- la selezione naturale porta, nel tempo, a un accumulo di differenze tale da dare origine a nuove specie.

All'epoca della sua pubblicazione, questa teoria venne fortemente osteggiata, in particolare dai sostenitori del ▷ creazionismo. Successivamente le prove portate a sostegno hanno convinto tutto il mondo scientifico. Dall'inizio del XX secolo, con lo sviluppo della genetica, le teorie evoluzionistiche hanno ricevuto nuovo sostegno ed è stata elaborata una *teoria sintetica dell'evoluzione* (▷ evoluzione) basata sui meccanismi proposti da Darwin.

datazione metodo di stima dell'età di rocce, reperti paleontologici, archeologici, ecc. La datazione *relativa* permette di ordinare cronologicamente tra loro i reperti, mentre la datazione *assoluta* permette una stima assoluta dell'età; ▷ carbonio radioattivo.

DDT (diclorodifeniltricloroetano), il più conosciuto di una serie di insetticidi contenenti cloro che sono stati largamente usati, in agricoltura e nella lotta contro la malaria, dalla fine degli anni Quaranta agli anni Sessanta del XX secolo. Sono composti tossici e molto stabili, che non vengono degradati dai meccanismi naturali, e permangono nell'ambiente, accumulandosi nei tessuti degli animali posti all'apice delle catene alimentari. Per questo motivo l'utilizzo del DDT e di composti simili attualmente è strettamente regolamentato.

decarbossilazione reazione che porta a eliminare da una molecola organica uno o più gruppi carbossilici (–COOH), con produzione di anidride carbonica (CO_2).

deciduo termine riferito a piante che perdono le foglie al termine di ogni stagione di crescita, generalmente in autunno nelle regioni temperate oppure all'inizio della stagione secca nelle regioni tropicali. La caduta delle foglie permette alle piante di risparmiare acqua, che verrebbe altrimenti persa per traspirazione tramite le foglie stesse.

decompositore organismo che si nutre di organismi morti o sostanze di rifiuto prodotte da animali o vegetali. Sono decompositori (o *saprofiti*) numerosi invertebrati, funghi e batteri; il loro ruolo nell'ecosistema è di grande importanza, infatti trasformano i costituenti della materia organica in composti inorganici, che possono essere assimilati dalle piante e quindi rientrano nelle catene alimentari.

degenerazione perdita dell'efficienza funzionale da parte di una cellula, un tessuto o un organo.

deidrogenasi gruppo di enzimi che catalizza le reazioni biologiche di rimozione di atomi di idrogeno. Partecipano a numerosi processi biochimici, ma sono particolarmente importanti nella ▷ catena respiratoria, dove permettono il trasporto di elettroni tramite reazioni reversibili di ossidoriduzione che interessano i diversi composti che partecipano alla catena.

deidrogenazione reazione di ▷ ossidazione che implica la rimozione di atomi di idrogeno; numerose reazioni del ▷ catabolismo, che permettono di ricavare energia dalla demolizione di composti organici, sono reazioni di deidrogenazione.

deiscenza apertura spontanea di un frutto, che in questo modo libera i semi.

delezione alterazione cromosomica (mutazione) che consiste nella perdita di un frammento di DNA; a seconda della dimensione del frammento può alterare un solo gene oppure più di uno, determinando effetti più o meno appariscenti.

denaturazione cambiamento strutturale, dovuto alla rottura di legami deboli, di una proteina o di un acido nucleico che porta alla riduzione o alla perdita delle proprietà biologiche. I fattori che determinano la denaturazione delle macromolecole biologiche sono la temperatura elevata (> 70° C) o valori estremi di pH.

dendrite sottile diramazione del corpo cellulare di un ▷ neurone, che trasmette l'impulso nervoso in senso centripeto, dall'esterno verso il corpo cellulare.

dendrocrinologia tecnica di datazione assoluta basata sul conteggio degli ▷ anelli di crescita delle piante. Il conteggio degli anelli fornisce informazioni sull'età dell'albero, mentre eventuali differenze nelle caratteristiche degli anelli possono evidenziare modificazioni ambientali come cambiamenti climatici, effetti dell'inquinamento, ecc.

denitrificazione processo appartenente al ciclo dell'▷ azoto.

dente ognuna delle strutture dure presenti nella bocca dei vertebrati, utilizzate principalmente per mordere e masticare il cibo. Ogni dente è costituito dalla *corona*, porzione che sporge nella cavità boccale e dalla *radice* impiantata nella cavità alveolare. Tra la radice e la corona si trova il *colletto*, che corrisponde alla regione della gengiva. Il dente è formato da un corpo di *dentina* (tessuto prodotto dagli *odontoblasti)* che delimita una cavità centrale contenente la *polpa dentaria* attraversata da capillari sanguigni e terminazioni nervose. In corrispondenza della corona la dentina è rivestita di *smalto*, tessuto molto duro contenente calcio, mentre in corrispondenza della radice è rivestita di un tessuto osseo detto *cemento*. Negli anfibi e nei pesci i denti sono distribuiti su tutto il palato, gli uccelli non hanno denti, nei rettili e nei mammiferi sono concentrati su mascelle e mandibole. I mammiferi possiedono 4 tipi di denti di forma diversa, specializzati per funzioni differenti: *canini* appuntiti e conici, adatti a lacerare la carne; *incisivi*, appiattiti e affilati, adatti alla presa del cibo e, nei roditori, a rosicchiare; *molari* e *premolari*, adatti alla masticazione. La dentatura di un animale può essere ▷ *monofiodonte*, ▷ *difiodonte* e ▷ *polifiodonte*; viene rappresentata graficamente dalla ▷ *formula dentale*.

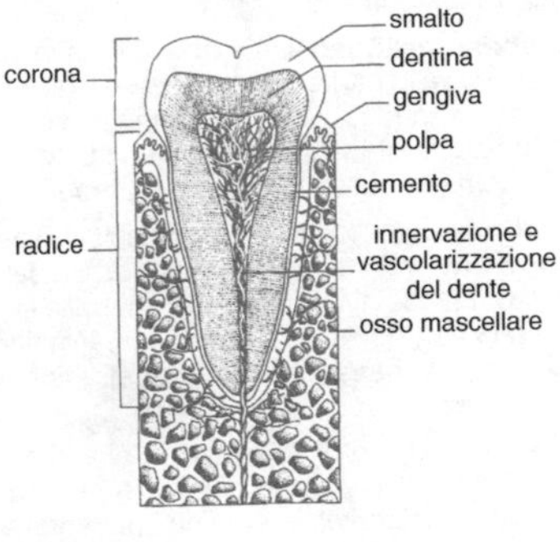

dente deciduo ▷ difiodonte.

dente di latte ▷ difiodonte.

dente permanente ▷ difiodonte.

dentina (o avorio) tessuto osseo che costituisce il corpo del ▷ dente.

dentizione tipo, numero e ordine dei denti di una specie, viene rappresentato con la ▷ formula dentale.

depolarizzazione riduzione della differenza di potenziale elettrico (▷ *potenziale di riposo*) esistente ai due lati della membrana di una cellula nervosa o muscolare. La depolarizzazione della membrana di una cellula nervosa si verifica durante il passaggio del ▷ *potenziale d'azione* lungo l'assone quando sta trasmettendo un impulso.

deriva dei continenti teoria formulata da Alfred Wegener nel 1912 secondo cui le attuali masse continentali avrebbero avuto origine dalla frammentazione in tempi geologici di un unico continente, la *Pangea*. Secondo la *tettonica delle placche*, che spiega questi movimenti, la crosta terrestre sarebbe costituita da alcune *zolle*, o *placche*, rigide, che si muovono "galleggiando" sullo strato fluido del mantello sottostante. Attualmente si ritiene che all'inizio del Mesozoico (circa 200 milioni di anni fa) le terre emerse formassero una massa unica, che si è poi frammentata in diversi blocchi, fino ad arrivare alla fine del Mesozoico (65 milioni di anni fa) all'attuale conformazione. Questo fenomeno ha influenzato la distribuzione degli organismi viventi, il caso più eclatante è quello dei ▷ marsupiali, attualmente presenti solo in Australia, Nuova Zelanda e America Meridionale.

deriva genetica variazione delle frequenze geniche di una popolazione di piccole dimensioni dovuta a fattori casuali. La deriva genetica può avere conseguenze importanti quando pochi individui danno origine a una nuova popolazione: in questo caso le frequenze geniche della nuova popolazione non saranno quelle della popolazione d'origine, bensì quelle del piccolo gruppo da cui si è formata la nuova popolazione.

derma lo strato più interno della ▷ pelle, costituito da tessuto connettivo ricco di vasi, nervi, fibre elastiche e fibre muscolari lisce.

dermatteri (*Dermaptera*) ordine di insetti comprendente le forbicine. Sono caratterizzate da corpo sottile e cilindrico, ali anteriori corte e indurite e ali posteriori membranose, a riposo ripiegate sotto le anteriori; alcuni sono privi di ali. Hanno apparato boccale masticatore e in fondo all'addome un robusto paio di pinze che utilizzano per catturare le prede e nel corteggiamento. Si nutrono prevalentemente di vegetali, alcuni sono predatori; la ▷ metamorfosi è incompleta e le larve sono simili all'adulto.

desertificazione trasformazione progressiva di ambienti semiaridi o foreste in deserti.

deserto bioma caratterizzato da vegetazione scarsa o assente a causa delle precipitazioni estremamente ridotte; si estende in ampie fasce distribuite attorno all'equatore, tra 20° N e 20° S.

desmosoma punto di stretto contatto fra cellule; i desmosomi sono caratteristici del tessuto epiteliale.

desossiribonucleasi (o DNAasi) tipo di ▷ nucleasi.

desossiribonucleico, acido ▷ DNA.

desossiribosio zucchero a 5 atomi di carbonio (monosaccaride), che differisce dal ▷ ribosio, per la presenza di un atomo di idrogeno (H) anziché un gruppo idrossido (OH) nel carbonio in posizione 2. È un importante costituente dei nucleotidi e degli ▷ acidi nucleici, si trova infatti nei nucleotidi che formano il DNA.

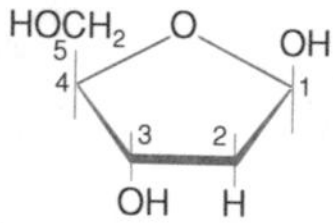

destrogiro termine riferito a composto che ruota verso destra il piano della luce polarizzata (▷ attività ottica).

destrosio sinonimo di ▷ glucosio.

detritivoro organismo che si nutre di materiale organico morto; questo gruppo comprende gli animali *spazzini* (come gli avvoltoi), vermi, insetti e altri invertebrati, oltre a batteri e funghi detti *decompositori*.

deuteromiceti (*Deuteromycetes*) detti anche *funghi imperfetti,* costituiscono un gruppo sistematico artificiale comprendente specie di funghi simili agli ▷ ascomiceti, in cui sono assenti, o per lo meno non sono noti, meccanismi di riproduzione sessuata. Appartiene ai deuteromiceti il genere *Penicillium*, che produce la penicillina.

deuterostomi gruppo di animali a simmetria bilaterale nei quali il blastoporo (▷ gastrula) dà origine all'apertura anale. Comprende echinodermi e cordati; contrapposto a ▷ protostomi.

Devoniano quarto periodo dell'era paleozoica, da 395 a 345 milioni di anni fa. Tra gli animali acquatici, oltre alle numerose forme di invertebrati, fra cui molto diffuse le ▷ ammoniti, compaiono diverse specie di pesci vertebrati. Dai ▷ placodermi si differenziano i condritti e gli osteitti; i primi, a scheletro cartilagineo, diffusi nei mari, sono rimasti praticamente identici fino ad oggi; i secondi, a scheletro osseo, in un primo tempo sono diffusi esclusivamente nelle acque dolci. Nelle terre emerse, vaste distese aquitrinose, vanno via via diffondendosi e diversificandosi forme viventi animali e vegetali. La flora è composta da pteridofite, simili alle attuali felci e agli equiseti, alte fino a 30 metri; mentre gli animali terrestri comprendono numerosi artropodi, anche giganteschi e i primi anfibi, comparsi in questo periodo.

diabete insipido malattia caratterizzata dall'eliminazione di abbondante urina, dovuta a un'insufficiente produzione di vasopressina (▷ ormoni).

diabete mellito malattia che si manifesta con un livello particolarmente alto di glucosio nel sangue, a causa dell'insufficiente produzione di insulina, o della scarsità di recettori per questo ormone; ▷ ormoni.

diaframma muscolo largo e appiattito che separa nei mammiferi la cavità toracica dalla cavità addominale; è di fondamentale importanza nei movimenti respiratori, infatti si alza e si abbassa modificando il volume della gabbia toracica.

dialisi processo di separazione di sostanze di dimensioni molecolari diverse, mediante diffusione attraverso una membrana semipermeabile. In medicina il trattamento di dialisi viene effettuato nei pazienti affetti da grave insufficienza renale e permette di filtrare e ripulire il sangue di questi pazienti tramite una speciale apparecchiatura.

diastole fase del battito cardiaco, durante la quale il cuore si rilassa.

diatomee (*Bacillariophyta*) gruppo di alghe unicellulari (▷ protisti) contenenti, oltre alla clorofilla *a* e *b*, pigmenti come la *fucoxantina* (▷ xantofille) che impartiscono un colore bruno-giallastro. La parete cellulare, detta *frustulo*, è formata da due metà (*valve*), in materiale siliceo, che si incastrano come il coperchio e il fondo di una scatola. Le diatomee sono importanti costituenti del ▷ fitoplancton.

dicasio tipo di ▷ infiorescenza cimosa.

dicotiledoni (*Dicotyledonae*) classe di angiosperme caratterizzate dalla presenza nel seme di due foglioline embrionali. Comprende molte piante erbacee coltivate a scopo alimentare (patata, fagiolo, fragola) e ornamentale (rosa, edera) e numerose specie arboree come quercia, faggio, tiglio. Le foglie hanno nervature a rete, i fasci vascolari nel fusto sono disposti a formare un anello e i fiori sono di solito formati da 4 o 5 elementi (o multipli). La sistematica si basa principalmente sulla struttura del fiore.

dicotomico tipo di ▷ ramificazione.

differenziamento cellulare processo attraverso il quale cellule non specializzate acquisiscono una forma e una funzione specifiche; per il differenziamento è necessaria la trascrizione selettiva del materiale genetico.

diffusione processo spontaneo che consiste in uno spostamento di molecole secondo un ▷ gradiente di concentrazione, cioè da una zona ad alta concentrazione a un'altra a bassa concentrazione. L'acqua e poche altre sostanze apolari (per esempio O_2) possono attraversare in questo modo le membrane biologiche, si parla in questo caso di *diffusione semplice*.

diffusione facilitata trasporto di molecole attraverso la membrana cellulare che avviene secondo un gradiente di concentrazione, ma richiede l'intervento di una *proteina trasportatrice*. È un processo di trasporto *passivo* e non richiede dispendio di energia.

difiodonte tipo di dentizione, caratterizzato da due serie successive di denti: i denti *decidui* (o *di latte*) seguiti dai denti *permanenti*; i mammiferi hanno dentatura difiodonte.

digerente, apparato complesso degli organi adibiti alla masticazione, digestione e all'assorbimento del cibo; è formato da un *tubo digerente*, nella maggior parte degli animali dotato di due aperture, e di eventuali ghiandole annesse. Nei vertebrati è suddiviso in segmenti diversamente specializzati: alla ▷ *bocca*, apertura d'ingresso, seguono *faringe*, *esofago*, ▷ *stomaco*, e ▷ *intestino*. Le principali formazioni ghiandolari che accompagnano il tubo digerente sono le *ghiandole* ▷ *salivari*, il ▷ *fegato* e il ▷ *pancreas*.

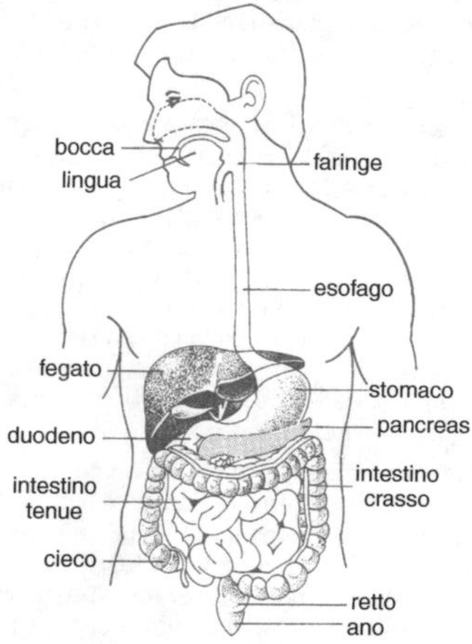

L'apparato digerente umano;

digestione funzione in base alla quale un organismo vivente trasforma gli alimenti ingeriti in sostanze chimicamente più semplici, che possono venire facilmente assorbite e assimilate dall'organismo. Questo processo richiede l'azione di numerosi enzimi e si svolge nell'apparato digerente.

digitigrado termine riferito a un mammifero che nel movimento poggia sul terreno solamente le dita, mentre il resto del piede rimane sollevato; si tratta di norma di buoni corridori, per esempio il cane e il gatto.

digiuno parte dell'▷ intestino tenue.

dimorfismo esistenza, all'interno di una specie di due tipi di individui differenti e distinguibili; si parla per esempio di dimorfismo sessuale quando gli individui di sesso maschile e quelli di sesso femminile appartenenti a una data specie presentano caratteristiche morfologiche (taglia, colorazione, ecc.) diverse.

dinamica delle popolazioni branca dell'ecologia che studia le fluttuazioni del numero di individui che compongono una popolazione animale o vegetale, e i fattori che le determinano. Ogni popolazione in quest'ottica può essere descritta da determinati *modelli di crescita* e di *mortalità*, dalla distribuzione degli individui nelle *classi di età*, da parametri che riguardano la *densità* e la *dispersione* degli individui che la compongono.

dinoflagellate (*Dinoflagellata*) gruppo di alghe unicellulari (▷ protisti) dotate di un guscio di placche di cellulosa, che si muovono mediante due flagelli. Le dinoflagellate, prevalentemente marine, effettuano la fotosintesi grazie alla presenza di clorofilla e carotenoidi (*xantofille*), pigmenti di colore rossastro che fanno sì che quando queste alghe raggiungono densità molto elevate impartiscono alle acque una colorazione rossa (*maree colorate*). Alcune specie sono eterotrofe facoltative, molte sono luminescenti.

dinosauri gruppo di rettili estinti che dominarono la fauna terrestre durante il periodo Giurassico e Cretaceo (195-65 milioni di anni fa). Molto differenziati, diffusi in tutti i tipi di ambienti, raggiungevano spesso dimensioni enormi; alcuni avevano ossa cave, altri scheletro estremamente pesante; alcuni erano bipedi altri quadrupedi. In base alla struttura dello scheletro sono suddivisi in *saurischi*, più simili agli attuali rettili e *ornitischi*, simili agli attuali uccelli. Erano presenti specie erbivore e carnivore, fra queste il tirannosauro, il più grande carnivoro mai esistito; alcuni erano tipicamente terrestri, altri vivevano in riva agli oceani, oppure negli acquitrini. Si sono estinti tutti in modo relativamente rapido al termine del Cretaceo (▷ estinzione cretacea).

dioico termine riferito a piante in cui i fiori maschili e femminili sono portati da individui diversi, come per esempio il salice.

diploblastico animale in cui le pareti corporee derivano da due soli ▷ foglietti embrionali, ectoderma ed endoderma; i celenterati sono diploblastici, mentre tutti gli altri animali (tranne i poriferi) hanno una struttura basata su tre foglietti embrionali (▷ triploblastico).

diploide termine riferito a una cellula o a un organismo che possiede una doppia serie di cromosomi, possiede cioè coppie di cromosomi omologhi, provenienti dal padre e dalla madre. Sono diploidi generalmente tutte le cellule degli organismi superiori, animali e piante, tranne i ▷ gameti negli animali e il ▷ gametofito nelle piante. La condizione diploide è indicata con $2n$; la condizione opposta è detta ▷ aploide.

diplonte termine riferito a organismo nel cui ciclo vitale prevale la fase diploide; ▷ alternanza di generazioni.

dipnoi ordine di pesci ossei che respirano sia tramite branchie che tramite la vescica natatoria che funge da polmone. I dipnoi vivono nei corsi d'acqua tropicali che si prosciugano nei mesi estivi, soppravvivono in queste condizioni rintanandosi nel fango, e respirando aria tramite un piccolo foro. Risalgono al Devoniano (395-345 milioni di anni fa) e hanno molte caratteristiche in comune con gli anfibi.

disaccaride carboidrato (zucchero) formato da due molecole di ▷ monosaccaride legate tra loro; per esempio il ▷ *saccarosio*, il ▷ *maltosio* e il ▷ *lattosio*.

disidratazione perdita di acqua dall'organismo, dovuta alle condizioni ambientali o a patologie.

disinfettante composto in grado di eliminare i microrganismi patogeni; i disinfettanti sono più efficaci degli ▷ antisettici e sono utilizzati per sterilizzare oggetti. Fra i più usati sono il fenolo e i suoi derivati, la formaldeide, diversi acidi inorganici (nitrico, cromico) e metalli come mercurio, argento, zinco.

disseminazione diffusione dei semi lontano dalla pianta madre; in base al mezzo attraverso cui si realizza si parla di zoocoria (animali), anemocoria (vento) e idrocoria (acqua).

distale termine riferito alla parte di un organo che si trova più distante dal punto di inserzione nell'organismo dell'organo stesso (si oppone a ▷ *prossimale*).

ditteri (*Diptera*) ordine di insetti, comprendente le mosche e le zanzare, che utilizzano per il volo solo le ali anteriori, mentre il secondo paio è trasformato in piccoli organi a forma di clava detti *bilanceri*. Poiché si nutrono prevalentemente di cibo liquido (nettare, linfa, materia organica in decomposizione oppure sangue) l'apparato boccale è adattato a pungere e succhiare, oppure a leccare. Hanno in genere sessi separati e ▷ metamorfosi completa, quindi le larve, vermiformi, passano alla forma adulta attraverso uno stadio di pupa. Possono condurre vita libera o essere parassiti.

divergenza evolutiva processo di cambiamento per cui organismi con un antenato comune evolvono strutture diverse; si verifica quando da un'unica specie si originano alcune specie diverse. Un esempio di questo processo sono gli arti anteriori del delfino, trasformati in pinne, mentre nella maggior parte dei mammiferi sono adatti alla locomozione sulla terraferma.

divisione categoria ▷ sistematica utilizzata per la classificazione delle piante; comprende una o più classi.

divisione cellulare processo che porta alla formazione di due cellule (figlie) a partire da una cellula madre. Nei procarioti, il processo di divisione, molto semplice, avviene per ▷ *scissione binaria*. Negli eucarioti, invece è più complesso e comprende due fasi: la divisione del nucleo, secondo le modalità della ▷ *mitosi* oppure della ▷ *meiosi* e la divisione del materiale citoplasmatico o *citodieresi*. Negli organismi unicellulari la divisione cellulare rappresenta il meccanismo di riproduzione (asessuata); nei pluricellulari permette l'accrescimento.

divisione riduzionale ▷ meiosi.

dizigote termine riferito a individui nati nello stesso parto (gemelli) ma da due diverse uova fecondate. Le combinazioni alleliche sono diverse, quindi il grado di somiglianza che si riscontra fra due gemelli dizigotici è lo stesso che fra due fratelli nati durante due parti differenti.

DNA (acido desossiribonucleico) acido nucleico che controlla la sintesi proteica, quindi la manifestazione dei caratteri ereditari in ogni cellula ed è responsabile della trasmissione di questi caratteri nelle generazioni. Il DNA è costituito da due catene di nucleotidi, avvolte a formare una doppia elica; ogni nucleotide contiene una molecola dello zucchero desossiribosio, un gruppo fosforico e una base azotata, che può essere *adenina (A)*, *guanina (G)*, *timina (T)* o *citosina (C)*. Le due catene polinucleotidiche sono tenute unite dai legami idrogeno che si formano fra le basi azotate complementari: adenina con timina e guanina con citosina; l'appaiamento delle due eliche si verifica quindi solo se c'è una completa complementarità fra i due filamenti. Tutti gli esseri viventi, tranne alcuni virus, contengono DNA come sede dell'informazione genetica; nei procarioti è libero nel citoplasma, mentre negli eucarioti, è contenuto nel nucleo, e insieme ad alcune proteine caratteristiche, forma la *cromatina* e i ▷ cromosomi. Prima di ogni divisione cellulare, all'interno delle cellule ha luogo la ▷ replicazione del DNA, in modo che ognuna delle cellule figlie sia dotata di materiale genetico identico a quello della cellula madre.

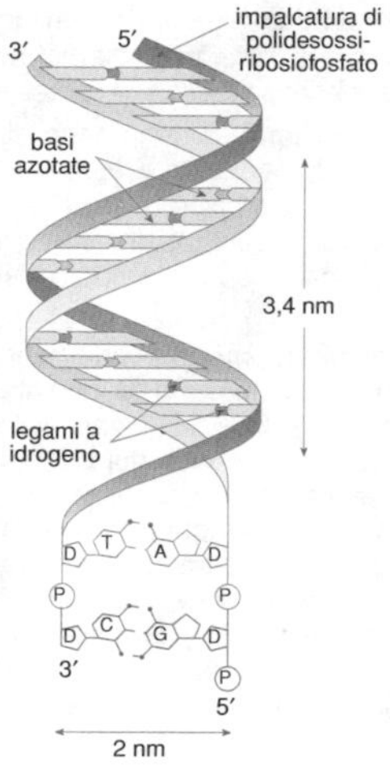

DNA complementare (cDNA) DNA a doppia elica che viene sintetizzato, all'interno della cellula ospite, grazie all'enzima *trascrittasi inversa*, tipico dei ▷ *retrovirus*, utilizzando come stampo la molecola di RNA che costituisce il genoma di questi virus.

DNA polimerasi gruppo di enzimi che, utilizzando i nucleotidi disponibili nel nucleo, catalizzano la sintesi del nuovo filamento di DNA a partire dal filamento parentale (*stampo*) durante la ▷ replicazione.

DNA ricombinante molecola di DNA formata da frammenti provenienti da organismi diversi, combinati insieme mediante le tecniche di ▷ ingegneria genetica.

dogma centrale ipotesi che è stata al centro della genetica a partire dagli anni Quaranta del XX secolo, secondo cui il flusso dell'informazione genetica può procedere in un'unica direzione: dal DNA all'RNA, alle proteine. Questa ipotesi, valida per la grande maggioranza degli organismi, non si applica ai *retrovirus*, virus a RNA contenenti un enzima (la *trascrittasi inversa*) che permette la sintesi di una molecola di DNA utilizzando come stampo l'RNA virale.

dominante termine riferito a quell'allele, di un dato gene, che si manifesta nel fenotipo sia nell'individuo ▷ omozigote che in quello ▷ eterozigote, nascondendo, nel secondo caso, la presenza dell'allele recessivo.

dominanza apicale fenomeno, tipico di molte piante, per cui la presenza del germoglio apicale inibisce la crescita dei germogli laterali; è controllata dall'▷ acido abscissico e dall'▷ auxina prodotta dall'apice stesso.

dominanza incompleta condizione che si verifica quando nessuno dei due alleli di un determinato gene è dominante sull'altro. In un incrocio tra due individui che differiscono per un carattere i cui alleli presentano dominanza incompleta la progenie ha un fenotipo intermedio tra quello dei due genitori. Per esempio incrociando una pianta di bocca di leone a fiori rossi con una a fiori bianchi si ottiene una pianta a fiori rosa.

donatore di elettroni sostanza, coinvolta nelle reazioni biochimiche di ▷ ossidoriduzione, in grado di cedere un elettrone (o più di uno), ossidandosi. In biochimica i donatori di elettroni sono molecole che possono esistere in forma ossidata e ridotta, come NAD^+/NADH, $NADP^+$/NADPH. Nella forma ossidata (NAD^+ e $NADP^+$) si comportano da *accettori di elettroni*, vengono ridotti (a NADH e NADPH) durante le reazioni di demolizione degli alimenti (▷ catabolismo) oppure durante la ▷ fotosintesi, e sono poi utilizzati, come donatori di elettroni per la sintesi delle molecole biologiche (anabolismo).

DOPA derivato dell'amminoacido tirosina, precursore di alcuni neurotrasmettitori, come dopamina, adrenalina e noradrenalina; una forma di questo composto detta L-DOPA, è utilizzata nella terapia del morbo di Parkinson.

dopamina sostanza con funzioni di neurotrasmettitore, è inoltre un precursore nella sintesi delle ▷ catecolammine.

doping utilizzo illecito in campo sportivo di sostanze che migliorano le prestazioni fisiche dell'atleta (▷ anabolizzanti).

doppia elica struttura molecolare del DNA, formata da due filamenti polinucleotidici avvolti su stessi come una scala a pioli; questa struttura è stata determinata da James Watson e Francis Crick nel 1953.

dorsale in un essere vivente questo termine è riferito alla superficie corporea più distante dal terreno; nei vertebrati la parte dorsale è la regione del corpo in cui si trova la colonna vertebrale. Nell'uomo e negli animali a stazione eretta la superficie dorsale coincide con quella posteriore.

drupa tipo di ▷ frutto carnoso.

duodeno prima porzione dell'▷ intestino tenue, sede di importanti processi digestivi.

duplicazione mutazione cromosomica che comporta una variazione quantitativa del materiale genetico; consiste nella ripetizione di geni o sequenze di geni all'interno di un cromosoma, può derivare da uno scambio ineguale fra cromosomi omologhi.

duramen nel ▷ legno degli alberi la parte più vecchia e più dura.

E

eccitabilità caratteristica fondamentale dei viventi, consiste nella capacità di rilevare i cambiamenti ambientali, interpretarli e produrre una risposta. Negli organismi unicellulari è la cellula stessa che capta lo stimolo e mette in atto la risposta. Negli animali pluricellulari sono presenti organi di senso specializzati, in particolare i ▷ neuroni e i ▷ recettori.

ecdisi sinonimo di ▷ muta.

ecdisone ormone prodotto da insetti e crostacei che stimola la ▷ muta e la ▷ metamorfosi.

echinodermi (*Echinodermata*) *phylum* di invertebrati marini a simmetria raggiata, provvisti di uno scheletro formato da placche calcaree inserite nel derma. Non si distingue un capo, ma un polo orale, dove si apre la bocca, e un polo aborale, dove si apre l'ano. Organo caratteristico è l'*apparato acquifero*, costituito da un canale che circonda la bocca, (canale anulare) da cui si diramano 5 canali radiali pieni d'acqua, che fornisce energia idraulica per il movimento dei *pedicelli ambulacrali*, estroflessioni della membrana dei canali, utilizzati per il movimento, la respirazione e la nutrizione. L'apparato circolatorio è formato da lacune che si sviluppano parallelamente ai canali del sistema acquifero; in alcuni casi sono presenti branchie. Non hanno un cervello, ma un cordone nervoso da cui si dipartono diramazioni; i sessi sono separati e lo sviluppo è indiretto. Sono suddivisi in classi in base alla struttura del corpo: gli *echinoidi* (ricci di mare) hanno un corpo globoso rivestito da un esoscheletro rigido, gli *asteroidi* (stelle di mare) hanno la tipica forma a stella a 5 braccia, gli *ofiuroidi* (stelle serpentine) hanno braccia sottili e si muovono strisciando sul fondo, i *crinoidi* (gigli di mare) sono di solito fissi al substrato, come stelle colorate portate da uno stelo lungo e sottile, gli *oloturoidi* (cetrioli di mare) hanno corpo molle a forma di sacco e vivono sui fondi marini.

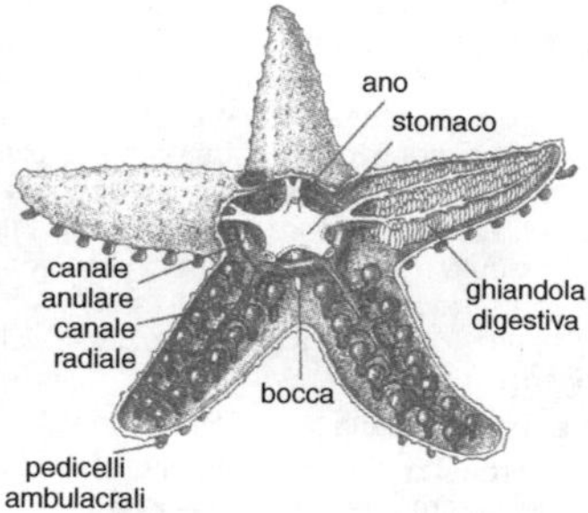

Schema del corpo di un echinoderma.

echinoidi (*Echinoidea*) classe di ▷ echinodermi.

ecolocalizzazione sistema di orientamento proprio dei chirotteri (pipistrelli) e dei cetacei, basato sul fatto che i suoni (o ultrasuoni) emessi da questi animali quando incontrano un ostacolo vengono riflessi in forma di eco; interpretando l'eco gli animali possono individuare ostacoli e prede.

ecologia scienza che studia i rapporti che gli organismi intrattengono tra loro e con l'ambiente in cui vivono. Gli studi in questo campo hanno permesso di chiarire le principali interazioni fra esseri viventi all'interno della stessa specie o fra specie diverse anche in relazione ai processi evolutivi. L'ecologia si occupa anche del modo in cui gli organismi modificano l'ambiente in cui vivono, con particolare attenzione alle azioni dell'uomo e agli effetti che queste producono sull'ambiente.

ecosistema unità ecologica fondamentale, formata da una comunità di organismi viventi, la *biocenosi*, e dall'ambiente fisico che li ospita, il *biotopo*. Ogni ecosistema è definito e regolato da fattori ecologici di due tipi, *biotici* e *abiotici*, in grado di influenzarsi reciprocamente. I fattori biotici, dipendono dalla presenza dei viventi e comprendono le interazioni intraspecifiche (fra organismi della stessa specie) e interspecifiche (fra organismi di specie diverse), come competizione, predazione, parassitsmo, simbiosi, inoltre le capacità di spostamento e ogni tipo di comportamento. I fattori abiotici, dipendenti dall'ambiente fisico, sono di natura fisica (temperatura, pressione, luce, umidità, forza di gravità, vento, correnti, moto ondoso) oppure chimica (composizione di atmosfera e suolo, abbondanza di acqua, salinità, pH, gas disciolti in ambiente acquatico). Le relazioni che intercorrono fra i viventi e fra questi e l'ambiente abiotico comprendono scambi e trasformazioni di energia e di materia descritte dalle ▷ catene alimentari e dai ▷ cicli biogeochimici.

ectoderma uno dei ▷ foglietti embrionali.

ectoparassita parassita che vive sulla superficie esterna del corpo dell'ospite.

edafico termine riferito a una caratteristica chimica o fisica del terreno di una data area.

efferente termine riferito a fibre nervose o vasi sanguigni che trasportano rispettivamente impulsi nervosi o sangue dalle regioni centrali di un organo o del corpo verso le più esterne.

effettore termine riferito a cellula, o più spesso organo, che produce una risposta fisiologica se stimolata da un impulso nervoso, come per esempio i muscoli e le ghiandole.

effetto serra fenomeno dovuto alla presenza in atmosfera di gas (principalmente anidride carbonica e ossidi di azoto) che assorbono le radiazioni infrarosse emesse dalla superficie terrestre. La radiazione proveniente dal Sole attraversa lo strato di gas atmosferici, raggiunge la superficie terrestre, e viene in gran parte riflessa da questa sotto forma di radiazione infrarossa (a maggior lunghezza d'onda), che non riesce ad attraversare l'atmosfera e determina un riscaldamento della superficie terrestre. Secondo alcune ricerche questo fenomeno naturale ha subito un incremento negli ultimi 30 anni a causa principalmente dell'aumento di anidride carbonica atmosferica, dovuto alle emissioni dei veicoli a motore e delle centrali termoelettriche.

elasmobranchi altro nome dei ▷ condritti.

elastina proteina strutturale resistente e flessibile, presente soprattutto nella pelle e nel tessuto connettivo che circonda i vasi sanguigni.

elementi essenziali elementi chimici indispensabili per la crescita, lo sviluppo, lo svolgimento delle funzioni vitali di un organismo. Gli elementi quantitativamente più importanti per tutti i viventi, detti *macroelementi*, o *macronutrienti*, sono ossigeno (O), carbonio (C), idrogeno (H), azoto (N), calcio (Ca), fosforo (P), magnesio (Mg), potassio (K) e zolfo (S), costituenti delle molecole biologiche (carboidrati, amminoacidi ecc.) oppure implicati nel mantenimento dell'equilibrio ionico. Elementi indispensabili per tutti i viventi, ma in quantità minori, detti *microelementi*, o *micronutrienti*, sono: ferro (Fe), manganese (Mn), boro (B), molibdeno (Mo), rame (Cu), zinco (Zn) e cloro (Cl). Infine alcuni elementi, che spesso fungono da cofattori per enzimi, sono necessari ad alcuni gruppi di esseri viventi in quantità estremamente ridotta (*in tracce*), questi sono: sodio (Na), vanadio (V), cobalto (Co), iodio (I), selenio (Se), silicio (Si), fluoro (F), bario (Ba) e stronzio (Sr). Notiamo che il sodio e il cloro, necessari in piccole quantità per tutti i viventi sono molto importanti per gli animali, mentre sono molto meno abbondanti nei tessuti delle piante.

elementi figurati termine che indica le cellule del ▷ sangue.

elettroforesi tecnica utilizzata per la separazione di molecole organiche da una miscela, basata sulla diversa velocità con cui queste si muovono quando sono sottoposte a un campo elettrico. L'elettroforesi è utilizzata soprattutto per macromolecole come frammenti di acidi nucleici e di proteine; queste sostanze presentano di solito cariche elettriche leggermente diverse le une dalle altre, l'effetto combinato della differenza della carica elettrica e delle diverse dimensioni fa sì che quando sono sottoposte a un campo elettrico si muovono con velocità diversa. Esistono diversi tipi di elettroforesi a seconda del supporto su cui vengono fatte migrare le sostanze in esame, i metodi più utilizzati sono l'*elettroforesi su carta* (si utilizza un particolare tipo di carta) e l'*elettroforesi su gel* (il supporto è un gel).

elitre il primo paio di ali dei coleotteri, dure e rigide; durante il volo rimangono sollevate, mentre quando l'animale è a riposo ricoprono, più o meno completamente, torace, addome e il secondo paio di ali, membranose.

ematossilina composto utilizzato in microscopia come colorante per preparati istologici; colora di blu e viene spesso usato per creare contrasto insieme all'*eosina* (rossa).

embriologia studio dello sviluppo ▷ embrionale di un animale, riguarda la fase che va dalla fecondazione della cellula uovo, alla nascita del nuovo individuo.

embrionale, sviluppo prima fase dello sviluppo di un animale, dalla fecondazione della cellula uovo fino alla nascita. Lo *zigote*, formato dalla fecondazione della cellula uovo, attraversa una prima fase di *segmentazione* in cui tramite successive divisioni (mitosi) si forma una masserella di cellule detta *morula*. Successivamente si forma la *blastula*, una specie di pallina cava, che a sua volta, in seguito all'invaginazione di una parete (▷ *gastrulazione*), si trasforma in *gastrula*. Questa ha struttura diversa nelle varie classi di animali, in ogni caso, dopo una prima fase in cui sono presenti due strati cellulari, se ne forma un terzo. I tre ▷ foglietti embrionali delimitano una cavità detta *archenteron*, che rappresenta l'intestino primitivo e comunica con l'esterno tramite il *blastoporo*. Successivamente inizia la formazione dei tessuti (*istogenesi*) e degli organi (*organogenesi*) per effetto di stimoli che derivano dalle relazioni esistenti fra i foglietti.

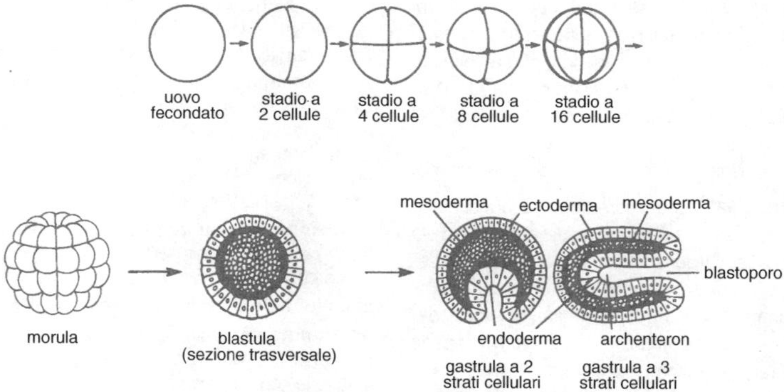

Stadi tipici della segmentazione e della gastrulazione

embrione 1) *in zoologia*, si intende l'organismo durante le prime fasi di sviluppo, dalla fecondazione della cellula uovo fino alla nascita. 2) *in botanica*, si intende la struttura (contenuta nel seme) che si sviluppa dallo zigote prima della germinazione. Nelle piante superiori l'embrione è formato da una o più foglioline primordiali (*cotiledoni*), e dagli abbozzi degli organi fondamentali della pianta, la *radicula* (abbozzo della radice) e la *plumula*, fusticino portante una gemma apicale. Questo tipo di embrione, immerso nel tessuto nutritizio e avvolto nei tegumenti del seme entra in una fase di vita latente in cui può resistere, in condizioni sfavorevoli, anche per molti anni.

eme composto formato da una ▷ porfirina, in cui i 4 atomi di azoto legano un atomo di ferro(II); è presente in importanti composti quali *citocromi*, *emoglobina* e *mioglobina*.

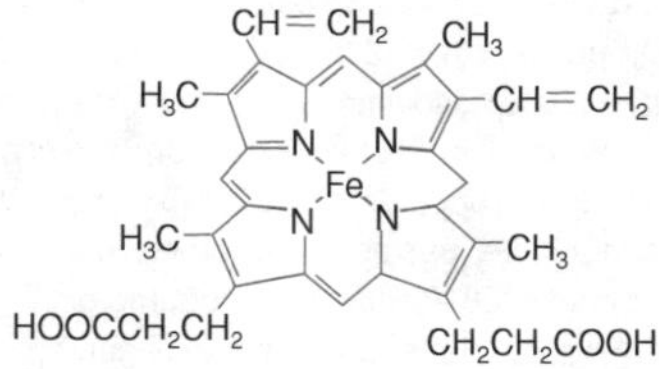

emitteri (*Hemiptera*) ordine di insetti comprendente le cimici e le cicale. Hanno corpo schiacciato, due paia di ali di cui le anteriori possono essere indurite solo alla base (negli *eterotteri*) oppure per tutta la lunghezza (*omotteri*). L'apparato boccale è modificato in *rostro*, per pungere e succhiare; numerose specie, tra cui gli afidi e le cocciniglie si nutrono della linfa delle piante e sono quindi molto dannosi in agricoltura; altre specie sono carnivore. Hanno sessi separati e ▷ metamorfosi incompleta.

emocianine proteine respiratorie contenenti rame, presenti nel sangue di alcuni artropodi e molluschi; il rame contenuto in queste molecole si lega in modo reversibile all'ossigeno, trasformandosi da Cu(I) in Cu(II), permettendo il trasporto dell'ossigeno stesso in modo analogo all'▷ emoglobina nel sangue dei vertebrati.

emofilia malattia caratterizzata dal diminuito potere di coagulazione del sangue e dalla predisposizione alle emorragie, anche in seguito a lesioni normalmente trascurabili. È una malattia ereditaria legata al sesso, determinata da un allele recessivo di un gene situato sul cromosoma X; per questo viene trasmessa a tutta la prole maschile, mentre nelle femmine si manifesta solo in caso di omozigosi (▷ caratteri legati al sesso).

emoglobina proteina contenente ferro presente nel sangue dei vertebrati, all'interno dei globuli rossi, responsabile del trasporto dell'ossigeno. È formata da 4 subunità uguali a due a due, ognuna costituita da una catena polipeptidica (2 catene α e 2 catene β) alla quale è associato un gruppo *eme*, contenente ferro, in grado di legare una molecola di O_2. Il gruppo eme può legare anche altre molecole, per esempio il monossido di carbonio (CO), formando un legame più forte di quello che si crea con l'ossigeno: ciò spiega la tossicità di questo composto.

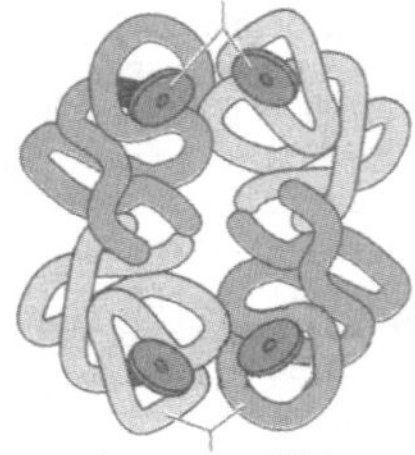

emopoiesi produzione delle cellule del ▷ sangue da parte del midollo rosso delle ossa; i diversi elementi cellulari hanno origine da un unico tipo di cellula indifferenziata (cellula staminale) dalla quale si differenziano tramite successive trasformazioni.

emulsionante sostanza in grado di stabilizzare un'emulsione; gli emulsionanti più comuni sono i detergenti, costituiti da molecole che presentano una porzione idrofiila e una idrofoba, formano ▷ micelle che favoriscono la dispersione di una fase nell'altra.

emulsione sistema formato da due fasi liquide non solubili una nell'altra (▷ colloide), come per esempio olio in acqua.

enantiomeria sinonimo di ▷ isomeria ottica.

encefaline sostanze di natura peptidica presenti nel sistema nervoso centrale, coinvolte (come le endorfine) nella regolazione della percezione del dolore.

encefalo principale centro di integrazione del sistema nervoso dei vertebrati, contenuto nella scatola cranica (cranio). L'encefalo è formato dal ▷ *cervello*, dal ▷ *tronco encefalico*, comprendente il *mesencefalo*, il *ponte* e il *midollo allungato*, e dal ▷ *cervelletto*.

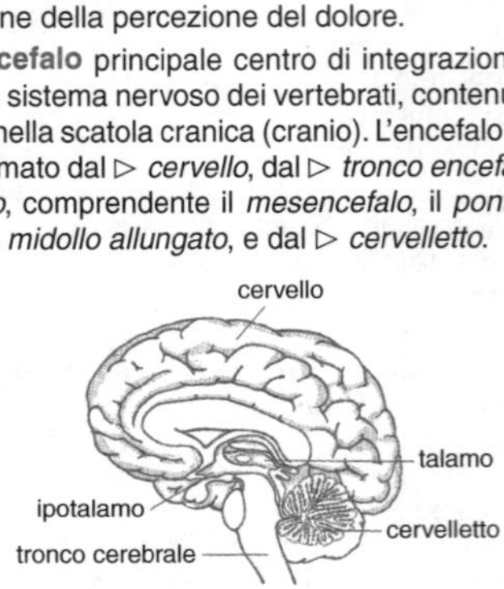

L'encefalo umano.

Nell'embrione dei vertebrati l'encefalo è formato da tre vescicole, *rombencefalo, mesencefalo* e *proencefalo,* che durante lo sviluppo si trasformano nelle diverse regioni encefaliche, mantenendo le cavità interne, i *ventricoli*, in continuità con il canale centrale del midollo spinale. Le diverse parti dell'encefalo sono più o meno sviluppate nelle varie classi di vertebrati. Il midollo allungato, il ponte e il cervelletto (derivati dal rombencefalo) costituiscono la parte più antica dell'encefalo, l'unica ben sviluppata nei pesci, responsabile della coordinazione del movimento e delle funzioni cardiaca e respiratoria. Il *mesencefalo,* coinvolto nelle funzioni motorie, occupa una posizione intermedia fra le funzioni encefaliche antiche e recenti, e ha un ruolo di coordinazione negli anfibi e nei rettili. *Diencefalo* e *telencefalo* (derivati dal proencefalo) costituiscono le strutture più recenti, particolarmente sviluppate nei vertebrati superiori. Il diencefalo comprende ▷ *talamo* e ▷ *ipotalamo*, sede di integrazione fra le funzioni viscerali fondamentali (pulsione alla predazione, e all'accoppiamento, ira, paura ecc.) e la corteccia; il telencefalo, presente come area olfattiva negli animali meno evoluti, nei mammiferi acquista il ruolo di centro di coordinazione principale (cervello).

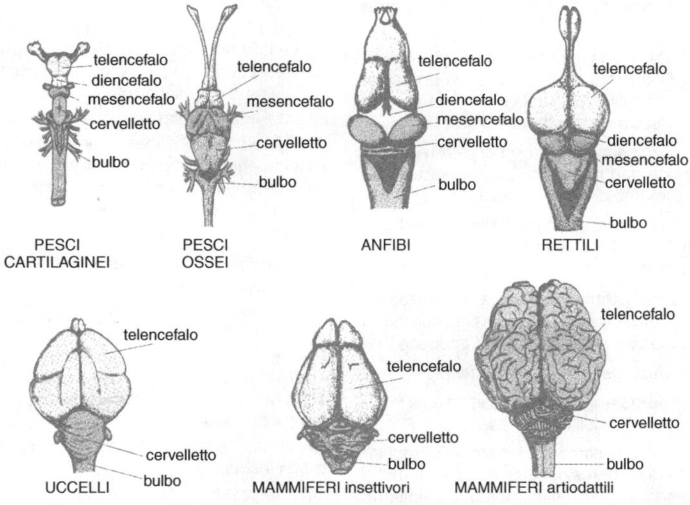

Evoluzione dell'encefalo dei vertebrati.

endocarpo parte del ▷ pericarpo.

endocitosi processo mediante il quale sono introdotte nelle cellule sostanze troppo grandi per passare attraverso la membrana cellulare per diffusione o per trasporto attivo. L'endocitosi si attua attraverso la formazione di invaginazioni della membrana, che poi si chiudono e si staccano, formando vescicole che si spostano nel citoplasma. Se l'endocitosi riguarda una particella di grosse dimensioni, come un batterio o altro si parla di *fagocitosi*, se riguarda molecole in soluzione si parla di *pinocitosi.*

endocrino, sistema insieme delle ghiandole endocrine e degli ormoni prodotti da queste che, immessi nel circolo sanguigno, sono distribuiti all'organismo, in modo da raggiungere l'organo bersaglio ed esercitare i loro effetti. Le principali ghiandole endocrine nei mammiferi sono l'▷ *ipofisi*, la

▷ *tiroide*, le ▷ *ghiandole surrenali*, le isole di Langerhans del ▷ *pancreas*, e le gonadi (▷ *ovaie* e ▷ *testicoli*). L'attività delle ghiandole è controllata da meccanismi di ▷ *feedback* negativo e dalle interazioni, sia di tipo sinergico che antagonista che esistono con le altre ghiandole. Un ruolo centrale è svolto dall'ipofisi che produce numerosi fattori di controllo attivi su altre ghiandole ed è a sua volta controllata dal sistema nervoso, cui è connessa in corrispondenza dell'ipotalamo.

endocrinologia studio dell'attività delle ghiandole endocrine, delle funzioni degli ormoni da queste prodotti, delle malattie determinate dagli squilibri endocrini e delle terapie relative.

endoderma 1) *in embriologia,* il più interno fra i ▷ foglietti embrionali. 2) *in botanica,* strato di cellule presente nella ▷ radice, fra la corteccia e i tessuti vascolari.

endoergonica termine riferito a reazione chimica non spontanea, caratterizzata da un aumento di energia libera.

endogamia incrocio (fusione di gameti) fra individui della stessa specie strettamente imparentati.

endogeno termine riferito a sostanza, stimolo, organo che ha origine all'interno di un organismo; si oppone a ▷ esogeno.

endonucleasi tipo di ▷ nucleasi.

endoparassita parassita che vive all'interno del corpo dell'ospite.

endorfine sostanze coinvolte nella regolazione della percezione del dolore, in modo analogo alle encefaline (neurotrasmettitori).

endoscheletro scheletro interno all'organismo, struttura di supporto presente in numerosi gruppi animali, con caratteristiche diverse; per esempio nei poriferi (spugne) è formato da spicole calcaree, silicee o cornee, nei cefalopodi è cosituito da strutture cartilaginee, nei vertebrati da segmenti cartilaginei o ossei articolati fra loro.

endosimbiosi condizione in cui un organismo vive all'interno di un altro senza risultare dannoso per questo.

endosimbiotica, teoria teoria secondo la quale la cellula eucariote deriverebbe da un'endosimbiosi fra alcuni organismi procarioti: un procariote di dimensioni maggiori avrebbe inglobato procarioti in grado di compiere la respirazione, che sarebbero all'origine dei ▷ mitocondri, e altri, fotosintetici, che avrebbero dato origine ai ▷ cloroplasti. Questa teoria è supportata fra l'altro dal fatto che questi organuli contengono una molecola di DNA circolare e si dividono indipendentemente dalla cellula in cui sono contenuti.

endosperma tessuto di riserva contenuto nel ▷ seme che nutre l'embrione durante la germinazione.

endotelio strato cellulare singolo, formato da cellule appiattite che riveste internamente il cuore e i vasi sanguigni e linfatici; ha origine dal mesoderma.

endotermia sinonimo di ▷ omeotermia.

energia libera (G) energia associata a un sistema chimico; dipende dall'entalpia (H), dalla temperatura assoluta (T) e dall'entropia (S) secondo la relazione:

$$G = H - TS$$

enterocelia nel corso dello sviluppo embrionale, modalità di formazione del ▷ celoma a partire da espansioni dell'endoderma; tipica dei ▷ deuterostomi, si oppone a ▷ schizocelia.

entomofila termine riferito all'▷ impollinazione che si realizza per azione di insetti.

entomologia ramo della zoologia che studia gli insetti.

enzima proteina con funzione di catalizzatore nelle reazioni biochimiche. Un enzima è in grado di accelerare una reazione e si trova inalterato al termine della reazione stessa. Gli enzimi sono caratterizzati da un sito specifico per il legame con il substrato, detto *sito attivo*, si forma quindi un complesso enzima-substrato, di breve durata, che facilita la trasformazione del substrato nel prodotto della reazione. Alcuni enzimi sono attivi solo quando legano determinate molecole non proteiche dette ▷ *cofattori*. Gli enzimi sono dotati di *specificità*, quindi catalizzano una sola reazione, o più spesso un gruppo di reazioni simili. L'attività di un enzima è influenzata dalla concentrazione del substrato, dalla temperatura, dal pH e dalla presenza di composti regolatori. Alcune molecole agiscono come inibitori dell'attività enzimatica perché possono legarsi con il sito attivo, in competizione con il substrato. Gli enzimi sono di fondamentale importanza nei sistemi viventi perché accelerano le reazioni biochimiche, ma soprattutto perché sono soggetti a regolazione secondo meccanismi di *controllo allosterico* per cui determinate sostanze, *attivatori* o *inibitori*, si legano a siti specifici sulla molecola enzimatica e ne alterano la struttura tridimensionale, modificando, in modo reversibile, la sua affinità per il substrato. Spesso, per esempio, un enzima posto all'inizio di una via metabolica di sintesi è inibito dal prodotto finale della stessa via (*inibizione da feedback*). I meccanismi di regolazione dell'attività enzimatica sono in genere sotto il controllo di ormoni o del sistema nervoso.

Eocene epoca del periodo ▷ Terziario.

eosina sostanza utilizzata come colorante in microscopia ottica (colora di rosa il citoplasma), spesso si trova associata all'▷ ematossilina.

eparina sostanza dotata di proprietà ▷ anticoagulanti, presente nei polmoni e nelle arterie.

epatiche (*Haepaticae*) piante appartenenti alle ▷ briofiite.

epatite virale infiammazione del fegato provocata da diversi virus. Sono noti tipi di epatite diversi per quanto riguarda le modalità di trasmissione e l'agente scatenante. L'*epatite A* si diffonde per via oro-fecale, attraverso cibi o acqua contaminati e in genere guarisce senza lasciare conseguenze. L'*epatite B*, causata da un virus del gruppo degli *hepadnavirus*, si trasmette attraverso i liquidi corporei (trasfusioni di sangue, rapporti sessuali ecc.), ha generalmente decorso più grave, può diventare cronica e in alcuni casi pare correlata con il tumore al fegato.

epicarpo parte del ▷ pericarpo.

epicotile in una pianticella che sta germinando è la porzione di fusticino posta superiormente ai cotiledoni (▷ germinazione).

epidermide 1) *in zoologia*, lo strato più superficiale della ▷ pelle. L'epidermide, con funzione protettiva, è costituita da diversi strati cellulari in cui le cellule poste in profondità si dividono in continuazione, per rinnovare quelle dello strato corneo, il più esterno. Queste ultime, prive di nucleo, appiattite e impregnate di cheratina, hanno funzione impermeabilizzante e sono continuamente perse per desquamazione. 2) *in botanica*, strato cellulare esterno che riveste le foglie, i fiori, i frutti, oltre ai fusti e alle radici in struttura primaria. Protegge dall'attacco di parassiti e dalla disidratazione. È formata da uno strato di cellule appiattite, strettamente ravvicinate, ricoperto da una *cuticola* cerosa; spesso sono presenti ▷ *stomi* che permettono gli scambi gassosi.

epifisi ghiandola endocrina, posta al centro del cervello, che nella maggior parte dei vertebrati (uomo compreso) secerne *melatonina* (▷ ormoni); in alcune lucertole in corripondenza dell'epifisi è presente una struttura dotata di cellule fotosensibili (l'occhio mediano).

epifita termine riferito a pianta che cresce su un'altra pianta, senza esserne parassita, e senza avere radici nel terreno; sono epifite per esempio numerosi muschi e licheni, oltre a orchidee e felci delle regioni tropicali.

epigeo termine riferito alla modalità di ▷ germinazione in cui i cotiledoni emergono dal terreno e funzionano come vere foglie.

epiglottide lembo di cartilagine, presente nei mammiferi, attaccato alla faringe vicino alla base della lingua che durante la deglutizione copre l'apertura della trachea impedendo al cibo di entrare nell'apparato respiratorio.

epinefrina sinonimo di ▷ adrenalina.

episoma elemento genetico che può riprodursi indipendentemente, oppure inserendosi nel genoma della cellula che lo ospita; sono episomi alcuni ▷ plasmidi.

epiteliale, tessuto tessuto formato da cellule di forma regolare, poste a stretto contatto, con scarsa sostanza fondamentale. L'epitelio può essere *semplice*, quando è costituito da un solo strato di cellule, oppure *pluristratificato*. In base alla funzione gli epiteli possono essere *di rivestimento* (funzione protettiva), *ghiandolari* (funzione di secrezione), *sensoriali* (funzione di ricezione di stimoli diversi).

Epstein-Barr, virus di virus appartenente al gruppo degli *herpesvirus*, responsabile della *mononucleosi infettiva*, patologia che colpisce i ▷ linfociti B. Probabilmente è uno dei fattori scatenanti del *linfoma di Burkitt*, tumore dei tessuti linfatici diffuso tra i bambini africani che vivono in condizioni sanitarie particolarmente precarie.

equiseti piante appartenenti alle ▷ pteridofite.

erbacea termine riferito a pianta dotata di organi e tessuti teneri, poco lignificati, in cui le parti aeree (fusto e foglie) muoiono dopo ogni stagione di crescita. Nelle piante erbacee *annuali* al termine della stagione di crescita muore tutta la pianta, nelle *biennali* e nelle *perenni* sono presenti organi (per esempio bulbi o tuberi) che permettono alla piante di sopravvivere durante la stagione avversa.

erbivori si dice di animali che si nutrono esclusivamente di vegetali, come per esempio le mucche e i cavalli. Gli erbivori sono dotati di grossi denti adatti a triturare le piante, inoltre il loro apparato digerente contiene batteri in grado di digerire la ▷ cellulosa.

eredità citoplasmatica trasmissione ereditaria di geni contenuti nel citoplasma di una cellula anziché nel nucleo. Questo fenomeno riguarda pochi geni ed è possibile perché nel citoplasma sono presenti i ▷ mitocondri e, nelle cellule vegetali, i ▷ cloroplasti, che contengono una certa quantità di materiale genetico indipendente da quello presente nel nucleo. La trasmissione dei caratteri determinati da questi geni non segue le leggi di Mendel.

eredità, teoria cromosomica della teoria secondo la quale i geni, corrispondenti ai *fattori* di Mendel, sono particelle materiali (segmenti di DNA) disposte sui ▷ cromosomi. Ogni individuo deriva dalla fusione di due gameti aploidi, uno materno e uno paterno, possiede quindi due serie di cromosomi, da cui dipendono tutte le sue caratteristiche secondo i criteri esposti dalle leggi di ▷ Mendel. Al momento della meiosi si realizza la separazione dei cromosomi costituenti le coppie di omologhi, i gameti che si formano contengono solo un cromosoma di ogni coppia, e presentano una notevole variabilità grazie all'assortimento indipendente dei cromosomi.

eritrociti altro nome dei ▷ globuli rossi.

ermafroditismo coesistenza nello stesso individuo degli organi sessuali (gonadi) maschili e femminili. Sono ermafroditi, per esempio, i lombrichi.

Escherichia coli batterio presente nell'intestino, come commensale innocuo. È largamente utilizzato per lo studio della genetica dei procarioti, e nelle tecniche di ▷ ingegneria genetica, come ospite per l'espressione di geni estranei contenuti in porzioni di DNA ricombinante e per la clonazione di geni.

escretore, apparato complesso degli organi che permettono l'eliminazione dei composti di rifiuto del metabolismo e regolano volume e composizione dei liquidi corporei (equilibrio idrico-salino). Negli animali più semplici, come poriferi (spugne) e celenterati (meduse) non sono presenti organi specializzati per l'escrezione; nei molluschi e negli anellidi sono presenti strutture tubulari dette ▷ *nefridi*, negli insetti questa funzione è svolta dai ▷ *tubuli di Malpighi*. Nei vertebrati sono presenti organi specializzati più efficienti: il più semplice è il *pronefro*, presente in tutti i vertebrati durante lo sviluppo embrionale, e in pochi pesci allo stadio adulto, il *mesonefro* è presente nella maggior parte dei pesci e degli anfibi adulti, il *metanefro*, o ▷ *rene*, nei rettili, negli uccelli e nei mammiferi. In questi ultimi l'urina, formata nel rene, attraverso gli ureteri viene convogliata nella vescica, dove si accumula, in attesa di essere eliminata all'esterno attraverso l'uretra.

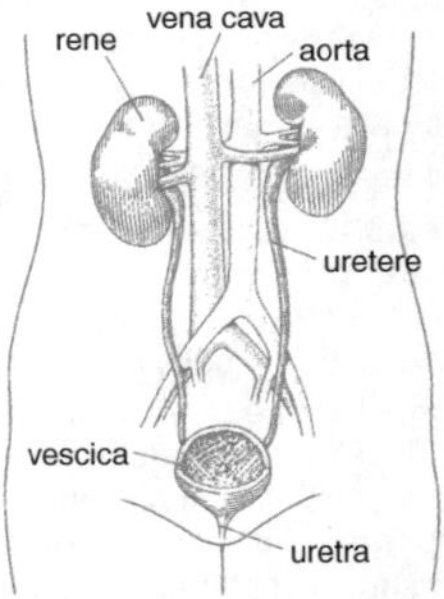

L'apparato escretore umano.

escrezione eliminazione dei prodotti di rifiuto che si formano in seguito all'attività metabolica di un organismo. Nelle piante e negli animali inferiori i prodotti di scarto sono eliminati dalle cellule per semplice diffusione, mentre negli animali superiori sono presenti organi specializzati per questa funzione. Tra i prodotti di scarto vi sono per esempio l'anidride carbonica, eliminata tramite i polmoni, e diversi composti azotati, eliminati per azione dei reni.

esochinasi enzima che catalizza la reazione del glucosio con un gruppo fosfato fornito dall'ATP (*fosforilazione*) per formare glucosio-6-fosfato; la fosforilazione del glucosio attiva la molecola di zucchero rendendola più reattiva, e rappresenta la prima tappa della ▷ glicolisi.

esocitosi processo mediante il quale sono espulsi dalla cellula i composti troppo grandi per passare attraverso la membrana cellulare per diffusione o per trasporto attivo. Le sostanze espulse per esocitosi sono contenute all'interno di vescicole che si fondono con la membrana plasmatica, rilasciando il contenuto all'esterno.

esocrine, ghiandole ghiandole che liberano i loro secreti all'esterno dell'organismo (ghiandole *sudoripare*, *sebacee*, *salivari*) oppure all'interno di un organo che comunica con l'ambiente esterno (ghiandole *gastriche*); sono costituite da una porzione secernente, formata dalle cellule che producono le sostanze secrete, e da un dotto che permette di eliminare questi prodotti all'esterno.

esoergonica termine riferito a una reazione chimica spontanea, caratterizzata da una diminuzione di energia libera.

esofago parte del ▷ tubo digerente situata fra la faringe e lo stomaco.

esogamia incrocio fra individui di una specie non imparentati; l'esogamia determina la comparsa di un maggior numero di individui eterozigoti e una maggiore variabilità dei caratteri, quindi un maggiore potenziale di adattamento ai cambiamenti ambientali rispetto alle popolazioni in cui si realizza l'▷ endogamia.

esogeno termine, opposto a ▷ endogeno, riferito a sostanze, stimoli, o altro che si originano all'esterno di un organismo.

esone regione del gene che contiene informazioni destinate a essere tradotte e generare quindi la sequenza di amminoacidi codificata dal gene stesso. Gli esoni si alternano agli *introni*, sequenze nucleotiche che sono rimosse dal trascritto primario di ▷ RNA messaggero prima della sintesi proteica.

esonucleasi tipo di ▷ nucleasi.

esoscheletro rivestimento esterno rigido presente in alcuni animali, in particolare invertebrati; l'esoscheletro protegge e sostiene il corpo dell'animale e fornisce i punti di attacco per i muscoli. La *cuticola* che riveste gli artropodi è l'esempio più tipico, ma sono forme di esoscheletro anche le *conchiglie* dei molluschi.

esoso tipo di ▷ monosaccaride.

esperidio tipo di ▷ frutto carnoso.

espianto 1) rimozione di cellule o tessuti da un organismo per reallizzarne la coltura in vitro; 2) prelievo di un organo ai fini di un trapianto.

esplosione cambriana periodo relativamente breve, nella storia della Terra, in cui comparvero tutti i principali *phylum* animali, circa 600 milioni di anni fa.

estinzione cretacea estinzione in massa che si verificò circa 65 milioni di anni fa, al termine del ▷ Cretaceo, e portò alla scomparsa di numerose forme marine, delle ammoniti, dei dinosauri e dei rettili volanti. La causa più probabile risiede nei cambiamenti climatici che si erano verificati nel corso del periodo determinando notevoli modificazioni nella flora, con la diffusione delle angiosperme che soppiantarono le gimnosperme. I grandi rettili erano probabilmente troppo specializzati per adattarsi a un drastico cambiamento ambientale.

estinzione permiana la più grande estinzione nella storia della Terra, avvenuta al termine del Permiano, circa 225 milioni di anni fa, quando nel giro di pochi milioni di anni scomparvero la metà delle famiglie degli organismi marini.

estivazione fenomeno per cui, in occasione di periodi di eccessiva siccità o calore, alcuni animali rallentano notevolmente nutrizione, respirazione, movimento e qualsiasi altra attività.

estradiolo ormone appartenente alla classe degli estrogeni (▷ ormoni).

estro ▷ ciclo estrale.

estrogeni ormoni sessuali femminili, prodotti dal follicolo ovarico, oltre che dal corpo luteo e dalla placenta; ▷ ormoni.

etene semplice idrocarburo gassoso ($CH_2{=}CH_2$) noto anche come *etilene*; è prodotto dalle piante, e agisce come sostanza di crescita (fitormone), in particolare stimola la maturazione dei frutti e i processi di senescenza del fiore che precedono la formazione del frutto.

eterociclico termine riferito a composto organico ciclico in cui l'anello che lo caratterizza contiene uno o più atomi diversi dal carbonio; per esempio la purina e la pirimidina.

eterocromatina ▷ cromatina.

eterodonte termine riferito ad animali che possiedono denti di diverso tipo (come canini, incisivi, molari), specializzati per diverse funzioni nell'ambito della masticazione.

eterogametico si dice di sesso determinato da due cromosomi sessuali diversi; per esempio nell'uomo il sesso eterogametico è quello maschile, determinato dalla combinazione di cromosomi sessuali XY, mentre il sesso femminile (▷ omogametico) è determinato dalla combinazione XX.

eterogamia sinonimo di ▷ anisogamia.

eterosi caratteristica degli ibridi derivati dall'incrocio fra diverse varietà di piante, per cui questi sono spesso più forti e producono raccolti migliori delle varietà originali.

eterotermia termine che indica la variazione passiva della temperatura corporea interna di un animale, in relazione alla temperatura dell'ambiente. Gli animali *eterotermi* (tutti eccetto gli uccelli e i mammiferi) possono comunque compensare situazioni corrispondenti a temperature estreme, per esempio modificando il flusso sanguigno ai tessuti periferici e quindi la dispersione di calore; oppure spostandosi in zone di luce o di ombra in base alle necessità. In climi particolarmente caldi gli animali eterotermi (detti anche *a sangue freddo*) possono cadere in ▷ estivazione per sfuggire al calore eccessivo; mentre in climi particolarmente rigidi possono ricorrere all'▷ ibernazione.

eterotrofia tipo di nutrizione in cui l'energia deriva dall'assunzione di sostanza organica preformata, in generale tessuti vegetali o animali. L'eterotrofia è tipica degli organismi (detti *eterotrofi*) che non sono in grado di sintetizzare sostanza organica complessa a partire da composti inorganici, e dipendono quindi dalle sostanze sintetizzate dagli organismi autotrofi (▷ autotrofia). Le sostanze assunte in questo modo vengono digerite, e i composti semplici che derivano dalla digestione sono utilizzati per sintetizzare le molecole necessarie all'organismo. Sono eterotrofi i funghi, gli animali, e la maggior parte dei batteri.

eterotrofo ▷ eterotrofia.

eterozigote termine riferito a cellula, o organismo, diploide, che per un particolare carattere possiede due alleli diversi.

etilene sinonimo di ▷ etene.

etologia studio del comportamento animale dal punto di vista delle funzioni e delle cause dei comportamenti, del loro significato nell'adattamento all'ambiente e dell'evoluzione dei comportamenti stessi.

eubatteri gruppo che comprende tutti gli organismi procarioti tranne gli ▷ archebatteri. Sono inclusi in questo gruppo la maggior parte dei ▷ batteri conosciuti, compresi i ▷ cianobatteri.

eucariote termine riferito a tipo di cellula oppure organismo. La cellula eucariote è dotata di un *nucleo* ben distinto, delimitato dalla membrana nucleare, contenente il materiale genetico. Nel citoplasma sono presenti, oltre ai ▷ *ribosomi*, *organuli* con diverse funzioni, come l'▷ *apparato di* ▷ *Golgi*, il ▷ *reticolo endoplasmatico*, i ▷ *mitocondri*, i ▷ *lisosomi*. Sono eucarioti tutti gli esseri viventi tranne i batteri; gli eucarioti unicellulari costituiscono il regno dei protisti, i pluricellulari sono funghi, piante e animali. Le cellule eucariote possono avere forma e funzioni diverse; gli organuli elencati precedentemente sono tipici della cellula animale, mentre quella vegetale è caratterizzata dalla presenza della ▷ *parete cellulare* esternamente alla membrana plasmatica, dei ▷ *cloroplasti* e di un grande ▷ *vacuolo*.

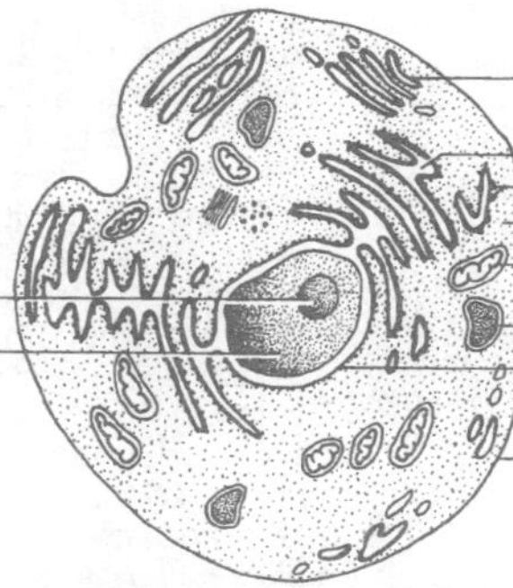

Schema di una e cellula eucariote (animale).

eucromatina ▷ cromatina.

eugenetica branca della medicina che applica le leggi della genetica alla ricerca di metodi per migliorare il livello qualitativo delle popolazioni umane. Tali metodi possono essere *negativi*, quando mirano all'eliminazione di caratteri indesiderabili, per esempio sconsigliando la riproduzione a individui portatori di geni per tali caratteri; oppure *positivi*, tramite programmi di accoppiamento selezionati. Si tratta di una disciplina assai discussa in quanto si presta a pericolose distorsioni.

euglenofite (*Euglenophyta*) gruppo di alghe unicellulari (▷ protisti). Sono organismi autotrofi che effettuano la fotosintesi grazie alla presenza di clorofilla *a* e *b, ma* quando la luce è scarsa possono comportarsi da eterotrofi; vivono prevalentemente nelle acque dolci, si muovono mediante un ▷ flagello, e possiedono una *macchia oculare* che percepisce la luce e regola i movimenti dell'alga.

eumetazoi (*Eumetazoa*) vasto gruppo di animali comprendente tutti quelli in cui le cellule sono organizzate in tessuti e organi specializzati dal punto di vista funzionale. Appartengono a questo gruppo tutti gli animali tranne i poriferi; generalmente sono suddivisi in *radiati* (come i celenterati) a simmetria radiale e *bilateri* (platelminti, anellidi, artropodi, molluschi, echinodermi e cordati) nei quali vi è simmetria bilaterale almeno in una fase del ciclo vitale.

euriecia termine riferito a specie che tollera ampie variazioni di un determinato fattore ecologico.

euteri (*Eutheria*) o placentati sottoclasse di mammiferi comprendente la maggior parte delle specie viventi; sono dotati di *placenta*, organo che protegge e nutre l'embrione durante il suo sviluppo all'interno del corpo materno. I placentati attuali costituiscono un gruppo estremamente differenziato, presente in ogni tipo di ambiente; sono suddivisi in ordini in base alla struttura del corpo, considerando in particolare la dentatura. Fra i più importanti ordini di mammiferi ricordiamo *artiodattili*, *carnivori*, *cetacei*, *chirotteri*, *insettivori*, *perissodattili*, *primati*, *proboscidati* e *roditori*.

eutrofico termine riferito a corpo idrico (per esempio un lago) dotato di abbondanti scorte di nutrienti, quindi in grado di sostenere un alto tasso di formazione di sostanza organica tramite fotosintesi; per confronto ▷ eutrofizzazione.

eutrofizzazione immissione in un corpo idrico di scarichi fognari, agricoli o zootecnici ricchi di sostanza organica o fertilizzanti. Questo processo rende eutrofico lo stesso corpo idrico, e stimola un'eccessiva crescita delle alghe, la cui morte e successiva decomposizione esaurisce il contenuto di ossigeno del lago provocando la morte dei pesci e degli altri organismi viventi. Questo fenomeno si instaura facilmente nelle acque di un lago, caratterizzate da scarso ricambio, ma può avere dimensioni preoccupanti anche in mare, in regioni costiere a scarsa profondità.

evoluzione processo in base al quale gli organismi viventi, soggetti a continui graduali cambiamenti, derivano da organismi più semplici, attraverso piccole modifiche progressive che si accumulano nel corso di centinaia di milioni di anni. La teoria dell'evoluzione si è affermata nel corso del XIX secolo per opera, prima di Lamarck (▷ *lamarckismo*), poi di Darwin (▷ *darwinismo*). Diverse discipline forniscono prove a favore dell'evoluzione: la paleontologia testimonia l'esistenza in passato di organismi oggi estinti; gli studi di anatomia comparata ed embriologia mostrano come sia possibile individuare in diversi gruppi di animali organi omologhi, cioè con la stessa derivazione, anche se dotati di funzione e forma diverse. La biogeografia evidenzia le differenze esistenti fra specie simili, isolate spazialmente, come le diverse specie di fringuelli osservati da Darwin alle isole Galapagos, spiegabili ammettendo che le nuove specie siano derivate da un unico ceppo originario e che in ciascuna isola abbiano seguito un'evoluzione particolare. Le attuali conoscenze sui meccanismi che permettono l'evoluzione delle specie sono organizzate nella *teoria sintetica dell'evoluzione*, un'interpretazione della teoria di Darwin (si parla anche di *neodarwinismo*) alla luce dalle conoscenze acquisite in campo genetico. Secondo questa teoria, il motore dell'evoluzione risiede nella proprietà di tutti i viventi di trasmettere le proprie caratteristiche alla prole, mantenendo una notevole variabilità, garantita dalla ▷ ricombinazione genica che si realizza con i meccanismi di ▷ riproduzione sessuata, e dalle mutazioni, che permettono la comparsa di nuovi caratteri. Su questa variabilità agisce la ▷ *selezione naturale* in modo che gli organismi che risultano più adatti all'ambiente, contribuendo con un maggior numero di discendenti alla generazione successiva, favoriscono l'affermarsi di un nuovo ▷ genotipo, in cui prevalgono i caratteri da loro portati. Altri importanti fattori nel processo di origine di nuove specie sono l'isolamento geografico e la ▷ deriva genetica.

evotraspirazione ▷ traspirazione.

extracellulare elemento o fenomeno che si trova, o avviene, fuori dalla cellula.

eziolamento insieme delle alterazioni che si osservano in una pianta cresciuta al buio o con pochissima luce. Caratteristiche delle piante *eziolate* sono foglie e germogli sbiancati per la mancata produzione di clorofilla, germogli troppo lunghi, sistemi fogliari e radicali ridotti.

F

fabbisogno energetico apporto calorico necessario per un organismo; comprende una componente determinata dal ▷ *metabolismo basale* (per l'uomo circa 1500-2000 kcal/giorno) e una data dal *metabolismo addizionale*, quota variabile in funzione delle attività svolte dall'organismo, delle eventuali patologie in corso e delle condizioni ambientali.

FAD (flavinadenindinucleotide), importante ▷ coenzima che partecipa a numerose reazioni metaboliche; generalmente si lega all'enzima con un legame molto forte formando una *flavoproteina*. Funge da accettore di idrogeno nelle reazioni di ▷ *deidrogenazione*, come quelle del ▷ ciclo di Krebs, in cui viene ridotto a $FADH_2$, che a sua volta viene ossidato a FAD nelle reazioni della ▷ catena respiratoria, permettendo la produzione di ATP (due molecole di ATP per ogni molecola di $FADH_2$).

fago sinonimo di ▷ batteriofago.

fagociti cellule in grado di fagocitare, quindi di eliminare in modo diretto, cellule e particelle estranee. Si trovano nei vasi sanguigni e sono in grado di spostarsi nei tessuti; i più importanti fagociti sono i *granulociti*, e i *macrofagi* (▷ globuli bianchi).

fagocitosi tipo di ▷ endocitosi attraverso la quale vengono inglobate dalla cellula particelle solide di grosse dimensioni.

famiglia categoria ▷ sistematica che raccoglie organismi appartenenti a generi simili; famiglie simili costituiscono un ordine.

fanerogame raggruppamento artificiale comprendente le piante con fiori; corrisponde alle spermatofite, non ha valore sistematico, è utilizzato in opposizione alle ▷ crittogame.

fanoni placche cornee che pendono dalla mascella dei *cetacei misticeti* (balene prive di denti), formando una specie di setaccio che filtra l'acqua trattenendo gli organismi planctonici che costituiscono il nutrimento di questi animali.

farfalle ▷ lepidotteri.

faringe cavità che collega la bocca con l'esofago e la trachea, consentendo il passaggio del cibo e dei gas respiratori.

farmacologia disciplina medico-biologica che studia le proprietà dei farmaci sugli organismi viventi.

fascio conduttore (o fascio cribro-vascolare) struttura della pianta destinata al trasporto della linfa, formata da cordoni di tessuto cribroso (▷ floema) esternamente, e tessuto legnoso (▷ xilema) internamente. Generalmente sono presenti fibre sclerenchimatiche con funzione di sostegno inoltre nelle piante con accrescimento secondario fra floema e xilema si trova uno strato di ▷ cambio cribro-legnoso. I fasci conduttori attraversano la pianta in tutte le sue parti senza interruzioni, dalle radici, al fusto, alle foglie, con disposizione caratteristica.

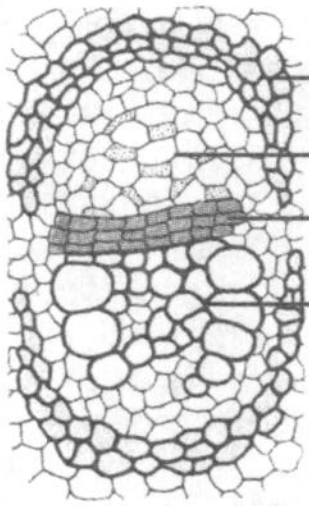

Struttura di un fascio cribro-vascolare.

fase lag ▷ crescita logistica.

fase log ▷ crescita logistica.

fase luminosa ▷ fotosintesi.

fase oscura ▷ fotosintesi.

fattori di crescita sostanze proteiche prodotte dalle cellule di un tessuto, capaci di stimolare la proliferazione delle cellule stesse. Sono noti numerosi fattori di crescita, ognuno specifico per un tessuto; un'anomalia nella regolazione della produzione di queste sostanze potrebbe essere alla base della proliferazione di alcuni tipi di cellule, e quindi di alcuni tipi di ▷ tumore.

fattori limitanti fattori ecologici, chimici o fisici, che condizionano le possibilità di crescita di una specie nell'ambiente in cui vive. La *legge dei fattori limitanti*, o *legge del minimo*, formulata da J. von Liebig nel XIX secolo, afferma che la crescita dei vegetali dipende dall'elemento che è presente nella quantità minima.

fattori di rilascio ormoni peptidici prodotti dall'ipotalamo che regolano (stimolandola, oppure inibendola) la secrezione degli ormoni prodotti dall'adenoipofisi (▷ ipofisi).

fauna insieme delle specie animali che popolano un dato ambiente o che caratterizzano un determinato periodo geologico.

feci materiale di rifiuto eliminato dall'intestino tramite l'ano. Sono formate da residui di alimenti rimasti al termine dei processi di digestione e assorbimento, oltre a cellule morte e batteri.

fecondazione unione delle cellule riproduttive (*gameti*) maschile e femminile, aploidi, e successiva fusione dei loro nuclei, per formare lo *zigote* diploide. Negli animali questo processo comporta la fusione dei nuclei di uno spermatozoo e di un uovo. In molti animali acquatici, uova e spermatozoi vengono rilasciati nell'acqua e la fecondazione avviene esternamente al corpo dell'animale (*fecondazione esterna*); negli animali terrestri la fecondazione generalmente avviene all'interno del corpo della femmina, dove vengono introdotti gli spermatozoi (*fecondazione interna*). Nelle piante con ▷ fiore i granuli pollinici deposti sullo stimma germinano formando un prolungamento detto *tubulo pollinico* che, attraverso lo stilo dell'ovario, raggiunge gli ovuli. Qui uno dei due nuclei spermatici (gameti maschili) contenuti nel granulo pollinico, si fonde con il nucleo della cellula uovo (gamete femminile) contenuta nel ▷ sacco embrionale, formando lo zigote; l'altro nucleo spermatico si fonde con il nucleo secondario del sacco embrionale (diploide) formando l'endosperma, un tessuto nutritivo che circonda l'embrione in accrescimento.

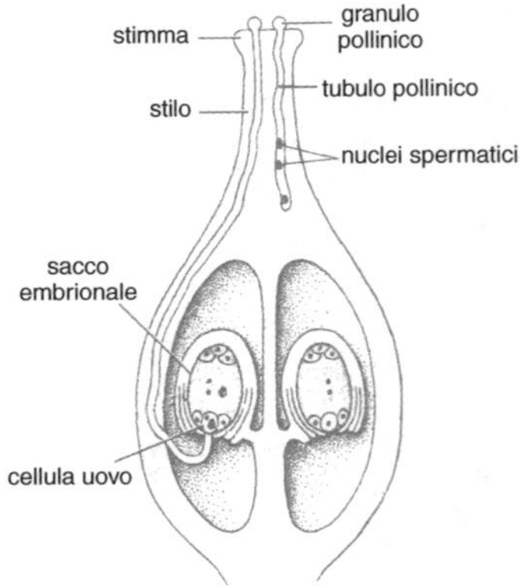

La fecondazione nelle angiosperme.

feedback termine inglese usato spesso per indicare il fenomeno della *retroazione*. In generale indica l'impiego dei dati in uscita da un sistema per regolare il funzionamento del sistema stesso. Nel caso di feedback *positivo* il segnale in uscita serve a intensificare quello in entrata, mentre nel feedback *negativo* il segnale in uscita ha l'effetto di ridurre il segnale in entrata (*inibizione da feedback* o *retroinibizione*). Molte vie metaboliche sono controllate dal prodotto terminale della via stessa che agisce come inibitore per gli enzimi che catalizzano le prime reazioni di tale via metabolica. Quando, per esempio, un amminoacido è presente nella cellula in concentrazione elevata, inibisce l'enzima che catalizza la prima tappa della serie di reazioni che portano alla sintesi dell'amminoacido stesso.

fegato grossa ghiandola dei vertebrati, responsabile di numerose funzioni di primaria importanza. Il fegato partecipa al metabolismo dei glucidi sintetizzando ▷ glicogeno quando è presente un'elevata concentrazione di glucosio nel sangue e demolendolo quando il tasso di glucosio è basso; degrada gli amminoacidi in eccesso e sintetizza l'▷ urea; svolge i processi di scissione e accumulo dei grassi; produce la ▷ bile; distrugge le sostanze tossiche; demolisce i globuli rossi danneggiati.

felci piante appartenenti alle ▷ pteridofite.

fellema altro nome del ▷ sughero.

felloderma tessuto parenchimatico che nel ▷ fusto delle piante legnose fa parte della corteccia secondaria; è prodotto dal cambio subero-fellodermico.

fellogeno altro nome del ▷ cambio subero-fellodermico.

fenetico termine riferito a un sistema di classificazione degli organismi basato sulle somiglianze e sulle differenze del maggior numero possibile di caratteristiche osservabili. Un sistema di questo tipo non ha come principale scopo la rappresentazione della ▷ filogenesi; si contrappone a ▷ *filogenetico*.

fenilalanina ▷ amminoacidi.

fenolftaleina colorante utilizzato come indicatore acido-base; è incolore per pH inferiore a 8, mentre assume colore rosso a pH maggiore di 9,6.

fenotipo insieme delle caratteristiche osservabili di un organismo, risultanti dall'interazione del patrimonio genetico (▷ genotipo) con l'ambiente.

feoficee denominazione con cui a volte sono indicate le ▷ alghe brune.

feofite (*Phaeophyta*) ▷ alghe brune.

fermentazione serie di reazioni che si verificano in assenza di ossigeno (quando la respirazione non può avere luogo), e trasformano l'acido piruvico prodotto dalla ▷ glicolisi in composti diversi a seconda del tipo di fermentazione. La *fermentazione lattica* porta alla formazione di acido lattico, mentre la *fermentazione alcolica* forma alcol etilico e anidride carbonica. La fermentazione lattica è operata da batteri del latte ed è sfruttata per la produzione di yogurt e formaggi, mentre la fermentazione alcolica, operata dai ▷ lieviti, è sfruttata per la produzione di vino e birra e per la lievitazione della pasta per il pane.

ferormone (o feromone) sostanza chimica prodotta da un organismo ed emessa nell'ambiente, in grado di esercitare influenze specifiche su altri organismi appartenenti alla stessa specie. I ferormoni, importanti sopprattutto per alcuni gruppi di insetti e per i mammiferi, possono esercitare effetti diversi, come attirare un compagno per l'accoppiamento, oppure marcare una pista o un territorio. Negli insetti sociali (api, termiti, formiche) svolgono funzioni complesse compreso, in alcuni casi, il controllo dello sviluppo delle larve verso la formazione di un certo tipo di adulto. Ferormoni sintetizzati chimicamente sono utilizzati nella lotta contro gli insetti dannosi in quanto possono attirare i maschi oppure disorientarli, impedendone l'accoppiamento.

ferro (Fe) elemento essenziale per i viventi, è un costituente di molecole come l'▷ emoglobina e i ▷ citocromi.

fessure branchiali aperture presenti nei vertebrati acquatici che collegano la regione della faringe con l'esterno; nei pesci contengono le ▷ branchie. Sono assenti nei vertebrati terrestri adulti, ma durante lo sviluppo embrionale compaiono in tutte le classi di vertebrati.

feto embrione dei mammiferi a partire dallo stadio di sviluppo in cui sono riconoscibili le principali caratteristiche della specie, fino alla nascita.

fibra 1) *in anatomia*, elemento allungato e filamentoso costituente i tessuti; può essere cellulare (fibre nervose, fibre muscolari) oppure acellulare (fibre ▷ collagene). 2) *in botanica*, cellule vegetali allungate con parete ispessita e lignificata; dotate di funzione di sostegno (▷ sclerenchima), sono associate ai tessuti di conduzione (▷ fascio conduttore).

fibrina proteina insolubile con un ruolo fondamentale nella ▷ coagulazione del sangue.

fibrinogeno proteina disciolta nel sangue che, nel corso del processo di ▷ coagulazione del sangue, si trasforma in fibrina, insolubile.

fibroblasto cellula che produce le fibre della sostanza fondamentale del tessuto ▷ connettivo; esaurita tale funzione i fibroblasti, denominati *fibrociti*, rimangono all'interno del connettivo.

ficocianina pigmento fotosintetico tipico dei ▷ cianobatteri.

ficoeritrina pigmento caratteristico delle ▷ alghe rosse; permette di captare le radiazioni luminose verdi-azzurre, che, in ambiente marino, giungono in profondità.

filetico sinonimo di ▷ filogenetico.

filiera piccola appendice tubulare, presente nei ragni e in alcuni insetti, da cui è emessa la seta.

fillotassi disposizione delle foglie sul fusto di una pianta; è caratteristica di ogni specie e garantisce l'utilizzazione ottimale della luce. Quando le foglie sono disposte singolarmente lungo il fusto, la fillotassi è detta *alterna*, quando ogni nodo porta due, o più foglie la fillotassi è detta *verticillata*, e le foglie costituiscono un *verticillo*.

filogenesi insieme delle modalità e delle cause che hanno portato alla successiva comparsa di gruppi diversi di esseri viventi, a partire da un comune antenato; si può considerare la storia dell'▷ evoluzione dei viventi.

filogenetico (o filetico) termine riferito ad un sistema di classificazione dei viventi che tiene conto dei rapporti evolutivi esistenti fra i gruppi (filogenesi).

filtrato liquido pulito che si ottiene tramite la filtrazione.

filtrazione processo di rimozione da un liquido delle particelle solide presenti in sospensione.

fiore organo riproduttivo delle *angiosperme* (piante con fiore), dove avviene la *riproduzione sessuata*, si formano i ▷ semi e si sviluppano i ▷ frutti. Forma e colore dei fiori sono molto variabili, spesso sono riuniti in ▷ infiorescenze. La maggior parte dei fiori è costituita da un *ricettacolo* che porta 4 serie di parti fiorali, derivanti da foglie modificate: sepali, petali, stami e carpelli. I *sepali*, che costituiscono il *calice*, sono di solito verdi, simili a foglie; internamente si trovano i *petali* che formano la *corolla*. Nelle piante impollinate da insetti (entomofilia) le corolle hanno aspetto vario e colori brillanti che attraggono gli impollinatori; quando l'impollinazione è operata dal vento (anemofilia) i fiori sono poco appariscenti e le antere ciondolano fuori dalla corolla per facilitare la dispersione del polline. All'interno della corolla si trova l'*androceo*, insieme degli organi sessuali maschili, gli *stami*. Ogni stame è formato da un filamento sottile, all'estremità del quale si trova l'*antera*, contenente le *sacche polliniche* dove vengono prodotti i ▷ granuli pollinici (gameti maschili). La parte più interna del fiore è il *gineceo*, contenente le strutture sessuali femminili, i *carpelli*. Un fiore può avere un carpello, oppure più di uno, separati o fusi; in entrambi i casi questi sono costituiti dallo *stimma*, superficie vischiosa cui aderiscono i granuli pollinici durante l'ipollinazione, un peduncolo detto *stilo*, e l'*ovario* alla base, dove si trovano uno o più ▷ *ovuli*, ognuno contenente un sacco embrionale, a sua volta contenente una cellula uovo (gamete femminile).

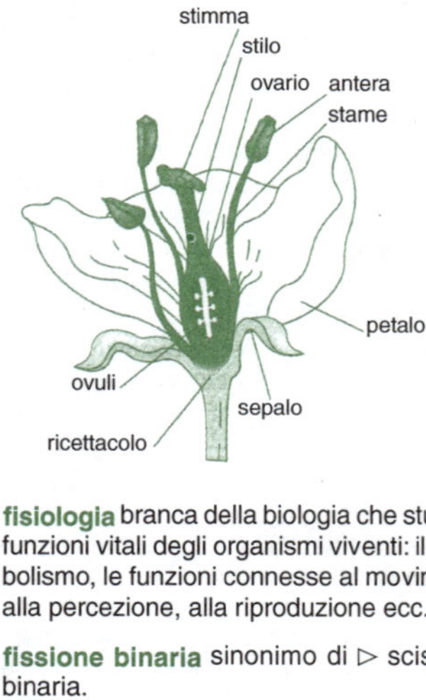

fisiologia branca della biologia che studia le funzioni vitali degli organismi viventi: il metabolismo, le funzioni connesse al movimento, alla percezione, alla riproduzione ecc.

fissione binaria sinonimo di ▷ scissione binaria.

fissismo teoria che sostiene che le caratteristiche delle specie biologiche siano immutabili; questo pensiero è stato dominante nel mondo occidentale dai tempi di Aristotele (IV secolo a.C.) fino alla fine del XVIII secolo e aveva numerosi sostenitori anche durante il XIX secolo, quando sono state elaborate le teorie evoluzionistiche di Lamarck e di Darwin.

fitoalexine sostanze di difesa prodotte da diversi tipi di piante vascolari.

fitocenosi raggruppamento di piante con esigenze simili, che si trovano in un determinato luogo.

fitocromo pigmento presente in tutte le piante, all'interno di diversi organi, in cui compare con due forme, una inattiva e una attiva, la trasformazione della prima nella seconda è innescata dalle radiazioni solari. Questo pigmento, nella forma attiva, controlla le funzioni della pianta influenzate della luce solare, come l'accrescimento, la fioritura, la germinazione dei semi ecc.

fitogeografia disciplina che studia la distribuzione delle specie vegetali sulla superficie terrestre in relazione all'ambiente in cui vivono.

fitopatologia branca della biologia che studia le malattie delle piante.

fitoplancton componente vegetale del ▷ plancton.

fitormoni ormoni vegetali; sono composti organici, sintetizzati dalle piante, dotati di diverse funzioni relative alla crescita e allo sviluppo. I fitormoni sono generalmente prodotti in una parte della pianta, e trasportati in altre parti, dove esplicano la loro funzione. Sono ormoni vegetali l'▷ acido abscissico, le ▷ auxine, le ▷ gibberelline, l'▷ etene e le ▷ citochinine.

flagellati (*Flagellata*) classe comprendente organismi unicellulari eterotrofi (▷ protozoi) dotati di uno o più flagelli per il movimento. Vivono nel suolo e nell'acqua, soprattutto in ambienti ricchi di sostanza organica in decomposizione; alcuni sono parassiti, per esempio *Trypanosoma gambiense* è l'agente della malattia del sonno.

flagello appendice filiforme sottile e allungata presente sulla superficie di alcune cellule. Il flagello è dotato di movimento e caratterizzato internamente dalla presenza di 9 coppie di ▷ microtubuli disposti a delimitare un cilindro, più due microtubuli centrali (la stessa struttura di un ciglio). Generalmente le cellule flagellate possiedono un solo lungo flagello, in questo modo si muovono gli spermatozoi e alcuni organismi unicellulari.

flavinadenindinucleotide ▷ FAD.

flavonoidi gruppo di composti fenolici naturali molti dei quali sono pigmenti delle piante; comprendono le *antocianine*, i *flavonoli* e i *flavoni*.

flavoproteine enzimi caratterizzati dal legame con un nucleotide flavinico, *flavinmononucleotide* (*FMN*) o *flavinadenindinucleotide* (*FAD*); intervengono in reazioni di ossidoriduzione e trasporto di elettroni.

floema (o **libro**) tessuto vegetale adibito al trasporto della linfa elaborata (contenente le sostanze nutritive) dalle foglie, sede della fotosintesi, a tutte le parti della pianta. È formato da cellule allungate, le *cellule cribrose,* dotate di pareti costellate di pori (per permettere il passaggio della linfa), che disposte in sequenza formano i *tubi cribrosi.* Partecipano alla formazione del floema anche le *cellule compagne*, coinvolte nella nutrizione delle cellule cribrose. Il floema è disposto, insieme allo xilema a formare i ▷ fasci conduttori; nelle piante con accrescimento secondario il floema secondario si forma dal ▷ cambio cribro-legnoso ed è attivo solo per pochi anni.

flora insieme delle specie vegetali che vivono in un determinato territorio.

foglia organo fondamentale della pianta, è formata da una parte allargata che la collega al fusto, la *guaina*, e continua con il *picciolo* che regge la *lamina fogliare*, costituita da due strati di ▷ *epidermide* fra cui si trova il *mesofillo.* L'epidermide è provvista di ▷ *stomi*, responsabili degli scambi gassosi, particolarmente numerosi nella pagina inferiore. Il mesofillo è formato da due strati di tessuto parenchiatico (▷ parenchima): verso la pagina superiore, esposta alla luce, il *parenchima a palizzata*, formato da cellule appressate, molto ricche di cloroplasti, nella parte inferiore il *parenchima lacunoso*, formato da cellule di forma irregolare, contenenti pochi cloroplasti, inframmezzate da ampie lacune. Le nervature sono costituite da fasci vascolari che attraverso il picciolo collegano la foglia al resto della pianta, permettendo il trasporto di acqua e di sostanze nutritizie. La foglia può essere *semplice*, quando il picciolo porta una sola lamina fogliare, oppure *composta* quando è formata da più foglioline; può avere forme diverse, per esempio ovale, palmata, lanceolata ecc. Le foglie sono responsabili della traspirazione, della respirazione e della fotosintesi, quindi la loro forma e disposizione (fillotassi) si differenziano in relazione alla disponibilità di luce e di acqua. Le foglie possono modificarsi in organi a funzione diversa, come i *cirri* che ancorano alcuni rampicanti al supporto, o le *squame* dei ▷ bulbi.

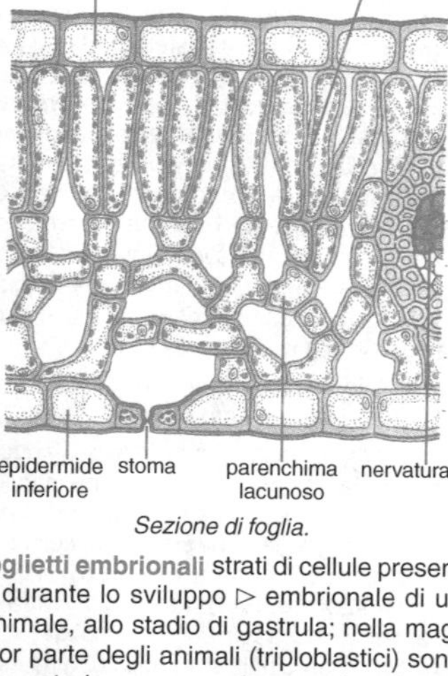

Sezione di foglia.

foglietti embrionali strati di cellule presenti durante lo sviluppo ▷ embrionale di un animale, allo stadio di gastrula; nella maggior parte degli animali (triploblastici) sono tre: ectoderma, mesoderma ed endoderma. L'*ectoderma,* lo strato cellulare esterno, dà origine nell'adulto all'epidermide e al sistema nervoso; dal *mesoderma*, intermedio, si formano i muscoli e lo scheletro, il sistema circolatorio, gli organi sessuali e l'apparato escretore; l'*endoderma*, il più interno, dà origine all'epitelio che riveste l'apparato respiratorio e l'apparato digerente e alle ghiandole digestive.

folico, acido vitamina B_9 ▷ vitamine.

follicolo 1) *in anatomia*, piccola cavità o raggruppamento di cellule, spesso rotondeggiante, che protegge una struttura anatomica (▷ *follicolo ovarico, follicolo pilifero*); 2) *in botanica*, tipo di frutto secco deiscente; ▷ frutto.

follicolo ovarico ragguppamento di cellule presente nell'ovaia, che protegge una cellula uovo in maturazione; ▷ ciclo mestruale.

follicolo pilifero ▷ peli.

follicolostimolante, ormone (**FSH**) ▷ ormoni.

fonazione emissione di suoni articolati; avviene grazie alla presenza, nella laringe, delle *corde vocali*, membrane che permettono l'emissione di suoni quando sono fatte vibrare dalla pressione dell'aria emessa con l'espirazione.

foresta decidua bioma caratterizzato da grandi foreste di piante decidue, fra cui soprattutto faggi, querce, aceri, castagni, frassini, betulle e pioppi; occupano gran parte dell'Europa, della Cina e degli Stati Uniti d'America, in aree caratterizzate da marcate differenze climatiche stagionali.

foresta pluviale bioma caratterizzato da vegetazione particolarmente abbondante e rigogliosa, costituita principalmente da latifoglie (piante a foglia larga) sempreverdi; occupa le regioni prossime all'equatore.

formalina soluzione al 37-40% di aldeide formica, usata come disinfettante e per la conservazione di materiale organico.

formica nome comune di insetti sociali appartenenti all'ordine degli imenotteri. La società delle formiche comprende tre caste: *regine* (fertili e alate), *maschi* (fertili e alati) e *operaie* (sterili e prive di ali). La regina viene fecondata durante il volo nuziale, dopo il quale perde le ali, mentre i maschi sono destinati a morire; lo sperma di più maschi, conservato per lungo tempo, è utilizzato per fecondare le uova da cui si formeranno femmine, mentre dalle uova non fecondate nascono i maschi. Le formiche hanno apparato boccale masticatore e si nutrono di qualsiasi cosa, sono diffuse in tutto il mondo con numerose specie.

formula dentale rappresentazione grafica della dentatura di un animale (mammifero); è formata da una serie di numeri posti sopra e sotto una linea che indicano quanti incisivi, canini, premolari e molari sono presenti in ciascuna semiarcata (superiore e inferiore). Per esempio $\frac{2.\ 1.\ 2.\ 3.}{2.\ 1.\ 2.\ 3.}$ è la formula dentale della specie umana.

fosfolipidi molecole organiche lipidiche formate da una molecola di ▷ glicerolo legato con legame estere a due acidi grassi, mentre il terzo gruppo ossidrilico è esterificato da un gruppo fosforico. Ne risulta una molecola con una "testa" idrofila (il gruppo fosfato) e una "coda" idrofoba (la porzione formata dagli acidi grassi); grazie a questa struttura, in acqua tendono spontaneamente a formare un doppio strato simile alle ▷ membrane disponendosi con la parte idrofoba verso l'interno e la parte idrofila verso l'esterno, acquoso. I fosfolipidi sono componenti fondamentali delle membrane cellulari.

fosforilazione reazione biologica, catalizzata da enzimi, consistente nell'unione di un gruppo fosfato (derivante dall'acido fosforico H_3PO_4) con una molecola organica accetrice. I processi di fosforilazione sono molto importanti perché molti composti intervengono nelle reazioni metaboliche solo in forma fosforilata. Esistono due principali tipi di reazioni di fosforilazione:

- *fosforilazione ossidativa,* reazione che permette la sintesi di ATP a partire da ADP e fosfato, grazie all'accoppiamento con le reazioni di ossidazione della ▷ catena respiratoria;
- *fosforilazione a livello del substrato,* reazione che non coinvolge la catena respiratoria, per esempio la fosforilazione del glucosio catalizzata dall'enzima ▷ esochinasi.

fosforo (P) elemento essenziale per gli organismi viventi (macronutriente). È un costituente di tessuti come le ossa e i denti, è necessario per la sintesi di ATP ed è presente in biomolecole fondamentali come gli acidi nucleidi e i fosfolipidi.

fosforo, ciclo del serie di reazioni tramite le quali il fosforo entra nella componente vivente (animali, piante ecc.) e non vivente (suolo, acqua, ecc.) dell'ecosistema; si articola in 4 stadi principali:

- diffusione del fosforo nel terreno e nelle acque, per erosione (ad opera delle piogge) delle rocce che lo contengono;
- assorbimento da parte delle piante come ione fosfato, incorporazione nei composti organici (P_{org}), e trasferimento agli altri organismi attraverso le catene alimentari;
- ritorno nell'ambiente di fosforo organico e inorganico, sotto forma di escrezioni e nelle spoglie degli animali;
- trasformazione batterica del fosforo organico in composti inorganici, che possono essere utilizzati dalle piante.

In ambiente marino una grande quantità di fosforo viene perso nei sedimenti profondi, e va a far parte di rocce sedimentarie da cui potrà essere mobilizzato solo molto tempo dopo, grazie ai movimenti della crosta terrestre.

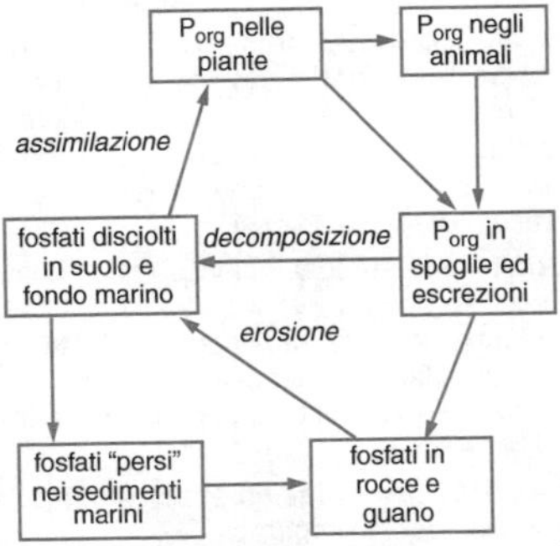

fossile resto, impronta, o traccia di organismo vissuto nel passato geologico, conservato grazie ai processi di ▷ fossilizzazione.

fossile chimico ognuno dei composti organici di origine biologica rinvenuti nei più antichi strati geologici; il ritrovamento di queste sostanze all'interno di strati molto antichi fa ritenere che la vita esista da almeno 3,5 miliardi di anni (▷ Precambriano).

fossile guida resto fossile di organismo appartenente a un gruppo animale che è stato presente con continuità per un certo intervallo di tempo e può quindi essere utilizzato per datare lo strato in cui è rinvenuto.

fossile vivente organismo appartenente a un gruppo che ha avuto grande diffusione in passato e che oggi è quasi completamente scomparso. Sono fossili viventi per esempio il *Ginkgo biloba* (▷ gimnosperme) fra le piante e il ▷ *celacanto* fra gli animali.

fossilizzazione processo di trasformazione chimico-fisica dei resti di un essere vivente che ne permette la conservazione. Solitamente i resti di un organismo, esposti all'aria, sono rapidamente decomposti e degradati, ma se l'organismo viene sottratto al contatto con l'aria, per esempio in seguito alla copertura da parte di sedimenti, possono realizzarsi processi di *pietrificazione*, in cui la sostanza organica viene lentamente sostituita da minerali (carbonati, silice). Le parti molli scompaiono molto rapidamente ma spesso il loro posto viene occupato da sedimenti minerali che permettono la formazione di un calco dell'organismo. In alcuni casi resti di organismi viventi si sono conservati pressoché intatti, per esempio nei ghiacci della Siberia, dove sono stati rinvenuti mammuth che conservavano ancora le parti molli e il pelo; oppure all'interno di blocchi di ambra, dove spesso si trovano insetti o altri piccoli animali.

fotica, zona strato superficiale di un corpo idrico, fin dove arriva luce sufficiente allo svolgimento della fotosintesi da parte dei vegetali. Il limite della zona fotica varia da 1 a 200 m di profondità, a seconda della torbidità dell'acqua.

fotoautotrofo organismo che effettua la ▷ fotosintesi; ▷ autotrofia.

fotoperiodismo risposta fisiologica di un organismo ai cambiamenti di durata del giorno (*fotoperiodo*). Nelle piante molte attività fisiologiche, come per esempio la fioritura, sono legate alla lunghezza del giorno, secondo un meccanismo controllato dal pigmento ▷ *fitocromo*. Anche alcune attività degli animali, come le migrazioni e la riproduzione sono esempi di fotoperiodismo.

fotorecettore cellula o gruppo di cellule che reagiscono alla presenza di luce; normalmente i fotorecettori contengono pigmenti che si modificano in seguito all'assorbimento di una certa quantità di luce, questo cambiamento chimico genera un impulso nervoso che viene inviato a specifici centri del sistema nervoso.

fotosintesi processo di trasformazione dell'energia luminosa in energia chimica. La fotosintesi è effettuata degli organismi autotrofi che utilizzano la luce solare come fonte energetica per produrre composti organici (glucosio) a partire da anidride carbonica (CO_2) e acqua (H_2O), grazie all'intervento della ▷ clorofilla che cattura l'energia luminosa. La reazione complessiva della fotosintesi è indicata dall'equazione chimica:

$$6\ CO_2 + 6H_2O \rightarrow C_6H_{12}O_6 + 6\ O_2$$

anidride carbonica — acqua — glucosio — ossigeno

Sono in grado di effettuare la fotosintesi le piante verdi, le alghe e alcuni batteri. Negli eucarioti il processo avviene nei ▷ cloroplasti, e in tutti gli organismi fotosintetici è suddiviso in due fasi: fase luminosa e fase oscura. Durante la *fase luminosa*, che si svolge sui tilacoidi, la luce assorbita dalla clorofilla viene utilizzata per scindere la molecola d'acqua e sintetizzare ATP (fonte di energia chimica) e NADPH (donatore di elettroni per le reazioni di riduzione). Nel corso della *fase oscura* (o *ciclo di Calvin*) gli enzimi presenti nello stroma permettono lo svolgimento delle reazioni di organicazione del carbonio, quindi, utilizzando ATP e NADPH viene sintetizzato glucosio a partire dall'anidride carbonica. Poiché tutti gli esseri viventi dipendono direttamente o indirettamente dalle piante, la fotosintesi è il processo fondamentale per l'esistenza della vita sulla Terra.

fotosistemi termine riferito a due tipi di raggruppamenti chimici, i fotosistemi I e II, aggregati di molecole di clorofilla, pigmenti accessori e trasportatori di elettroni. Questi aggregati chimici, disposti sulle membrane dei tilacoidi, sono i siti specifici delle reazioni della fase luminosa della ▷ fotosintesi.

fototassia movimento di una cellula o di un organismo unicellulare in risposta a uno stimolo luminoso; è un fenomeno tipico, per esempio, di alcune alghe unicellulari che si muovono verso una sorgente luminosa.

fototropismo crescita degli organi di una pianta in risposta agli stimoli luminosi; generalmente le parti aeree di una pianta crescono verso la luce.

frammentazione forma di riproduzione asessuata propria di alcuni invertebrati (celenterati e anellidi) in cui il corpo si frammenta in porzioni che successivamente si differenziano dando origine a nuovi organismi.

frequenza allelica frequenza con cui una delle possibili forme di una gene (allele) si manifesta in una popolazione.

frustulo guscio siliceo delle ▷ diatomee.

frutto struttura delle angiosperme contenente il ▷ seme (o i semi), formata dall'ovario del ▷ fiore, dopo che gli ovuli sono stati fecondati. Mentre gli ovuli si trasformano in semi, la parete dell'ovario va a formare il *pericarpo*, o parete del frutto. Il pericarpo può essere duro, nel caso dei *frutti secchi*, oppure succulento, nei *frutti carnosi*. I frutti secchi possono essere *deiscenti*, quando si aprono liberando i semi, oppure *indeiscenti*, quando trattengono i semi. Quando numerosi piccoli frutti, derivanti da fiori diversi sono riuniti in una struttura unica, parliamo di *infruttescenze*, mentre i *frutti composti* derivano dalla trasformazione di più ovari dello stesso fiore. Altre parti del fiore, oltre alle pareti dell'ovario, possono partecipare alla formazione del frutto, per esempio il ricettacolo, in questo caso (come nella mela) si parla di falso frutto o *pseudocarpo*. Generalmente i frutti secchi sono dispersi dal vento (*anemocoria*) o dall'acqua (*idrocoria*) mentre i frutti carnosi, commestibili, sono dispersi dagli animali (*zoocoria*). Nella tabella seguente sono descritti i principali tipi di frutto.

FRUTTI SECCHI

Frutto		Caratteristiche	Esempio
INDEISCENTI			
cariosside		seme strettamente aderente alle pareti	graminacee
achenio		seme non strettamente aderente alle pareti	soffione
noce		strato esterno legnoso	noce, castagno
samara		dotata di un'ala membranacea	frassino, olmo
DEISCENTI			
capsula		contiene più semi che sono rilasciati dall'apertura di un opercolo, pori o valve	papavero
follicolo		apertura lungo una sutura ventrale	aquilegia

FRUTTI SECCHI

Frutto	Caratteristiche	Esempio
DEISCENTI		
legume 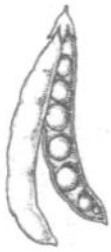	apertura lungo due suture laterali	leguminose (fagiolo, pisello)
siliqua 	simile al legume, ma con i semi iseriti su un setto mediano	violaciocca

FRUTTI CARNOSI

Frutto	Caratteristiche	Esempio
drupa 	uno o più semi protetti da uno strato legnoso (*endocarpo)*, poi uno strato polposo (*mesocarpo*), infine un tegumento (*epicarpo*)	susina, pesca, ciliegia
bacca 	molti semi, senza strato legnoso	pomodoro, uva
esperidio 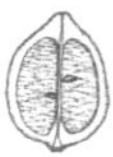	simile a una bacca, con polpa suddivisa in settori	agrumi
balausta 	simile a una bacca, con polpa suddivisa in logge, semi rivestiti da uno strato succoso	melograno
peponide 	bacca con buccia esterna rigida	zucca, cetriolo

FALSI FRUTTI

Frutto	Caratteristiche	Esempio
cinorrodo 	derivato dal ricettacolo e dal calice; molti semi e poca polpa	rosa canina
pomo 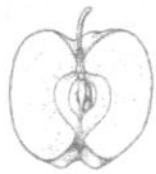	semi immersi in uno strato di polpa derivante dal ricettacolo (il frutto vero e proprio è il torsolo)	mela, pera
siconio 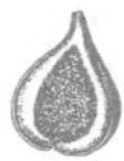	derivato da uno stelo di infiorescenza, carnoso e cavo, all'interno del quale si trovano piccole drupe	fico

INFRUTTESCENZE

Frutto	Caratteristiche	Esempio
sorosio 	derivato da un'infiorescenza a spiga in cui i calici sono diventati carnosi	gelso, ananas
mora 	ogni frutticino è una piccola drupa	mora di rovo

fruttosio zucchero a 6 atomi di carbonio (monosaccaride) presente in molte piante, nella frutta e nel miele; è un importante composto intermedio del metabolismo.

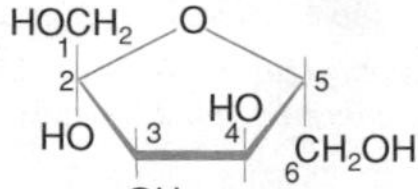

FSH sigla per l'ormone follicolostimolante; ▷ ormoni.

fuco individuo maschile nella società delle ▷ api.

fucoxantina pigmento carotenoide caratteristico delle ▷ alghe brune e delle ▷ diatomee.

funghi (*Fungi*) uno dei 5 regni in cui sono suddivisi gli esseri viventi; i funghi sono organismi eucarioti eterotrofi, unicellulari o pluricellulari, privi di sistemi di locomozione. Le cellule dei funghi, rivestite da una parete di ▷ *chitina*, formano sottili filamenti, detti *ife*, raggruppati a formare il *micelio*, il corpo dei funghi. In alcune specie le ife sono costituite da singole cellule allungate, in altre sono formate da "catene" di cellule. La maggior parte dei funghi si riproduce sia per via asessuata che per via sessuata, alternando le due modalità secondo cicli diversificati e complessi. La riproduzione asessuata avviene per frammentazione del micelio o tramite produzione di *spore*; mentre la riproduzione sessuata ha inizio di solito con l'unione di due ife appartenenti a due diversi ceppi, cui segue la meiosi (spesso all'interno di strutture specializzate) che genera spore sessuate aploidi. I funghi, privi di clorofilla, sono *parassiti* o *saprofiti*, si nutrono per assorbimento secernendo all'esterno enzimi digestivi e assorbendo le sostanze nutritive che vengono liberate in questo modo; i saprofiti rivestono un ruolo fondamentale negli ecosistemi come decompositori della sostanza organica. Il regno dei funghi comprende organismi molto diversi, come le ▷ muffe, i ▷ lieviti, il tartufo, e anche parassiti di piante come le ▷ ruggini e i ▷ carboni, oppure di animali (▷ micosi). La sistematica dei funghi, complessa e soggetta a continue revisioni, si basa sulla stuttura delle ife e sulle modalità riproduttive. Generalmente sono suddivisi in 4 gruppi principali: ▷ *zigomiceti*, ▷ *ascomiceti*, ▷ *basidiomiceti* e ▷ *deuteromiceti* (o funghi imperfetti).

fuso mitotico struttura costituita da microtubuli che si forma nelle cellule in divisione e permette il movimento dei cromosomi durante la ▷ mitosi e la ▷ meiosi.

fusto (o **caule**) parte assile del corpo delle piante, con funzione di sostegno e nutrizione, sorregge i rami e le foglie e collega la radice con le diverse parti della pianta, assicurando gli scambi nutritizi. Deriva dallo sviluppo dell'apice del germoglio e si accresce grazie all'attività di queste cellule (▷ meristema apicale). In una sezione del fusto in *struttura primaria* (nelle piante giovani, o in quelle annuali) distinguiamo dall'esterno: l'▷ *epidermide*, la *corteccia primaria* comprendente parenchima clorofilliano e tessuti di sostegno (▷ collenchima e ▷ sclerenchima), e internamente il *cilindro centrale* formato dai ▷ *fasci conduttori*, costituiti da xilema e floema. Il fusto delle piante legnose si accresce in spessore e acquisisce la *struttura secondaria* grazie all'attività dei meristemi secondari: il *cambio subero-fellodermico* che produce *sughero* all'esterno e *felloderma* (parenchima privo di cloroplasti) all'interno, e, soprattutto il *cambio cribro-legnoso* che produce floema all'esterno e xilema all'interno. In questo modo i fasci conduttori confluiscono in una massa unica, formata per la maggior parte da legno (xilema), e delimitata dal cambio; i tessuti situati all'esterno del cambio (floema primario e secondario, e felloderma) formano la corteccia secondaria. Al centro del legno, in cui sono visibili gli ▷ anelli di crescita, si trova il *midollo*, dal quale si originano i *raggi midollari*.

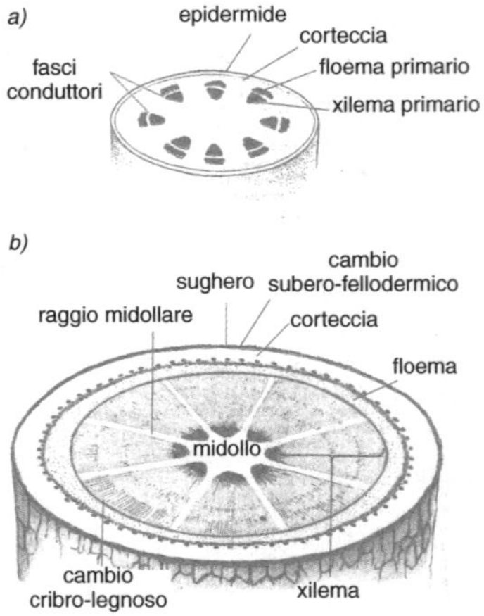

Sezione di fusto in struttura primaria (a) e in struttura secondaria (b).

G

gabbia toracica struttura scheletrica che delimita il torace dei vertebrati; è formata dalle costole, articolate ventralmente allo sterno e dorsalmente alla colonna vertebrale.

galattosio zucchero a 6 atomi di carbonio (monosaccaride) costituente del ▷ lattosio.

gametangio termine utilizzato per indicare l'organo in cui sono prodotti i gameti nelle alghe, nei funghi, nelle briofite (muschi) e nelle pteridofite (felci); nelle ultime due classi i gametangi prendono il nome di *archegonio* (femminile) e *anteridio* (maschile).

gamete cellula responsabile della riproduzione sessuata; negli animali il gamete maschile è lo ▷ *spermatozoo*, quello femminile la ▷ *cellula uovo*. Un gamete possiede metà dei cromosomi di una cellula somatica, è quindi aploide e, fondendosi con un gamete dell'altro sesso (▷ *fecondazione*) dà origine allo *zigote*, diploide.

gametocito cellula diploide che, durante la ▷ gametogenesi, va incontro alla meiosi, dando origine ai gameti aploidi.

gametofito forma aploide, presente nel ciclo vitale delle piante, che per mitosi produce i gameti (▷ alternanza di generazioni). Nelle angiosperme il gametofito maschile è rappresentato dal ▷ granulo pollinico, quello femminile dal ▷ sacco embrionale.

gametogenesi processo di formazione dei gameti negli animali; si svolge nelle gonadi a partire da cellule diploidi che in seguito a ▷ meiosi producono cellule aploidi; queste solitamente prima di poter partecipare alla fecondazione attraversano una fase di maturazione in cui intervengono modificazioni morfo-fisiologiche diverse per il gamete maschile (▷ *spermatogenesi*) e per quello femminile (▷ *ovogenesi*).

gamopetalo termine che indica fiore o corolla formata da petali saldati tra loro.

gamosepalo termine che indica un calice fiorale (▷ fiore) formato da sepali saldati tra loro.

gamotepalo termine che indica un ▷ perigonio formato da tepali saldati tra loro.

ganglio masserella di tessuto nervoso contenente numerosi corpi cellulari e sinapsi (▷ neurone). Nei vertebrati la maggior parte dei gangli si trova al di fuori del sistema nervoso centrale, e forma le strutture del sistema nervoso periferico; negli invertebrati i gangli si trovano lungo cordoni nervosi e sono costituenti del sistema nervoso centrale.

gascromatografia tecnica che permette la separazione e l'analisi di gas che formano delle miscele, mediante ▷ cromatografia.

gasteropodi (*Gasteropoda*) classe di ▷ molluschi, comprendente le lumache terrestri e marine. I gasteropodi sono dotati di un *piede* muscolare sviluppato, ben distinto dal *capo*, fornito di due occhi posti spesso in cima a un paio di tentacoli; il *mantello* secerne dorsalmente una *conchiglia* a spirale. Vivono in ambienti terrestri, marini e d'acqua dolce, quelli acquatici respirano tramite branchie, mentre nelle forme terrestri la *cavità palleale*, delimitata dal mantello, costituisce una specie di polmone. Possono avere sessi separati oppure essere ermafroditi; le forme terrestri e d'acqua dolce hanno sviluppo diretto, quelle marine hanno sviluppo indiretto (▷ metamorfosi) con larve planctoniche caratteristiche.

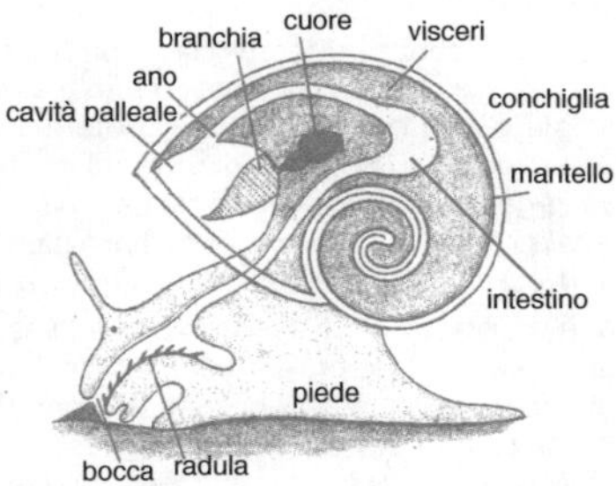

Struttura del corpo di un gasteropode.

gastriche, ghiandole ▷ stomaco.

gastrocele sinonimo di archenteron (▷ gastrula).

gastrotrichi (*Gastrotricha*) ▷ aschelminti.

gastrula stadio dello sviluppo ▷ embrionale degli animali successivo alla blastula. È una sferetta delimitata da tre (o più raramente due) strati cellulari che racchiude una cavità detta *archenteron* comunicante con l'esterno tramite il *blastoporo*.

gastrulazione processo di formazione della gastrula, durante lo sviluppo ▷ embrionale degli animali; è una trasformazione della blastula che si svolge con modalità diverse, in funzione principalmente della quantità di materiale di riserva contenuto nell'uovo.

gel ▷ colloide di consistenza gelatinosa, in cui la sostanza dispersa forma una struttura semisolida di molecole legate tra di loro nel mezzo disperdente.

gelatine sostanze proteiche ottenute dalle ossa di vari animali (*gelatina alba*), oppure dalla vescica natatoria dello storione (*colla di pesce*) che si gonfiano in presenza di acqua, formando un gel. Le gelatine sono utilizzate in microbiologia per la preparazione di terreni di coltura solidi, in farmacologia per la preparazione di pomate, ovuli, ecc.

gemelli due o più individui nati da un'unica gravidanza, possono essere *biovulari* (o *dizigoti*) oppure *monovulari* (o *monozigoti*) a seconda che derivino rispettivamente da due uova distinte, oppure da uno solo.

gemma abbozzo di germoglio, con fusto corto e piccole foglie ripiegate o arrotolate, le più esterne con funzione protettiva. All'estremità di un fusto o di un ramo si trova la *gemma apicale*, mentre le *gemme laterali* si trovano all'ascella delle foglie (punto in cui la foglia si inserisce sul ramo).

gemmazione tipo di ▷ riproduzione asessuata nel quale la prole è generata da una divisione ineguale del genitore: una protuberanza formata dal corpo di questo si stacca, e va a costituire un individuo indipendente; è comune nei celenterati.

gene unità fondamentale dell'informazione biologica; è un segmento di ▷ DNA che contiene l'informazione per la sintesi di una catena polipeptidica (▷ proteina) specifica. Ogni gene può esistere in forme differenti chiamate *alleli*, così, per esempio, per il carattere *colore* dei semi, nelle piante di pisello utilizzate da Mendel i due alleli sono *verde* oppure *giallo*.

generazione spontanea teoria, ormai abbandonata, secondo la quale in particolari condizioni la materia non vivente potrebbe dare origine a esseri viventi. È stata dimostrata falsa con diversi esperimenti: nel 1668 per gli insetti a opera di Francesco Redi, nel 1765 per i protozoi da parte di Lazzaro Spallanzani e nel 1865 per i microrganismi da Louis Pasteur. Oggi si ritiene che solo all'▷ origine della vita sulla Terra la materia vivente si sia formata da composti inorganici.

genere categoria sistematica che comprende più specie simili. Nella nomenclatura binomia, il primo nome indica il genere cui appartiene un dato organismo, così per esempio *Panthera tigris* (tigre) e *Panthera leo* (leone) sono due specie appertenenti al genere *Panthera*. Generi simili costituiscono una famiglia.

genetica ramo della biologia che studia le modalità con cui i caratteri ereditari sono trasmessi dagli individui di una generazione ai loro discendenti. La *genetica classica* si basa sul lavoro di Gregor Mendel e sulla teoria sull'eredità enunciata nel 1866: Mendel ipotizzò che le caratteristiche individuali fossero controllate da fattori ereditari, presenti a coppie, e trasmessi alla prole con le modalità definite dalle 3 leggi di ▷ Mendel. Quando, grazie al perfezionamento dei microscopi fu possibile studiare la struttura cellulare, il comportamento dei fattori di Mendel venne messo in relazione con il comportamento dei cromosomi durante la meiosi; venne quindi elaborata la *teoria cromosomica dell'▷ eredità*, secondo la quale, i *fattori* di Mendel corrispondono ai *geni*, segmenti di DNA disposti sui cromosomi. L'identificazione del DNA come portatore dell'informazione ereditaria (1944) e la scoperta della sua struttura molecolare (1953) hanno dato origine alla *genetica molecolare*, riguardante la natura chimica dei geni e il modo in cui questi determinano le caratteristiche degli organismi.

genetica comportamentale ramo della genetica che studia il ruolo della programmazione ereditaria nella definizione dei comportamenti, e l'effetto di mutazioni e ricombinazioni sull'evoluzione del comportamento.

genetica delle popolazioni ramo della genetica che studia gli andamenti delle frequenze alleliche nelle popolazioni; cerca di determinare la causa della variabilità all'interno di una popolazione e le modalità con cui una specie può dare origine a una specie diversa (▷ *speciazione*). In questo ambito è definito *pool genico* l'insieme di tutti i geni di una popolazione, e *frequenza allelica* la frequenza con cui i diversi alleli compaiono nella popolazione. Le condizioni di stabilità genetica di una popolazione sono descritte dalla legge di ▷ Hardy-Weinberg.

geni associati (o concatenati) geni localizzati sullo stesso cromosoma. Durante la meiosi non seguono la legge di ▷ Mendel dell'assortimento indipendente, bensì sono trasmessi in blocco, a meno che non intervenga un ▷ *crossing-over* a separarli.

geni discontinui geni costituiti da un'alternanza di sequenze che vengono espresse (*esoni*) e sequenze che non vengono espresse (*introni*), tipici degli organismi eucarioti. Un gene discontinuo viene trascritto interamente in una molecola di ▷ RNA messaggero che va incontro a un processo in cui gli introni vengono rimossi e gli esoni rimasti, saldati, formano l'mRNA maturo, che verrà tradotto in proteina.

genoma insieme completo dei cromosomi, e quindi dei geni, di una cellula; si può riferire al patrimonio genetico di un gamete (genoma aploide), oppure di una cellula somatica (genoma diploide).

genoteca collezione dei frammenti di DNA clonati che rappresentano il genoma di un organismo; si ottengono frammentando il DNA con enzimi di ▷ restrizione, o con altri metodi; i frammenti vengono clonati, e le cellule contenenti questi frammenti sono conservate congelate. Queste raccolte sono dei depositi cui attingere, tramite specifiche ▷ sonde, quando è necessario un certo gene per attività di ricerca o per operazioni di ingegneria genetica

genotipo composizione genetica di un organismo, cioè l'insieme degli alleli presenti nei suoi cromosomi.

geotropismo crescita e orientamento degli organi di una pianta sotto l'influenza della gravità: il fusto cresce secondo un geotropismo negativo (verso l'alto), la radice secondo un geotropismo positivo (verso il basso), indipendentemente dal modo in cui sono sistemati.

germinazione processo comprendente gli stadi iniziali della crescita di una pianta, dall'embrione fino alla formazione della giovane piantina (*plantula*). In condizioni opportune il seme assorbe acqua, poi, rotto il tegumento, utilizzando le sostanze di riserva, inizia a sviluppare una radichetta e un fusticino diretti rispettivamente verso il basso e verso l'alto. La germinazione è detta *epigea* quando i cotiledoni sono sollevati fuori dal terreno, *ipogea* quando restano nascosti nel terreno.

germoglio termine con cui si intende sia la piantina (*plantula*) che si forma durante la ▷ germinazione, sia l'inizio della crescita di una nuova pianta a partire da un bulbo, un tubero o un altro organo di questo tipo.

GH sigla per l'ormone della crescita, o somatotropina; ▷ ormoni.

ghiandola cellula, o più spesso, gruppo di cellule, di un essere vivente, specializzate nella produzione e secrezione di una sostanza specifica. Negli animali sono presenti due tipi di ghiandole: ▷ *esocrine,* che liberano i loro secreti all'esterno dell'organismo, ed *endocrine, che* immettono i loro secreti, gli ▷ *ormoni,* direttamente nel circolo sanguigno (sistema ▷ endocrino). Le piante possiedono ghiandole meno differenziate, ma spesso sono dotate di strutture secernenti, come per esempio le ghiandole nettarifere, che producono il nettare, o le ghiandole digestive delle piante carnivore.

gibberelline sostanze che stimolano la crescita delle piante, da cui sono prodotte (fitormoni). Favoriscono l'allungamento della pianta e stimolano la germinazione dei semi.

gimnosperme (*Gymnospermae*) piante *a seme nudo.* È una sottodivisione delle spermatofite comprendente le forme più antiche, prive di ovario. Al posto dei fiori, gli organi della riproduzione sono ciuffi di foglie modificate (*sporofilli*) raccolti in grappoli detti *coni,* quelli maschili portano le *sacche polliniche,* quelli femminili portano gli *ovuli,* mentre nelle angiosperme questi sono racchiusi nell'ovario. L'impollinazione è anemofila e, dopo la fecondazione, l'ovulo si trasforma in *seme.* I tessuti vascolari delle gimnosperme sono caratterizzati dalle *tracheidi* (▷ xilema), meno efficienti delle trachee presenti nelle angiosperme. Comprendono 4 classi:

- *cicadine* (*Cycadate*) piante simili a palme, presenti nelle regioni tropicali, dotate di un fusto non ramificato che porta un ciuffo di foglie simili a quelle delle felci;
- *ginkgoine* (*Ginkgoate*) molto diffuse nel Giurassico, oggi sono rappresentate da un'unica specie, *Ginkgo biloba.* Il ginkgo è un albero alto fino a 25-30 metri, resistentissimo al freddo e alla siccità; simile alle conifere per la ramificazione monopodiale, è dotato di foglie caduche, con lembo a ventaglio;
- *conifere* (*Coniferae*) gruppo che comprende la maggior parte delle gimnosperme attuali (pini, abeti ecc.). Sono piante arboree o arbustive, a ▷ ramificazione monopodiale, hanno di solito foglie persistenti (sempreverdi), ridotte ad aghi, come adattamento alla scarsità d'acqua. Sono infatti diffuse in alta montagna dove l'acqua gela e per lunghi periodi non è disponibile, e nella regione mediterranea, a scarsa piovosità. I semi sono portati da strutture legnose dette *coni*, o *pigne*;
- *gnetate* (*Gnetatae*) gruppo costituito da tre generi, *Gnetum*, *Ephedra* e *Welwitschia*, molto diversi tra loro, ma caratterizzati dal fatto che le strutture riproduttive sono fornite di brattee protettive simili alla corolla del fiore delle angiosperme.

gineceo parte femminile del ▷ fiore delle angiosperme.

ginkgo (*Ginkgo biloba*) albero appartenente alle ▷ gimnosperme.

giovanile, ormone ▷ neotenina.

girino forma larvale degli ▷ anfibi, vive in ambiente acquatico, ha corpo simile a un pesce, è privo di zampe e respira tramite branchie.

giunzione neuromuscolare (o placca motrice) struttura anatomica formata dal punto di contatto fra la parte terminale di una fibra nervosa motrice (motoneurone) e una cellula muscolare. Nei rami terminali della fibra nervosa sono presenti numerose vescicole contenenti il neurotrasmettitore *acetilcolina* che viene rilasciato all'arrivo di un impulso nervoso e si lega ai recettori presenti sulla cellula muscolare determinando una depolarizzazione che innesca il processo di ▷ contrazione. L'acetilcolina viene poi rapidamente disattivata dall'enzima *colinesterasi*, la membrana si ripolarizza, e la cellula muscolare ritorna a essere eccitabile.

Giurassico secondo periodo dell'era Mesozoica, da 195 a 135 milioni di anni fa. Compaiono le prime angiosperme ma la flora è dominata dalle gimnosperme. Fra gli invertebrati sono presenti numerose forme di insetti e molluschi, sono molto diffuse le ammoniti, anche gigantesche. Fra i vertebrati dominano i rettili, presenti anche con forme acquatiche (*ittiosauri*) e volanti (*pterosauri*); i ▷ *dinosauri*, molto diversificati, sono diffusi in tutti gli ambienti. Risale a questo periodo la comparsa dei primi uccelli (*Archaeopteryx*).

glicemia concentrazione di glucosio nel sangue.

gliceride composto (estere) formato dalla reazione del ▷ glicerolo con una, due o tre molecole di acido grasso, si parla rispettivamente di *mono-*, *di-* e ▷ *trigliceridi.*

glicerolo alcol trivalente (1, 2, 3-propantriolo) detto anche *glicerina*; importante costituente dei ▷ trigliceridi.

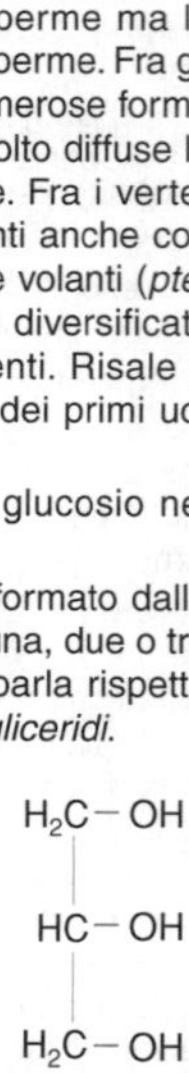

glicerolo

glicina ▷ amminoacidi.

glicogeno polisaccaride formato da catene ramificate di ▷ glucosio (α-glucosio), rappresenta la principale sostanza di riserva per gli animali e i funghi; negli animali è accumulato e metabolizzato in particolare dal fegato.

glicogenolisi processo metabolico che si svolge nel fegato e determina la trasformazione del glicogeno in glucosio.

glicolipidi ▷ lipidi alla cui composizione partecipano molecole di ▷ carboidrati.

glicolisi serie di reazioni biochimiche in cui una molecola di glucosio ($C_6H_{12}O_6$) è demolita fino a formare due molecole di acido piruvico ($C_3H_4O_3$) a 3 atomi di carbonio. È la prima tappa del catabolismo del glucosio e avviene nel citoplasma, non richiede ossigeno e porta alla formazione di due molecole di ATP e due di NADH, secondo l'equazione:

$$C_6H_{12}O_6 + 2\ P_i + 2ADP + 2NAD^+ \rightarrow$$

$$2\ C_3H_4O_3 + 2ATP + 2NADH + 2H^+$$

L'acido piruvico in presenza di ossigeno viene demolito ad anidride carbonica (CO_2) dalle reazioni della ▷ respirazione cellulare, oppure, in assenza di ossigeno viene trasformato in altri prodotti per opera delle reazioni di ▷ fermentazione.

glicoproteine composti a elevato peso molecolare presenti negli organismi viventi, formati da amminoacidi (frazione proteica) e da zuccheri (frazione glucidica), in cui prevale la componente proteica.

globulo polare (o corpo polare) cellula formata nel corso della ▷ ovogenesi, che non diventa un gamete bensì viene eliminata.

globuli bianchi (o leucociti) cellule del sangue responsabili della risposta ▷ immunitaria; sono presenti con diversi tipi fra cui i principali sono i *granulociti* (*neutrofili, eosinofili* e *basofili*), i *monociti*, e i *linfociti.* Tutti i globuli bianchi passano gran parte della loro vita nei linfonodi, per raggiungere tramite la circolazione linfatica e sanguigna le parti del corpo dove è necessaria la loro azione. I granulociti e i monociti sono dotati di attività fagocitaria (▷ fagocitosi), possono eliminare particelle e microrganismi estranei e sono coinvolti nei meccanismi di difesa aspecifici (▷ infiammazione). I ▷ linfociti sono i responsabili della risposta immunitaria specifica.

globuline gruppo di proteine glubulari, insolubili in acqua, molto diffuse negli organismi viventi, presenti nel siero sanguigno, nel latte, nelle uova e nei semi di alcune piante.

globuli rossi (o eritrociti) elementi cellulari del sangue contenenti ▷ emoglobina, responsabili del trasporto dell'ossigeno nei vertebrati. Nei mammiferi hanno forma di disco, sono rotondeggianti e appiattiti, privi di nucelo; negli altri vertebrati sono cellule nucleate di forma ovoidale. I globuli rossi si formano nel midollo rosso delle ossa, vivono circa 4 mesi e sono immagazzinati e distrutti dalla milza.

glucagone ▷ ormoni.

glucidi sinonimo di ▷ carboidrati.

glucocorticoidi ▷ ormoni.

gluconeogenesi processo biochimico che permette la sintesi di glucosio a partire da composti non glucidici, come gli amminoacidi; è un processo importante per mantenere costante i livelli di glucosio nel sangue quando quello assunto con la dieta non è sufficiente, e le scorte di glicogeno sono esaurite.

gluconico, acido zucchero acido derivato del glucosio, presente nella composizione di molti ▷ polisaccaridi.

glucosammina ▷ amminozuccheri.

glucosidi derivati dei glucidi, in cui l'ossidrile libero del gruppo carbonilico di un glucide, lega un ossidrile diverso di un'altra molecola (▷ *legame glucosidico*). Si tratta di composti molto diffusi in natura, sono glucosidi per esempio l'*amigdalina* che impartisce l'aroma caratteristico alle mandorle amare, la *piceina* degli aghi di pino, la *sinigrina* della senape.

glucosio zucchero a 6 atomi di carbonio (monosaccaride), noto anche come destrosio; esiste in due forme, a seconda dell'orientamento nello spazio del gruppo –OH legato al C 1: α-glucosio e β-glucosio. È un composto centrale nel metabolismo degli esseri viventi, per cui rappresenta la principale fonte energetica; è inoltre il monomero costitutivo di molti polisaccaridi (▷ amido, ▷ glicogeno, ▷ cellulosa) ed è il carboidrato più comune in natura.

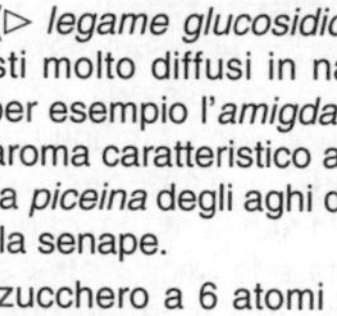

glucuronico, acido come l'acido gluconico è uno zucchero acido derivato del glucosio, presente in molti ▷ polisaccaridi.

glutammico, acido ▷ amminoacidi.

glutammina ▷ amminoacidi.

glutatione tripeptide composto di glicina, acido glutammico e cisteina, molto diffuso in tutti i viventi. Il glutatione riveste un ruolo di antiossidante importante per la funzionalità di proteine, emoglobina, membrane, grazie al gruppo –SH della cisteina, che è in grado di cedere idrogeno.

glutine miscela di sostanze proteiche presente nel seme dei cereali, soprattutto del grano; la composizione in glutine determina la "durezza" della farina, il grano tenero contiene dall'8% al 12% di glutine, nel grano duro può superare il 15%.

gnatostomi gruppo (superclasse) di vertebrati dotati di mascelle, comprende osteitti, condritti, anfibi, rettili, uccelli e mammiferi, cioè tutti i vertebrati tranne i ciclostomi, unica classe appartanente alla superclasse degli ▷ agnati.

Golgi, apparato di sistema di cisterne appiattite presente nel citoplasma delle cellule eucariote; costituisce dei comparti in cui vengono modificate e accumulate sostanze sintetizzate dalla cellula, destinate a essere trasportate in altri comparti oppure secrete. Per permettere la secrezione, si staccano dalle cisterne dell'apparato di Golgi vescicole che si spostano verso la membrana cellulare, si fondono con questa e riversano il contenuto all'esterno.

gomme termine generico riferito a sostanze prodotte da diverse piante e da alcuni insetti, dette anche *gomme naturali*, per distinguerle dalle gomme prodotte sinteticamente. La più importante gomma naturale è il *caucciù*, un polimero, caratterizzato da resistenza ed elasticità, che si ottiene dal latice dell'euforbiacea tropicale *Hevea brasiliensis*. Le *gommoresine* sono miscele di gomme, resine e oli essenziali, prodotte da diverse piante. Sono considerate gomme vegetali anche sostanze come l'*agar* e l'*algina*, estratte dalle alghe, e utilizzate nell'industria alimentare, dolciaria e farmaceutica, perché dotate dalla capacità di assorbire acqua e formare gel conferendo viscosità alle soluzioni in cui sono presenti.

gonadi organi presenti (solitamente in coppia) negli animali, in cui attraverso la ▷ gametogenesi si formano le cellule riproduttive (*gameti*). Le gonadi femminili, ▷ *ovaie*, producono le cellule uovo e ormoni sessuali femminili (estrogeni e progesterone); le gonadi maschili, ▷ *testicoli*, producono gli spermatozoi e ormoni sessuali maschili (androgeni).

gonadotropine ormoni che controllano l'attività delle gonadi: *ormone follicolostimolante*, *ormone luteinizzante* e *prolattina*; ▷ ormoni.

gonocorismo presenza in una specie animale di individui con gonadi di tipo esclusivamente maschile o femminile; si contrappone a ▷ ermafroditismo.

gonodotto condotto che porta all'esterno i gameti; i gonodotti dell'apparato riproduttore maschile sono detti *dotti deferenti*, quelli dell'apparato riproduttore femminile *ovidotti*.

gozzo 1) *in zoologia*, dilatazione dell'esofago degli uccelli utilizzato per un temporaneo accumulo del cibo; qui hanno inizio i processi digestivi. 2) *in medicina*, ingrossamento della tiroide dovuto a diverse patologie.

gradiente di concentrazione graduale variazione nello spazio della concentrazione di una certa sostanza.

Gram, colorazione di tipo di colorazione che permette di identificare i batteri, suddividendoli in *gram-positivi* e *gram-negativi*. Il campione batterico viene colorato prima con un colorante violetto, trattato con un decolorante, e infine colorato con un colorante rosso. I batteri gram-positivi trattengono il primo colorante e appaiono di colore nero-violetto, i gram-negativi cedono il primo colorante e appaiono quindi rossi. La capacità di trattenere o cedere il primo colorante dipende dalla struttura della membrana e della parete cellulare.

grani (o grana) corpuscoli presenti all'interno dei ▷ cloroplasti formati da pile di vescicole appiattite (▷ tilacoidi).

granulociti cellule del sistema immunitario (▷ globuli bianchi) capaci di fagocitare particelle estranee.

granulo pollinico struttura riproduttiva delle angiosperme (piante con fiori), contenente i gameti maschili. I granuli pollinici sono prodotti nelle *sacche polliniche* contenute nelle antere (▷ fiore) e sono generalmente costituiti da tre cellule aploidi: due *cellule spermatiche* (gameti) e la *cellula del tubulo*. Al momento della ▷ fecondazione il nucleo di una delle due cellule spermatiche si fonde con il nucleo della cellula uovo. I granuli pollinici rappresentano il gametofito maschile delle angiosperme; (▷ alternanza di generazioni).

graptoliti gruppo di animali marini estinti, correlati probabilmente ai celenterati. Graptoliti fossili si trovano in tutto il mondo nelle formazioni rocciose dell'Ordoviciano e del Siluriano (500-400 milioni di anni fa), e sono utilizzati come fossili-guida per questi periodi; alla fine del Siluriano si verificò l'estinzione di numerose specie.

grasso miscela di ▷ lipidi, principalmente trigliceridi, solidi alla temperatura corporea normale. I grassi sono largamente diffusi nei viventi, soprattutto negli animali, come forma di riserva energetica, hanno infatti un potere energetico doppio di quello dei carboidrati. Nei mammiferi il grasso si deposita sotto la pelle, e più in profondità, nel tessuto adiposo specializzato. Il grasso ha anche un'importante funzione come isolante termico, in particolare per gli animali privi di pelliccia e per quelli che vivono in regioni molto fredde (come foche e balene).

grasso bruno tipo di tessuto ▷ adiposo specializzato. Il grasso bruno, riccamente vascolarizzato, è presente nei neonati della specie umana, dove regredisce fino a scomparire durante il primo anno di vita, e negli animali ibernanti (che vanno in letargo). È importante per la termoregolazione, infatti il grasso contenuto in queste cellule può essere metabolizzato molto rapidamente e utilizzato per la produzione di calore.

gravidanza condizione biologica in cui si trova la femmina di un mammifero dal momento del concepimento al parto; ha durata differente nelle diverse specie di mammiferi, in quella umana dura 40 settimane.

gregarismo tendenza degli individui appartenenti a una specie animale o vegetale a vivere in gruppi.

gruppi sanguigni gruppi di classificazione del sangue in base alla presenza di specifici antigeni sulla membrana dei globuli rossi. I gruppi sanguigni più noti sono quelli del sistema ▷ AB0 (gruppi A, B, AB e 0).

guaina mielinica rivestimento, costituito da sostanza grassa, che avvolge gli assoni della maggior parte dei ▷ neuroni; è periodicamente interrotta dai *nodi di Ranvier*, e ogni *internodo* (spazio compreso fra due nodi) deriva dalla membrana di una *cellula di Schwann*, avvolta ripetutamente attorno alla fibra.

guanina base azotata derivata della ▷ purina; è un componente dei nucleotidi, presente nel DNA e nell'RNA; si appaia con la citosina mediante 3 legami idrogeno.

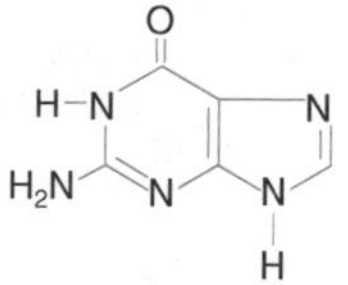

guano sedimento organico formato dall'accumulo e dalla decomposizione di escrementi di uccelli marini.

guanosina nucleoside formato da una molecola di *guanina* legata a una molecola di ribosio; i nucleotidi derivati, guanosina mono-, di- e trifosfato (GMP, GDP e GTP) partecipano a numerose reazioni metaboliche in quanto coinvolti negli scambi energetici.

GTP (guanosina trifosfato) ▷ guanosina.

habitat ambiente in cui vive una determinata specie animale o vegetale, caratterizzato da determiati fattori abiotici (clima, caratteristiche del terreno, ecc.).

H

Hardy-Weinberg, legge di principio di ▷ genetica delle popolazioni, secondo il quale in mancanza di forze perturbatrici, le frequenze alleliche di una popolazione si mantengono costanti di generazione in generazione. Per un gene con due alleli, T (dominante) e t (recessivo), indicando con p la frequenza di T e con q la frequenza di t, avremo che che:

$$p^2 + 2\,pq + q^2 = 1$$

dove p^2 è la frequenza del genotipo omozigote dominante (TT), 2 pq è la frequenza del genotipo eterozigote (Tt), e q^2 è la frequenza del genotipo omozigote recessivo (tt). L'equilibrio genetico si verifica in una popolazione di grandi dimensioni, in assenza di mutazioni, e di migrazioni, in cui l'accoppiamento fra gli individui sia casuale, e non si verifichi selezione da parte dell'ambiente. Queste condizioni in realtà non si realizzano mai, e questa legge è utilizzata per calcolare le frequenze alleliche, in base alle frequenze fenotipiche, e valutare l'intensità dei processi evolutivi in atto.

HDL ▷ lipoproteine.

hepadnavirus gruppo di virus a DNA comprendente l'agente dell'▷ epatite B; sono associati a forme tumorali.

herpesvirus gruppo di virus a DNA che, una volta contratti, dopo una prima fase in cui si manifestano, si mantengono allo stato latente riattivandosi di quando in quando, in seguito a calo delle difese immunitarie o a stimoli come stress, disordini alimentari, raggi UV, secondo meccanismi non noti.

Hfr sigla (*High frequency of recombination*) riferita a cellule batteriche in cui un ▷ plasmide F si è integrato nel DNA batterico; questi batteri sono fertili, possono cioè realizzare la coniugazione e trasmettere a una cellula ricevente il plasmide F. Sono detti *ad alta frequenza di ricombinazione* perché di solito insieme al plasmide trasferiscono anche alcuni geni batterici, adiacenti al punto nel quale il plasmide si è inserito.

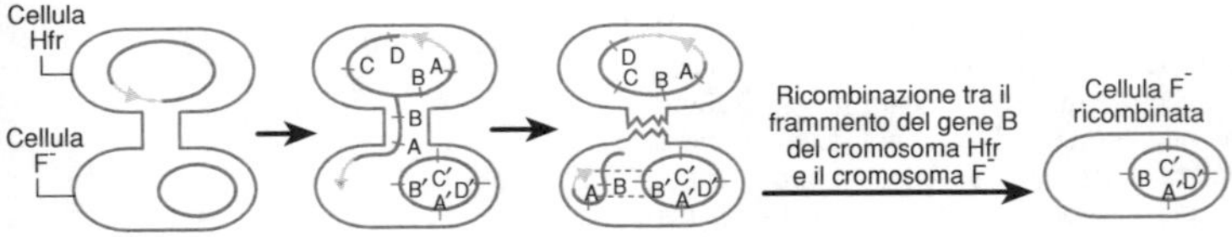

Processo di coniugazione tra una cellula Hfr e una F^-.

HIV sigla che indica il virus responsabile dell'▷ AIDS; l'HIV è un ▷ retrovirus che infetta i linfociti T; è rivestito da un involucro glicoproteico, in cui sono presenti proteine estremamente variabili, per questo motivo è molto difficile preparare un vaccino efficace.

Homo genere di primati che include l'uomo moderno (*Homo sapiens sapiens*) oltre a forme fossili come *Homo erectus* e *Homo habilis*, dalle quali *H. sapiens* si differenzia anatomicamente soprattutto per la fronte meno sfuggente e le arcate sopraccigliari via via meno sporgenti. Risalgono a 100000 anni fa i fossili di *Homo sapiens neanderthalensis* poi soppiantato, circa 35000 anni fa, da forme molto simili a quella attuale, come per esempio l'uomo di *Cromagnon;* ▷ ominazione.

humus materiale amorfo colloidale, che costituisce la componente organica del suolo. È formato da una miscela di composti organici, a composizione variabile, derivanti da resti di animali e vegetali in decomposizione ed escrementi. Poiché trattiene acqua ed è costituito da sostanza organica, migliora la struttura del terreno e lo rende più fertile.

I

IAA sigla dell'acido indolacetico; ▷ auxine.

ibernazione (o letargo) forma di adattamento animale a condizioni sfavorevoli per eccessivo abbassamento della temperatura, si manifesta come uno stato di torpore più o meno profondo durante il quale tutte le attività metaboliche sono estremamente rallentate e l'animale sopravvive utilizzando le riserve di grasso corporeo. Esempi di animali ibernanti sono molti pesci, gli anfibi, i rettili, i pipistrelli, i ricci.

ibridazione molecolare procedimento di costruzione di una molecola ibrida; generalmente è riferito a molecole di acidi nucleici (DNA o RNA) in cui si realizza l'appaiamento fra due filamenti complementari che originariamente non facevano parte della stessa molecola. È una tecnica utilizzata nell'ingegneria genetica e permette il riconoscimento di una sequenza specifica di DNA o RNA (per esempio in una ▷ genoteca) tramite l'uso di ▷ sonde geniche, porzioni di DNA o RNA a sequenza nota, rese radioattive da marcatori.

ibrido generazione che risulta dall'incrocio tra individui diversi; nella genetica mendeliana questo termine è riferito all'incrocio tra individui con genotipi diversi, più comunemente fa riferimento all'accoppiamento tra specie differenti.

idatodo struttura formata da una o più cellule consistente in una sorta di poro presente nell'epidermide delle foglie di alcune piante che permette alla pianta di eliminare acqua anche quando non si può verificare la traspirazione, per esempio in caso di ecessiva umidità atmosferica.

idrobiologia scienza che studia la vita animale e vegetale negli ambienti acquatici.

idrocoria dispersione dei semi di una pianta attuata per mezzo dell'acqua.

idrofilo 1) *in chimica*, si dice di gruppo chimico che ha affinità con l'acqua (molecole polari). 2) *in botanica*, è detta idrofila l'▷ impollinazione che avviene per mezzo dell'acqua.

idrofita pianta che vive parzialmente o totalmente sommersa dall'acqua oppure in terreni molto umidi. Le idrofite sono caratterizzate da alcune modificazioni strutturali per cui i tessuti meccanici di sostegno e di conduzione sono ridotti, le radici sono ridotte, mentre le foglie sono galleggianti e la cuticola molto scarsa. La ninfea, per esempio, è un'idrofita.

idrofobo termine riferito a gruppo chimico non polare, che non ha affinità con l'acqua.

idrogenazione reazione biochimica di addizione di idrogeno a un composto organico, in presenza di un catalizzatore.

idrolisi reazione di rottura di un legame chimico per addizione di acqua; la scissione di biomolecole consiste spesso in reazioni di idrolisi. L'idrolisi di una molecola di trigliceride per esempio, porta alla formazione di una molecola di glicerolo e tre di acidi grassi; la scissione di un polisaccaride negli zuccheri costituenti è una reazione di idrolisi, così come la rottura dei legami pepditici che uniscono gli amminoacidi nelle catene polipeptidiche che formano le proteine.

idrosfera complesso delle acque distribuite sulla superficie terrestre, sia in forma liquida (mari, fiumi ecc.) sia solida (ghiacci, nevi ecc.), sia aeriforme (vapore acqueo).

idrossiapatite minerale di fosfato di calcio, è il principale minerale costituente il tessuto ▷ osseo.

idrotropismo crescita di una parte di una pianta in risposta a uno stimolo dato dalla presenza di acqua.

idrozoi (*Hydrozoa*) classe di ▷ celenterati in cui si alternano le generazioni di polipo e di medusa.

ife sottili filamenti costituiti da una o più cellule che aggregati costituiscono il corpo dei ▷ funghi.

igrofite piante terrestri che vivono in ambienti permanentemente ricchi di acqua, nel suolo e in atmosfera.

imenotteri (*Hymenoptera*) ordine di insetti che comprende le formiche e le api; sono dotati di due paia di ali membranose, capo ben differenziato, e addome generalmente separato dal torace da una strozzatura. L'apparato boccale è adattato alla masticazione, oppure (per esempio nelle api) forma una proboscide adatta a succhiare cibo liquido, come il nettare. Le femmine depongono le uova tramite un *ovopositore* molto lungo, che a volte (negli *aculeati*) è trasformato in aculeo, con annesse ghiandole velenifere. Si riproducono in modo sessuato oppure per partenogenesi, la ▷ metamorfosi è completa e la larva raggiunge la forma adulta attraverso lo stadio di pupa. Molte specie (formiche, alcune api e vespe) sono organizzate in società coordinate e complesse.

immunitaria, risposta insieme di processi messi in atto dall'organismo per difendersi contro l'aggressione da parte di agenti estranei come virus, batteri, tossine. Si distinguono due tipi di risposta immunitaria: la *risposta aspecifica*, e la *risposta specifica*. I meccanismi del primo tipo sono operati da cellule come i *granulociti* e i *monociti* che riconoscono in modo generalizzato gli agenti estranei all'organismo e li distruggono con processi di fagocitosi, oppure provocando la lisi cellulare. La risposta immunitaria specifica è scatenata da specifici ▷ antigeni che attivano la reazione dei *linfociti*: la presenza di un determinato antigene innesca la proliferazione dei linfociti corrispondenti, e quindi la messa in atto di diversi meccanismi finalizzati alla distruzione dell'agente estraneo. I *linfociti B* sono responsabili della *risposta umorale* basata sulla produzione di ▷ anticorpi, particolarmente efficace contro batteri e virus liberi, oppure tossine. I *linfociti T* danno luogo alla *risposta cellulare* (o *mediata da cellule*), durante la quale questi elementi (in particolare i linfociti T killer) distruggono altre cellule in modo diretto, agendo principalmente contro cellule dell'organismo stesso infette da virus o parassiti. Quando il sistema immunitario incontra un certo antigene per la prima volta dà luogo alla risposta immunitaria *primaria*; mentre la risposta immunitaria *secondaria* si verifica quando lo stesso antigene si ripresenta: in questo caso va ad attivare linfociti T e B detti *della memoria*. Sono gruppi di cellule, sensibilizzate per un determinato antigene, che permangono nell'organismo scatenando, in caso di un incontro successivo, una risposta più efficace e più rapida della prima volta.

immunitario, sistema insieme delle strutture adibite alla difesa dell'organismo contro gli agenti estranei, come microrganismi patogeni, tossine o altre sostanze dannose. Comprende i ▷ *globuli bianchi* (cellule responsabili dei processi di difesa) e gli organi in cui questi si formano e si differenziano, cioè il ▷ *midollo rosso* delle ossa, la ▷ *milza*, il *timo*. Altre strutture del sistema immunitario sono i ▷ *linfonodi*, le *tonsille* e i vasi del sistema linfatico, che permettono la distribuzione dei globuli bianchi.

immunizzazione produzione in un individuo, con mezzi artificiali, di una resistenza a uno specifico agente patogeno (immunità); può essere attiva (▷ vaccino) o passiva (▷ siero).

immunoglobulina sinonimo di ▷ anticorpo.

impianto nei mammiferi, è l'inserimento di una cellula uovo fecondata nella parete dell'utero, dove continua lo sviluppo.

impollinazione nelle piante con ▷ fiori è il trasferimento di ▷ granuli pollinici da un'antera, organo riproduttore maschile, allo stimma, struttura riproduttiva femminile, per permettere la ▷ fecondazione. A seconda che il trasferimento del polline sia effettuato dal vento, dall'acqua, o da insetti si parla rispettivamente di impollinazione *anemofila*, *idrofila* ed *entomofila*. L'impollinazione può avere luogo sia sullo stesso fiore (*autoimpollinazione*) che fra fiori diversi appartenenti alla stessa specie (*impollinazione incrociata*). In alcuni casi, nelle angiosperme, la corolla del fiore è adattata all'insetto impollinatore, grazie a meccanismi di ▷ coevoluzione.

imprinting forma di apprendimento, tipico dei vertebrati che consiste nel fatto che, durante le prime fasi di vita (*periodo sensibile*), un animale viene facilmente impressionato da un oggetto che si trova vicino, su cui dirigerà in seguito particolari reazioni istintive. Di solito è la madre che attira in questo modo l'attenzione del giovane animale, ma numerosi esperimenti hanno dimostrato che l'attaccamento si può sviluppare anche verso altri oggetti, se vengono presentati nel breve periodo sensibile.

impulso nervoso mezzo tramite il quale le informazioni sono trasmesse attraverso il sistema nervoso; è uno stimolo che viaggia lungo una fibra nervosa, sotto forma di flusso di ioni ai due lati della membrana di un assone ((▷ neurone), flusso di ioni che provoca l'instaurarsi di un ▷ potenziale d'azione. L'intensità dell'impulso è costante per qualsiasi fibra nervosa secondo un meccanismo tutto-o-nulla, la risposta cioè non può essere parziale bensì se lo stimolo supera il valore soglia si instaura, altrimenti no.

incisivo tipo di ▷ dente.

incistamento passaggio a uno stadio di vita latente tipico di protozoi e alghe unicellulari, quando, in condizioni ambientali difficili, l'organismo si trasforma in una struttura resistente detta ▷ ciste.

incompatibilità 1) *in anatomia*, situazione che si verifica quando un trapianto o una trasfusione di sangue provoca una risposta ▷ immunitaria che determina il rigetto. 2) *in botanica*, situazione per cui il polline di un fiore non riesce a fecondare altri fiori presenti sulla stessa pianta o su piante geneticamente affini (*autoincompatibilità*) si tratta di un meccanismo che favorisce la fecondazione incrociata (▷ allogamia).

incrocio accoppiamento tra due individui selezionati; gli incroci controllati vengono effettuati per studiare l'ereditarietà dei caratteri e per migliorare una varietà di bestiame o di una pianta coltivata.

indeiscente si dice di ▷ frutto secco che non si apre per liberare i semi; questi si liberano dopo la decomposizione del frutto oppure, se questo è ingerito da un animale, dopo la digestione della parete del frutto.

indicatore ecologico specie animale o vegetale particolarmente sensibile ai mutamenti dell'ambiente in cui vive; essendo i primi organismi a risentire della presenza di inquinanti, la loro presenza/assenza e il loro stato di salute sono utilizzati come spia delle condizioni ambientali. I licheni, per esempio, sono particolarmente sensibili alla presenza di anidride solforosa (SO_2) in atmosfera, quindi l'osservazione di questi organismi fornisce buone indicazioni sui livelli di questo gas nell'aria.

indigeno termine riferito a una specie originaria di una determinata zona, si usa per distinguere le specie originarie di un luogo da quelle introdotte dall'uomo.

indolacetico, acido ormone vegetale appartenente al gruppo delle ▷ auxine.

infezione invasione di un organismo vivente, animale o vegetale, da parte di microrganismi patogeni (virus, batteri, funghi o protozoi) che si installano e si moltiplicano. I microrganismi infettanti penetrano attraverso ferite o lesioni, oppure, nel caso degli animali, attraverso le mucose che rivestono l'apparato digerente, respiratorio e riproduttore. L'infezione può procedere inosservata oppure, dopo un periodo di incubazione, produrre i sintomi della malattia, a seconda dell'entità dell'infezione e della capacità reattiva dell'organismo.

infiammazione complesso di fenomeni difensivi che l'organismo mette in atto come risposta (aspecifica) a stimoli patogeni meccanici, chimici, batterici, virali. Le cellule del tessuto interessato liberano *istamina*, sostanza vasodilatatrice che provoca tumefazione, e arrossamento; nel tessuto infiammato sono richiamati ▷ globuli bianchi che scatenano una reazione immunitaria, per l'eliminazione del patogeno.

infiorescenza raggruppamento di più fiori su un ramo di una pianta. Esistono numerosi tipi di infiorescenze, suddivisi in due gruppi principali:

- *infiorescenze cimose* (o *cime*) il fiore che si forma per primo si sviluppa dalla regione apicale, gli altri fiori si originano da germogli laterali sottostanti, secondo due possibili schemi: *monocasio*, quando sotto l'asse che ha prodotto un fiore si forma un solo ramo laterale che produce a sua volta un fiore, oppure *dicasio*, quando al di sotto del fiore dell'asse principale si formano due rami laterali;

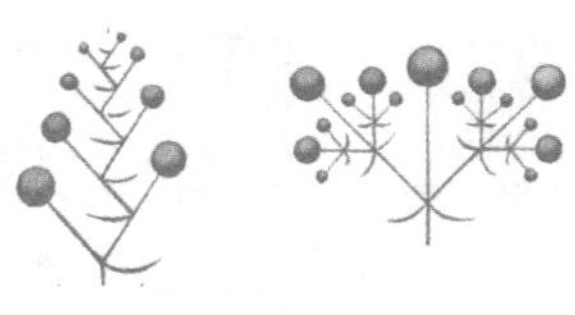

monocasio　　　dicasio

- *infiorescenze racemose* l'apice del gambo fiorale continua a produrre nuovi boccioli, per cui i fiori più giovani sono posti in cima e quelli più vecchi alla base. Sono infiorescenze racemose il *racemo* (ginestra), l'*ombrella* (carota), il *capolino* (pratolina), il *corimbo* (violaciocca), la *spiga* (con fiori sessili), lo *spadice* (calla) e l'*amento* (betulla), le ultime due casi particolari di spiga.

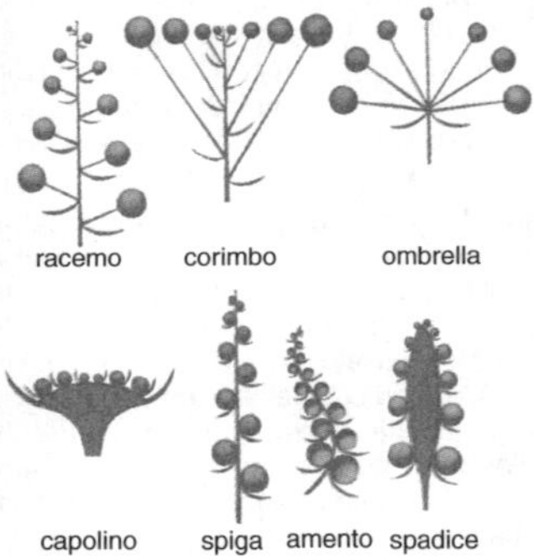

influenza malattia contagiosa, provocata da diversi ceppi del virus *Myxovirus influenzae*.

ingegneria genetica insieme delle tecniche che permettono di modificare il patrimonio genetico (▷ DNA) di un organismo. Queste tecnologie vengono utilizzate per la ricerca genetica in quanto consentono di amplificare un dato gene; permettono di produrre sostanze utili (come ormoni, vaccini, ecc.) e di modificare organismi sfruttati in agricoltura o zootecnia, per esempio producendo piante resistenti a parassiti o a condizioni ambientali sfavorevoli, oppure mucche che producono più latte.

In generale questa tecnica si articola in diverse fasi:

- identificazione del gene bersaglio, nell'organismo che in natura lo contiene;
- taglio del gene dal DNA che lo contiene tramite *enzimi di* ▷ *restrizione;*
- inserimento del gene in un vettore (fago o plasmide) con produzione del *DNA ricombinante* (DNA del vettore unito al gene estraneo);
- *clonazione:* il DNA ricombinante, inserito tramite il vettore nella cellula bersaglio eucariote o procariote, viene riprodotto in numerose copie; la cellula che lo contiene produce anche la proteina per cui il gene codifica;
- il gene bersaglio, può essere recuperato e utilizzato per la ricerca genetica; oppure la proteina prodotta può essere estratta e utilizzata (come nel caso di farmaci).

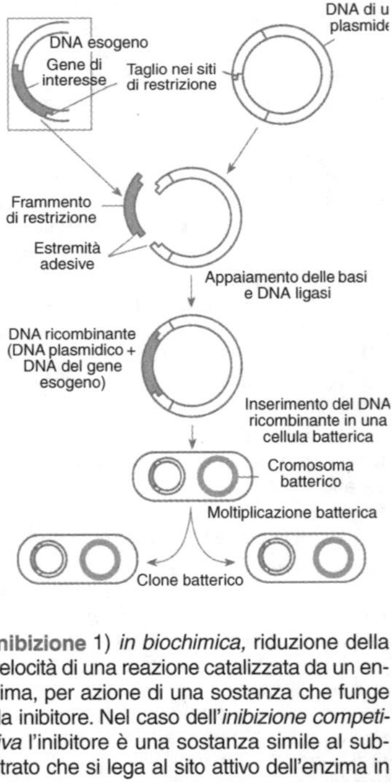

inibizione 1) *in biochimica,* riduzione della velocità di una reazione catalizzata da un enzima, per azione di una sostanza che funge da inibitore. Nel caso dell'*inibizione competitiva* l'inibitore è una sostanza simile al substrato che si lega al sito attivo dell'enzima in modo che questo non è più in grado di esplicare la propria attività catalitica; in altri casi l'inibitore si lega al complesso enzima-substrato impedendo il procedere della reazione, oppure altera la molecola enzimatica danneggiandola in modo irreversibile. Nei casi in cui il prodotto finale di una via metabolica funge da inibitore per un passaggio iniziale della stessa via si parla di *inibizione da* ▷ *feedback.* 2) *in fisiologia,* in generale, riduzione dell'attività di un organo effettore per mezzo di impulsi nervosi.

inincrocio incrocio tra individui strettamente imparentati dal punto di vista genetico, che se ripetuto porta a uno stato di omozigosi; viene utilizzato per produrre una ▷ linea pura.

innesto porzione isolata di tessuto vegetale che viene collegata a un altro tessuto della stessa, o di un'altra pianta, in modo da portare alla fusione dei tessuti. Si utilizza per la propagazione vegetativa di piante coltivate, soprattutto quelle da frutto, e si realizza inserendo una gemma della varietà prescelta nei tessuti di una specie affine.

inositolo alcol ciclico diffuso negli organismi viventi, come componente di fosfolipidi cellulari. L'inositolo è inoltre precursore dell' *inositolotrifosfato* (*IP_3*) e del *diacilglicerolo*, dotati del ruolo di *secondo messaggero*, in modo analogo all'▷ AMP ciclico.

inquinamento termine generico che indica un degrado dell'ambiente per immissione da parte dell'uomo di sostanze (rifiuti, sostanze tossiche, gas ecc.) o effetti (calore, rumore, ecc.) che ne alterano le caratteristiche chimico-fisiche o biologiche. Le sostanze immesse nell'ambiente possono essere distinte in *biodegradabili* e *non biodegradabili* (▷ biodegradabilità); mentre le prime dopo un certo tempo sono eliminate dall'ambiente, le seconde non si decompongono e permangono nell'ambiente, accumulandosi negli organismi posti ai livelli più alti delle ▷ catene alimentari. Fra i principali inquinanti dell'*atmosfera* sono le polveri, oltre a gas come ossido e biossido di carbonio (CO e CO_2), ossidi di azoto (NO e NO_2), e anidride solforosa (SO_2), prodotti principalmente dagli impianti di riscaldamento e dagli scarichi dei veicoli a motore. Queste sostanze causano problemi respiratori e un aumento dell'incidenza di tumori; inoltre danno luogo alla formazione delle ▷ piogge acide e all'▷ effetto serra. L'inquinamento delle *acque* si realizza per immissione di sostanze nocive nei corpi idrici o nel terreno, da cui poi, per dilavamento possono passare nella falda freatica. Fra i principali inquinanti delle acque sono i composti organici derivanti dagli scarichi urbani e dalle attività zootecniche che causano una diminuzione del contenuto di ossigeno (▷ BOD) con conseguenti danni per la flora e la fauna; composti tossici non biodegradabili come insetticidi ed erbicidi; metalli dannosi per animali e piante, come il piombo, il cadmio e il mercurio; sostanze nutritive contenute negli scarichi urbani o industriali che generano il fenomeno dell'▷ eutrofizzazione; infine microrganismi patogeni immessi nelle acque tramite le fogne e gli scarichi agricoli.

inseminazione artificiale deposizione dello sperma, tramite una siringa, nel collo dell'utero; è una tecnica utilizzata per la selezione degli animali domestici e, in alcuni casi di sterilità, nell'uomo.

insetti (*Hexapoda*) classe di ▷ artropodi comprendente circa 700 000 specie conosciute, diffuse in tutto il mondo, in ogni tipo di ambiente. Il corpo (di dimensioni da 0,5 mm a 30 cm), è suddiviso in tre parti: *capo*, *torace* e *addome*. Sul capo si trovano gli organi di senso: un paio di ▷ *antenne*, due ▷ *occhi composti* e fra questi tre ▷ *ocelli*; gli apparati boccali sono diversamente modificati e specializzati per la masticazione o la suzione, permettendo agli insetti di nutrirsi di una grande varietà di sostanze di origine animale o vegetale. Il torace, formato da tre segmenti, è munito di tre paia di zampe e una o due paia di ali; l'addome è formato da 11 segmenti. La respirazione avviene tramite ▷ *trachee* ramificate; la riproduzione è in genere sessuata, e i sessi sono separati, in alcuni casi il ciclo vitale comprende fasi a riproduzione sessuata e asessuata, alternate. Come tutti gli artropodi, gli insetti si accrescono per mute successive; mentre nei gruppi più primitivi (dermatteri, ortotteri, emitteri) la giovane *ninfa* ha lo stesso aspetto dell'adulto e raggiunge questo stadio attraverso una ▷ *metamorfosi incompleta*, i gruppi più evoluti (coleotteri, ditteri, imenotteri, lepidotteri) sono caratterizzati da ▷ *metamorfosi completa*. Gli insetti rivestono ruoli molto importanti in numerosi ecosistemi, alcuni sono parassiti di piante o animali, altri sono importanti come impollinatori. La classificazione degli insetti è basata sulle caratteristiche delle strutture corporee, in particolare l'apparato boccale e le ali.

insetticidi composti chimici, naturali o sintetici, utilizzati contro gli insetti dannosi.

insettivori (*Insectivora*) ordine di mammiferi di piccole dimensioni, prevalentemente notturni, comprendente le talpe, i ricci e i topiragno. Sono dotati di 44 denti, compresi molari provvisti di cuspidi molto acute adatti a frantumare insetti e altre piccole prede; la vista è poco sviluppata, mentre sono molto sviluppati tatto, udito e olfatto.

insulina ▷ ormoni.

intercellulare elemento o processo che è localizzato, o si verifica, esternamente alle cellule, negli spazi compresi fra queste.

intercinesi sinonimo di ▷ interfase.

intercotidale, zona strato di mare compreso fra il limite inferiore e superiore delle maree. È la zona di mare più popolata, dove possono vivere anche piante acquatiche con radici; gli organismi presenti in questa zona, periodicamente sommersi da acqua salata, sono adattati a sopportare ampie variazioni ambientali.

interfase stadio del ▷ ciclo cellulare compreso tra due mitosi successive.

interferoni gruppo di proteine attive contro i virus: una cellula infetta, liberando interferone, segnala la presenza di un virus alle cellule circostanti non ancora infette e le stimola a produrre nel loro citoplasma enzimi che sono in grado di bloccare la sintesi delle proteine virali. Sono state identificate tre famiglie di interferoni, denominate α, β e γ. Attualmente gli interferoni sono sintetizzati in laboratorio tramite tecniche di ingegneria genetica, ed è in corso lo studio del loro possibile uso come farmaci antivirali, e anche come antitumorali, grazie alla loro capacità di inibire la proliferazione cellulare.

interleuchine sostanze prodotte da alcuni ▷ globuli bianchi (i macrofagi), come sistema di comunicazione fra le cellule del sistema immunitario; in particolare stimolano la proliferazione dei linfociti T.

interneurone tipo di ▷ neurone.

internodo parte del fusto di una pianta compreso fra due nodi (punti di inserzione delle foglie).

intestino porzione del tubo digerente che segue lo stomaco (apparato ▷ digerente); sede di processi di digestione e assorbimento, è suddiviso in intestino *tenue* e intestino *crasso*, e termina con l'ano. L'intestino tenue è composto da *duodeno, digiuno* e *ileo*; il primo tratto ha un ruolo importante nella digestione delle proteine e dei grassi, infatti qui vengono versati gli enzimi prodotti dal ▷ pancreas; digiuno e ileo sono sede dell'assorbimento delle sostanze nutritive. L'intestino crasso, costituito da *cieco, colon* e *retto*, permette l'assorbimento dell'acqua dalla massa residua dalla digestione, e la formazione delle feci.

intracellulare elemento o processo che è localizzato, o si verifica, all'interno delle cellule.

introne sequenza di nucleotidi di un gene, che non codifica per una sequenza peptidica; queste sequenze si alternano agli ▷ esoni, sono trascritte in RNA messaggero, e vengono poi rimosse prima della ▷ sintesi proteica. Il significato degli introni potrebbe essere di conferire maggiore flessibilità a questo processo, infatti in alcuni casi lo stesso tratto di DNA può permettere la sintesi di proteine diverse, a seconda di quali porzioni di RNA sono rimosse e quali conservate.

inversione mutazione cromosomica che si verifica quando un frammento di cromosoma si rompe e si ricongiunge alla medesima regione ruotato di 180°.

in vitro espressione riferita ai processi biologici che vengono fatti svolgere al di fuori dell'organismo, negli apparecchi dei laboratori.

in vivo espressione riferita a processi biologici che si svolgono all'interno degli organismi viventi, cioè nel loro ambiente naturale.

iperplasia aumento delle dimensioni di un tessuto o di un organo dovuto all'aumento del numero di cellule che lo costituiscono.

ipertensione innalzamento della ▷ pressione sanguigna al di sopra dei valori normali, che nell'uomo corrispondono a 80-90 mm Hg di minima e 130-140 mm Hg di massima.

ipertonico termine riferito a una soluzione che, se paragonata a un'altra, ha maggior concentrazione in particelle solubili e, di conseguenza, maggiore pressione osmotica (▷ osmosi).

ipertrofia aumento delle dimensioni di un tessuto o di un organo dovuto all'aumento delle dimensioni delle cellule che lo costituiscono; l'ipertrofia spesso è causata da un aumento del carico di lavoro dell'organo interessato.

ipervitaminosi intossicazione causata dall'eccessiva assunzione di una ▷ vitamina; riguarda le vitamine liposolubili, che possono accumularsi nei tessuti, mentre le idrosolubili sono eliminate con le urine.

ipocotile nel fusticino che si forma dal seme in ▷ germinazione è la porzione inferiore, posta al di sotto dei cotiledoni.

ipofisi ghiandola endocrina delle dimensioni di un fagiolo posta alla base dell'encefalo cui è collegata in corrispondenza dell'ipotalamo. Ha un ruolo centrale nell'integrazione dei sistemi ormonale ed endocrino, infatti è posta sotto il controllo di fattori prodotti dall'ipotalamo e controlla in modo diretto o indiretto gli organi riproduttori, la corticale surrenale e la tiroide. L'ipofisi è costituita da due porzioni distinte anatomicamente e fisiologicamente: *adenoipofisi* e *neuroipofisi*. L'adenoipofisi (lobo anteriore) è formata da cellule secernenti ormoni, è quindi una vera e propria ghiandola endocrina, la neuroipofisi (lobo posteriore) è formata da assoni di cellule nervose secernenti ormoni, il cui corpo cellulare si trova nell'ipotalamo; ▷ ormoni.

ipogeo termine riferito alla modalità di ▷ germinazione in cui i cotiledoni rimangono sotto la superficie del terreno; riferito anche a corpi fruttiferi che si sviluppano sottoterra, per esempio le arachidi.

ipotalamo regione dell'▷ encefalo situata al di sotto del talamo e del cervello. Operando attraverso il sistema ▷ nervoso autonomo e il controllo della secrezione ormonale regola numerose funzioni fondamentali come la temperatura corporea, il bilancio idrico, il ciclo sonno-veglia, le funzioni sessuali, i meccanismi della fame e della sete, le reazione che accompagnano gli stati emotivi (ira, paura, ecc.). Produce almeno 9 *fattori di rilascio* che regolano la produzione degli ormoni dell'adenoipofisi (▷ ipofisi) e sono sottoposti a inibizione da ▷ *feedback* da parte dei prodotti delle ghiandole bersaglio. L'ipotalamo è collegato alle regioni superiori dell'encefalo e con il sistema limbico, responsabile delle emozioni, rappresenta quindi il legame fra emozioni e manifestazioni somatiche, agendo attraverso le variazioni dei livelli ormonali.

ipotonico termine riferito a soluzione che, se paragonata a un'altra, ha minore concentrazione di particelle solubili e, di conseguenza, minore pressione osmotica (▷ osmosi).

ipovitaminosi disturbo, o serie di disturbi, causati dall'assunzione insufficiente di una ▷ vitamina.

iride anello pigmentato che nell'▷ occhio regola l'apertura della pupilla.

irradiazione esposizione a qualsiasi forma di radiazione, in particolare alle ▷ radiazioni ionizzanti.

irudinei (*Hirudinea*) classe di ▷ anellidi privi di setole e dotati di ventose alle estremità; vivono nel terreno o nelle acque dolci, per la maggior parte sono predatori, alcuni, come le sanguisughe, sono parassiti.

isogamia tipo di ▷ riproduzione sessuata che comporta la fusione tra due gameti morfologicamente identici; è presente in alcuni animali e piante inferiori, come protozoi e alghe. La modalità opposta è l'▷ anisogamia.

isolamento meccanismo che impedisce l'incrocio e quindi lo scambio genico tra individui della stessa specie appartenenti a diverse popolazioni, che pertanto si differenziano sempre di più, eventualmente dando origine a nuove sottospecie o addirittura specie (▷ speciazione).

isole di Langerhans porzione endocrina del ▷ pancreas.

isoleucina ▷ amminoacidi.

isomerasi gruppo di enzimi che catalizzano reazioni di *isomerizzazione*, in cui un composto viene trasformato in un suo isomero.

isomeria fenomeno chimico molto frequente fra i composti organici, per cui due o più composti la cui molecola è formata dallo stesso numero e tipo di atomi, sono diversi per una o più delle loro proprietà chimiche o fisiche, a causa della diversa distribuzione degli atomi nella molecola (hanno cioè formula di struttura diversa). Una delle più interessanti forme di isomeria è l'*isomeria ottica*.

isomeria ottica (o enantiomeria) forma di isomeria in cui gli isomeri, detti *enantiomeri,* presentano ▷ attività ottica. Gli enantiomeri sono immagine speculare uno dell'altro, e non sono sovrapponibili, questo è possibile quando nella molecola è presente almeno un atomo di carbonio che lega 4 gruppi diversi (carbonio *chirale*).

isoosmotico sinonimo di isotonico.

isotonico termine riferito a soluzione che, se paragonata a un'altra, ha la stessa concentrazione in particelle solubili e, di conseguenza, la stessa pressione osmotica (▷ osmosi).

isozimi (o isoenzimi) gruppo di enzimi che svolgono la stessa funzione, ma hanno caratteristiche fisiche diverse, in modo tale che la loro attività è ottimale in condizioni diverse. L'esistenza di diverse forme dello stesso enzima rappresenta un meccanismo di regolazione, un certo isozima infatti può essere sintetizzato solo in determinate condizioni ambientali, oppure solamente in un dato organo.

istamina sostanza prodotta e immagazinata dai *mastociti* e dai *granulociti basofili* (▷ globuli bianchi); viene liberata in seguito a stimoli come ferite o lesioni, ha effetto vasodilatatore e innesca il processo di ▷ infiammazione. Viene rilasciata anche in occasione di manifestazioni allergiche provocando le infiammazioni delle vie respiratorie, gli arrossamenti e numerosi altri disturbi tipici dell'▷ allergia.

istinto insieme di comportamenti che non derivano da esperienze apprese, bensì sono presenti con le stesse modalità in tutti gli individui della stessa specie e dello stesso sesso allevati in condizioni simili; si ritiene che i comportamenti istintuali (come la tendenza verso la sopravvivenza, verso la riproduzione e verso la caccia) siano controllati geneticamente.

istocompatibilità tolleranza fra i tessuti provenienti da organismi diversi; è determinata da antigeni presenti sulla membrana cellulare: se questi sono riconosciuti come estranei dalle cellule del sistema ▷ immunitario, si innescano meccanismi di rifiuto che, nel caso del trapianto di un organo o un tessuto, portano al rigetto.

istologia branca della biologia che studia la composizione e la funzione specifica dei ▷ tessuti.

istoni piccole proteine a comportamento basico (cariche positivamente) presenti nelle cellule eucariote, dove, legate al DNA, costituiscono la ▷ cromatina. Non ci sono istoni nelle cellule spermatiche dei vertebrati, né nei batteri.

ittiosauri rettili marini diffusi durante il Mesozoico, con forme perfettamente adattate alla vita acquatica e aspetto simile a quello di un tonno o di un delfino.

L

labirinto sistema di canali che forma l'▷ orecchio interno.

lacrimali, ghiandole ghiandole esocrine poste all'interno delle palpebre di alcuni vertebrati; producono un liquido che, grazie al movimento delle palpebre, pulisce e lubrifica gli occhi.

lamarckismo teoria evolutiva elaborata da Jean Baptiste de Lamarck (1774-1829), nel 1809. Egli sosteneva che gli organismi viventi sono soggetti a mutamenti in risposta alle pressioni ambientali; secondo la sua teoria le strutture dei viventi si modificherebbero soprattutto in relazione al maggior o minor uso, in base alle necessità ambientali, poi questi cambiamenti sarebbero trasmessi alla prole. Attualmente si sa che i caratteri acquisiti durante la vita di un organismo non possono essere trasmessi alla prole e questa teoria è stata soppiantata dalla teoria dell'evoluzione per selezione naturale elaborata da Charles Darwin (▷ darwinismo). L'opera di Lamarck è stata comunque importante perché ha rappresentato un primo tentativo di spiegare scientificamente l'evoluzione dei viventi che fino a pochi decenni prima non era riconosciuta, per il prevalere delle ipotesi sostenute dalle teorie del ▷ fissismo e del ▷ creazionismo.

lamella mediana sottile strato di materiale (principalmente *pectina*) che unisce due cellule vegetali, interposto fra le pareti delle cellule adiacenti.

lamelle sottili strutture che portano le spore, situate nella parte inferiore del cappello di molti ▷ funghi.

lamellibranchi (*Lamellibranchiata*) o bivalvi classe di ▷ molluschi, comprendente le ostriche, i mitili, le vongole. Sono caratterizzati da una conchiglia formata da due valve, all'interno della quale si trova il corpo, privo di un capo definito; respirano tramite branchie ricoperte di ciglia che sono utilizzate anche per la nutrizione, filtrando l'acqua per raccogliere le particelle di cibo. I bivalvi svolgono vita sedentaria sul fondo dei laghi o, più spesso, dei mari.

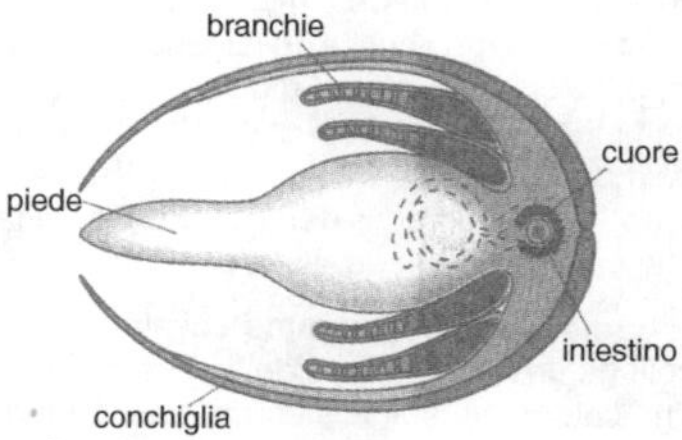

Schema del corpo di un lamellibranchio.

laringe sorta di tubo cartilagineo posto fra la cavità orale e la trachea; separa la via aerea dalla via alimentare, infatti qui si trova l'▷ epiglottide.

larva stadio giovanile degli animali a sviluppo indiretto, come, per esempio, i bruchi delle farfalle e i girini delle rane. Le larve derivano direttamente dalla schiusa delle uova, hanno caratteri morfologici e strutturali nettamente diversi da quelli degli adulti e, tranne in pochi casi (▷ pedogenesi), non sono in grado di riprodursi; sono invece in grado di nutrirsi e sono quindi autosufficienti. Attraverso la ▷ *metamorfosi* dalla larva si sviluppa la forma adulta.

latice (o **lattice**) fluido denso, generalmente biancastro prodotto da molte piante superiori (euforbiacee, urticacee, papaveracee); è contenuto nei *vasi laticiferi*, da cui fuoriesce in seguito a ferite. Il latice, di composizione variabile, ha una funzione protettiva nei confronti di lesioni e ferite, inoltre ostacola la penetrazione di parassiti.

latifoglie piante con foglie dotate di lembo a lamina, come la maggior parte delle angiosperme; si oppone ad ▷ aghifoglie.

lattazione secrezione del latte da parte delle ghiandole ▷ mammarie dei mammiferi; questo processo si verifica solitamente solo dopo il parto, è stimolato dalla poppata del neonato ed è controllato dagli ormoni ossitocina e prolattina.

latte fluido secreto dalle ghiandole mammarie dei mammiferi, rappresenta un alimento completo per la nutrizione dei neonati. Il latte è un'emulsione di acqua e grassi contenente glucidi, proteine, sali, vitamine ed enzimi in proporzioni variabili a seconda della specie, oltre che dell'età, dell'alimentazione, dello stato di salute, dell'animale. Il latte di mucca è composto dall'87% di acqua, il 3,6% di lipidi, il 3,3% di proteine, il 4,7% di lattosio e quantità minori di vitamine e minerali. Il latte della specie umana contiene meno proteine (1,2%) e una maggiore quantità di lipidi (4%) e glucidi (6,8%).

lattico, acido nome comune dell'acido α-ossipropionico (CH_3–CH(OH)–COOH). Si forma nel processo di ▷ fermentazione lattica che si svolge nei muscoli in seguito a un elevato consumo di ATP, per esempio durante un intensa attività muscolare, quando l'apporto di ossigeno ai tessuti non è sufficiente per fare procedere la ▷ respirazione cellulare al livello richiesto; il suo accumulo provoca la sensazione di stanchezza muscolare. Questa sostanza è tipica anche del latte inacidito e dello yogurt dove viene prodotto dalle fermentazioni operate da batteri del genere *Lactobacillus*.

lattosio zucchero (disaccaride), formato da una molecola di galattosio e una di glucosio, presente solo nel latte.

laurico, acido acido grasso saturo a 12 atomi di carbonio, presente nei grassi e negli oli naturali (per esempio olio di cocco e di palma).

LD_{50} sigla che indica la *dose letale 50* (o *dose letale mediana*). È un parametro utilizzato in tossicologia, quando si effettuano test biologici per valutare la tossicità di un composto. La LD_{50} indica la dose di sostanza che risulta letale per il 50% degli animali di un gruppo sperimentale, cui è stata somministrata la sostanza da testare.

LDL ▷ lipoproteine.

L-DOPA ▷ DOPA.

lecitine gruppo di ▷ fosfolipidi contenenti un gruppo fosforico legato all'amminoalcol *colina*. Sono i fosfolipidi più diffusi negli animali, e sono presenti anche nelle piante superiori.

legame chimico interazione fra atomi che porta alla formazione di aggregati stabili (legame covalente), di cristalli ionici (legame ionico), o di solidi di tipo metallico. Un *legame covalente* consiste nella condivisione di elettroni da parte di atomi diversi e porta alla formazione di *molecole* in cui gli elettroni condivisi orbitano su entrambi i nuclei, nelle regioni definite dagli orbitali molecolari. Un *legame ionico* consiste nell'interazione elettrostatica fra ioni che si dispongono secondo posizioni definite, in un reticolo cristallino. Sono legami chimici anche i ▷ legami deboli, importanti per la definizione dello stato fisico di una sostanza e per la funzionalità biologica.

legame debole interazione elettrostatica fra atomi o molecole, energeticamente più debole di quelle che portano alla formazione delle molecole o dei reticoli cristallini. Sono legami deboli le *interazioni dipolo-dipolo*, che si formano fra molecole polari, ma anche il ▷ *legame idrogeno*, più forte. In molti casi si tratta di interazioni fra molecole diverse (*legami intermolecolari*), responsabili dello stato di aggregazione di una sostanza, ma possono instaurarsi anche fra porzioni differenti della stessa molecola (*legami intramolecolari*), in particolare nelle molecole biologiche, per esempio le proteine o gli acidi nucleici, di cui definiscono la struttura tridimensionale.

legame glucosidico legame che si forma fra l'ossidrile libero del carbonio carbonilico di una molecola glucidica e un ossidrile diverso di un'altra molecola; è detto α-glucosidico o β-glucosidico, a seconda che lo zucchero sia in forma α o β (▷ glucosio). I composti che si formano sono detti *glucosidi*; la seconda molecola può essere glucidica, oppure no, nel primo caso si forma un disaccaride, e con successivi legami simili, un polisaccaride; nel caso sia una molecola diversa si formano composti con natura e caratteristiche diverse.

legame idrogeno il più forte fra i legami deboli; si forma quando in un composto è presente idrogeno legato a un elemento molto elettronegativo, in particolare nei gruppi H–O, H–S o H–N, in questi casi si crea un'interazione elettrostatica fra l'idrogeno di una molecola e l'ossigeno (o lo zolfo, o l'azoto), di un'altra molecola. Sono legami idrogeno per esempio i legami fra le basi puriniche e pirimidiniche che permettono l'assemblaggio della ▷ doppia elica che caratterizza la struttura del DNA.

legame peptidico legame covalente che collega un ▷ amminoacido a un altro lungo una catena peptidica; si forma per condensazione tra il gruppo carbossilico di un amminoacido e il gruppo amminico dell'altro (▷ peptide).

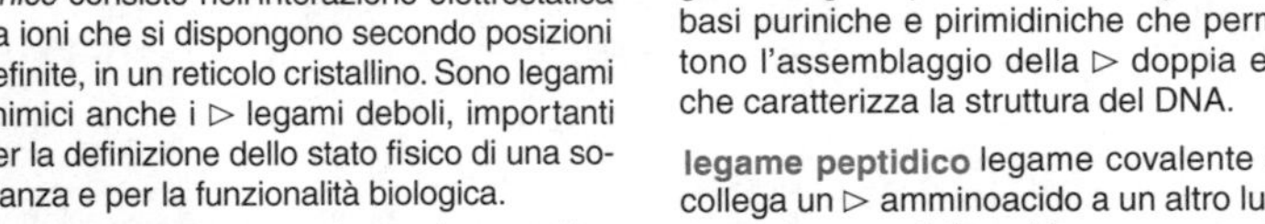

Il legame peptidico.

legge del minimo ▷ fattori limitanti.

legno tessuto duro presente nelle piante legnose con funzione di sostegno e di trasporto di acqua e sali, dalle radici alle foglie. È costituito dalle *trachee* (nelle angiosperme) o dalle *tracheidi* (nelle gimnosperme), formazioni tubulari dello ▷ xilema, insieme ad alcuni altri tipi cellulari, come fibre di ▷ sclerenchima e cellule parenchimatiche vive. È presente nel fusto e nella radice dove insieme al floema forma i ▷ fasci conduttori; nei vegetali con accrescimento secondario (alberi e arbusti), è prodotto, verso l'interno, dal ▷ cambio cribro-legnoso. La parte più vecchia del legno si indurisce man mano trasformandosi in *duramen*, solamente quella periferica, più recente (*alburno*), ha funzione conduttrice.

legnosa termine riferito a pianta dotata di strutture rigide, lignificate; il legno si forma con l'accrescimento secondario, negli alberi e negli arbusti, di cui costituisce la maggior parte della massa del ▷ fusto.

legume tipo di ▷ frutto secco deiscente.

lenticelle piccole aperture, visibili anche a occhio nudo, presenti nello strato esterno legnoso (sughero) di molte piante, attraverso cui avvengono gli scambi gassosi con l'ambiente esterno.

lepidotteri (*Lepidoptera*) ordine di insetti comprendente le farfalle (diurne) e le falene (notturne). Gli insetti appartenenti a questo ordine sono caratterizzati da due paia di ali membranose ben sviluppate, di solito unite tra loro, e ricoperte di squame colorate; l'apparato boccale è succhiatore e si nutrono di sostanze zuccherine come il nettare o il succo dei frutti. La ▷ metamorfosi è completa, le larve (*bruchi*) hanno apparato boccale di tipo masticatore, si nutrono di vegetali (causando talvolta notevoli danni alle colture) e raggiungono la forma adulta passando attraverso uno stadio di pupa detto *crisalide*.

leucemia termine generico che indica patologie caratterizzate da proliferazione maligna dei tessuti emopoietici (▷ emopoiesi) che determinano un aumento del numero di globuli bianchi circolanti.

leucina ▷ amminoacidi.

leucociti altro nome dei ▷ globuli bianchi.

leucoplasti ▷ plastidi incolori.

levogiro termine riferito a composto che ruota verso sinistra il piano della luce polarizzata (▷ attività ottica).

levulosio nome attribuito al ▷ fruttosio, dovuto al fatto che questo zucchero ruota verso sinistra il piano della luce polarizzata.

LH sigla per ormone luteinizzante; ▷ ormoni.

libellule ▷ odonati.

libro ▷ floema.

licheni organismi formati dalla simbiosi fra alghe unicellulari (alghe verdi o cianobatteri) e ife fungine, unite a formare una specie di tessuto in cui vivono in stretta simbiosi. I licheni sono completamente autosufficienti, infatti le ife fungine assorbono acqua e sali dal substrato, mentre le cellule algali svolgono la fotosintesi e producono la sostanza organica; in alcuni casi sono anche in grado di fissare l'azoto atmosferico. Possono sopravvivere in ambienti estremamente poveri di nutrienti e di acqua, sono i primi organismi che colonizzano le rocce, favorendone lo sgretolamento tramite la secrezione di sostanze specifiche, sono considerati per questo organismi *pionieri*. Possono assumere diverse forme, si parla quindi di licheni *crostosi* quando sono sottili e aderenti al substrato, *fogliosi* quando sono laminari, simili a una foglia, oppure *fruticosi*, quando hanno forma eretta o cespugliosa.

licopodine (*Lycopodiatae)* piante appartenenti alle ▷ pteridofite.

lieviti organismi unicellulari appartenenti ai funghi (ascomiceti), in grado di compiere la ▷ fermentazione alcolica. Nel corso di questo processo lo zucchero viene trasformato in alcol, per questo motivo i lieviti sono utilizzati per la produzione della birra e del vino (principalmente *Saccharomyces elipsoideus* e *Saccharomyces apiculatus*), oltre che per far lievitare l'impasto utilizzato per la preparazione del pane (*Saccharomyces cerevisiae*).

ligasi classe di enzimi che catalizzano la formazione di ▷ legami covalenti, particolarmente importanti per la sintesi e la riparazione delle molecole biologiche.

lignina sostanza organica complessa, presente nei vegetali, con composizione variabile nelle diverse specie; si deposita nella parete cellulare, in particolare nei tessuti di sostegno e nei sistemi conduttori, conferendo a queste strutture particolare resistenza (▷ sclerenchima, ▷ xilema).

lignite tipo di ▷ carbone fossile.

linea pura popolazione in cui tutti gli organismi possiedono un certo carattere che è rimasto invariato per numerose generazioni; sono quindi omozigoti per quel carattere.

linfa 1) *in anatomia*, fluido incolore formato dai liquidi provenienti dagli spazi interstiziali, raccolti nei vasi del sistema ▷ linfatico; è costituita principalmente di acqua, sali disciolti, grassi e proteine, contiene materiale di rifiuto cellulare, particelle estranee, e ▷ linfociti. 2) *in botanica*, liquido circolante nelle piante superiori. La *linfa ascendente* o *grezza* è una soluzione molto diluita di acqua e sali, proveniente dal terreno, che sale dalle radici lungo i vasi legnosi distribuendosi a tutta la pianta, fino a raggiungere le foglie; la *linfa discendente* o *elaborata* è una soluzione di acqua e sostanze nutritizie, con prevalenza di saccarosio, che dalle foglie, sito della fotosintesi, si distribuisce a tutta la pianta muovendosi lungo i vasi cribrosi; ▷ fascio conduttore.

linfatico, sistema insieme dei vasi in cui circola la linfa negli animali. Il sistema linfatico raccoglie, e riconduce alla circolazione sanguigna, i liquidi intercellulari in eccesso, trasporta alle diverse parti del corpo i grassi assorbiti nell'intestino, inoltre collabora alla difesa dell'organismo distribuendo i linfociti a tutto il corpo. Lungo i vasi linfatici sono posti i ▷ *linfonodi* che purificano la linfa; altri organi linfoidi, simili ai linfonodi, sono le *tonsille*.

linfochine sostanze prodotte dai linfociti T che attivano altri ceppi di linfociti scatenando la risposta ▷ immunitaria cellulare.

linfociti cellule responsabili della risposta ▷ immunitaria specifica, riconoscono gli antigeni tramite recettori di membrana attraverso un legame antigene-recettore altamente specifico. I *linfociti B*, in seguito al riconoscimento dell'antigene, si trasformano in *plasmacellule* e secernono ▷ anticorpi (risposta umorale). I *linfociti T*, presenti con diversi tipi, sono responsabili della risposta cellulare, in particolare i linfociti T *killer* distruggono cellule infette o estranee.

linfonodi masserelle di tessuto linfatico distribuite nell'organismo, sul percorso dei vasi linfatici; costituiscono un sito di residenza di numerosi linfociti, inoltre esercitano un'azione di filtro sulla linfa che li attraversa, eliminando batteri e particelle estranee.

lingua organo muscolare presente nella bocca dei vertebrati, utilizzata per muovere il cibo durante la masticazione; sulla superficie della lingua dei vertebrati terrestri sono presenti numerosi ▷ *bottoni gustativi*; nell'uomo è particolarmente importante anche per articolare i suoni.

linkage termine inglese usato per indicare la tendenza dei geni associati (situati sullo stesso cromosoma) ad essere ereditati insieme.

linoleico, acido acido grasso insaturo (18 C); è il costituente principale dell'olio di semi di lino.

linolenico, acido acido grasso insaturo (18 C); presente nell'olio di semi di lino e nell'olio di soia, è uno degli acidi grassi essenziali.

liofilizzazione processo di disidratazione sotto vuoto utilizzato per conservare sostanze organiche deperibili, come plasma sanguigno e antibiotici, ma anche latte, frutta, carne, ecc.

liofilo in un ▷ colloide, composto chimico che ha affinità con il mezzo disperdente.

liofobo in un ▷ colloide, composto chimico che ha poca affinità con il mezzo disperdente.

lipasi enzimi, prodotti dal pancreas e dal duodeno, che catalizzano la demolizione dei lipidi in glicerolo e acidi grassi.

lipidi gruppo eterogeneo di composti organici insolubi in acqua. I più importanti sono ▷ *trigliceridi*, ▷ *fosfolipidi*, ▷ *steroidi* e ▷ *cere*. Hanno una varietà di funzioni diverse: riserva energetica (trigliceridi, costituenti di grassi e oli), costituzione delle membrane cellulari (fosfolipidi e steroli), protezione contro la disidratazione (cere), ormonale (steroli). I lipidi si possono combinare con le proteine a formare le *lipoproteine*.

lipolisi processo di demolizione dei lipidi di riserva; la maggior parte dei viventi infatti accumula sostanze di riserva sotto forma di grassi o di oli che, in caso di necessità, vengono scissi in glicerolo e acidi grassi, poi utilizzati dalla cellula.

lipoproteine gruppo di composti organici di elevato peso molecolare costituiti da una proteina combinata con un lipide. Le lipoproteine sono costituenti delle membrane cellulari; inoltre sono presenti nel sangue dove rappresentano la principale forma di trasporto dei lipidi, in particolare del colesterolo. Esistono due principali gruppi di lipoproteine del sangue: le *HDL*, *lipoproteine ad alta densità* (22% di colesterolo), e le *LDL*, *lipoproteine a bassa densità* (45% di colesterolo).

lisi distruzione di cellule o microrganismi ad opera di meccanismi diversi. La lisi può essere provocata dagli enzimi liberati dai ▷ lisosomi, sia durante i normali processi di rinnovo dei tessuti, che come meccanismo di difesa contro l'invasione di batteri o altre cellule estranee. I parassiti endocellulari (come virus o protozoi) possono provocare la lisi delle cellule ospiti.

lisina ▷ amminoacidi.

lisosomi organuli consistenti in una vescicola (derivante dal complesso di Golgi) contenente enzimi idrolitici capaci di demolire proteine e lipidi; questi organuli sono coinvolti nei processi di digestione delle particelle alimentari e nella distruzione di particelle estranee che entrano nella cellula (per esempio virus o batteri).

lisozima enzima idrolitico presente nei fluidi corporei, come la saliva e le lacrime; demolisce la parete cellulare dei batteri, facilitando in questo modo la loro distruzione.

litorale, zona strato oceanico compreso fra il limite inferiore delle maree, e il limite della piattaforma continentale (fino a circa 200 m di profondità). Questa fascia comprende la zona fotica, dove penetra luce sufficiente per sostenere la fotosintesi, permettendo la crescita di una rigogliosa comunità di fitoplancton e quindi una ricca rete alimentare (▷ plancton).

livello trofico ruolo che un organismo riveste nella ▷ catena alimentare.

locomotore, apparato insieme delle strutture anatomiche che permettono il movimento; nei vertebrati comprende lo ▷ *scheletro*, formato dalle *ossa*, e i *muscoli*, i quali, contraendosi, permettono lo spostamento dei segmenti ossei su cui sono inseriti.

locus in genetica, posizione occupata da un gene in un cromosoma.

longidiurna termine riferito a pianta con fioritura indotta da giorni di lunga durata, di solito con più di 12 ore di luce (per esempio l'orzo e gli spinaci).

loricati ▷ coccodrilli.

lume spazio interno di un vaso, di un dotto o di altro organo tubulare.

luteinizzante, ormone (LH) ▷ ormoni.

M

macchia oculare struttura sensibile alla luce grazie ai pigmenti (carotenoidi) che contiene; è presente in alcune alghe unicellulari flagellate (▷ euglenofite) e permette loro di spostarsi in direzione della luce (▷ fototassia).

macroevoluzione insieme di processi che, nell'ambito dell'evoluzione, portano alla differenziazione di gruppi di livello superiore rispetto a quello della specie (ordini, famiglie, ecc.).

macrofagi grandi cellule fagocitarie del sistema immunitario, distribuite nei tessuti; possono distruggere per ▷ fagocitosi particelle estranee anche di notevoli dimensioni, come batteri o frammenti cellulari, inoltre producono *interleuchine*, sostanze che permettono la comunicazione fra i diversi tipi di globuli bianchi.

macromolecola molecola di elevato peso molecolare; sono macromolecole numerosi polimeri naturali come polisaccaridi, acidi nucleici e proteine.

macronutrienti (o macroelementi) fra gli ▷ elementi essenziali per il normale sviluppo di un organismo, sono quelli necessari in quantità più elevata. Oltre al carbonio (C), l'ossigeno (O) e l'idrogeno (H) ricavati dall'acqua e dall'anidride carbonica (nelle piante), oppure da carboidrati e lipidi assunti con il cibo (negli animali), appartengono a questo gruppo azoto (N), calcio (Ca), fosforo (P), magnesio (Mg), potassio (K) e zolfo (S).

malaria gruppo di malattie caratterizzate da crisi febbrili cicliche, determinate da protozoi parassiti (▷ sporozoi) del genere *Plasmodium*, trasmessi all'organismo dalla puntura di zanzare del genere *Anopheles*. I plasmodi trascorrono parte del loro ciclo vitale nelle ghiandole salivari delle zanzare e parte nei globuli rossi umani; ed alternano, in corrispondenza, modalità di riproduzione sessuata e asessuata.

malattie autoimmuni ▷ autoimmunità.

maltosio disaccaride formato da due molecole di glucosio, si forma come primo prodotto della digestione dell'▷ amido.

mammarie, ghiandole ghiandole esocrine presenti nelle femmine dei mammiferi, responsabili della produzione del ▷ latte, per il nutrimento della prole. Presenti in numero diverso (da 2 a 20) nelle diverse specie di mammiferi, sono formate da diversi lobi ghiandolari che sboccano nel capezzolo tramite i dotti galattofori.

mammelle organi presenti in molti mammiferi formate dalle ghiandole mammarie accompagnate da tessuto adiposo.

mammiferi (*Mammalia*) classe di vertebrati caratterizzati dalla presenza delle *ghiandole* ▷ *mammarie*; eccetto i prototeri, sono tutti vivipari, l'embrione cioè si sviluppa all'interno del corpo materno e viene nutrito dalla madre attraverso la ▷ *placenta*. Animali omeotermi (a sangue caldo), i mammiferi hanno il corpo rivestito più o meno completamente di peli che ostacolano la dispersione del calore corporeo e sono dotati di *ghiandole sudoripare* che permettono il raffreddamento della pelle quando il calore ambientale è eccessivo. Lo scheletro è costituito da una parte assile, (cranio, gabbia toracica, colonna vertebrale) e una parte appendicolare (cinto scapolare, cinto pelvico, ossa degli arti), gli arti hanno dimensioni e forma diverse secondo l'ambiente e le abitudini dell'animale. I denti sono diversificati a seconda della funzione e delle abitudini alimentari, così come l'apparato digerente; il cuore è diviso in 4 camere e la circolazione (apparato ▷ circolatorio) è doppia e completa; la respirazione, polmonare, è resa più efficiente dalla presenza del muscolo diaframma; gli organi di senso e l'encefalo sono ben sviluppati. Tutte queste caratteristiche consentono ai mammiferi una grande versatilità e hanno consentito a questi animali di colonizzare una grande varietà di ambienti. Evoluti dai rettili carnivori durante il Triassico (circa 200 milioni di anni fa), hanno avuto abitudini di vita esclusivamente notturna e non hanno raggiunto un'apprezzabile diffusione fino alla fine del Mesozoico (65 milioni di anni fa), quando l'estinzione dei dinosauri ha reso disponibili numerose nicchie ecologiche e ha permesso la loro diffusione in ogni ambiente. Si dividono in 3 sottoclassi: ▷ *prototeri* (o *monotremi*), ovipari; *metateri*, dotati di marsupio (▷ marsupiali) ed ▷ *euteri*, dotati di placenta; a quest'ultima sottoclasse appartengono la maggior parte delle specie viventi.

mandibola 1) osso articolato al cranio dei vertebrati che permette la chiusura della bocca e la masticazione. 2) una delle appendici che formano l'apparato boccale degli insetti.

mannitolo alcol esavalente (con 6 gruppi –OH) derivante dal mannosio, è il principale zucchero solubile presente nei funghi e nei licheni; è presente anche nelle alghe brune, dove rappresenta una forma di riserva di carboidrati.

mannosio zucchero a 6 atomi di carbonio (monosaccaride); in natura si trova generalmente sotto forma di polimeri detti *mannani*, sostanze che fungono da riserva energetica nelle piante, nei funghi e nei batteri.

mantello strato cutaneo esterno del corpo dei ▷ molluschi, si espande lateralmente con dei lembi che delimitano la *cavità palleale*, all'interno della quale si trovano le branchie; nelle specie dotate di conchiglia, questa è secreta dal mantello.

mappa cromosomica schema che mostra la posizione reciproca dei geni di un cromosoma, stabilita sulla base della frequenza di ricombinazione fra i geni (a due a due). Più le coppie di alleli si trovano vicine tra loro sui cromosomi, minore sarà la possibilità che vengano separate (tramite ▷ *crossing-over*) durante la formazione dei gameti. Effettuando incroci fra individui che differiscono per almeno due caratteristiche la percentuale di discendenti che presenta una ricombinazione dei caratteri in esame è direttamente correlata alla loro distanza sul cromosoma.

marcatura processo largamente utilizzato in biologia e in medicina, che prevede la sostituzione di un atomo stabile con un radioisotopo dello stesso elemento (detto *tracciante radioattivo*) in un composto; questo permette di seguirne il cammino attraverso un sistema biologico, mediante le radiazioni che esso emette.

marsupiali unico ordine di mammiferi appartenente alla sottoclasse dei *metateri*. Le femmine sono dotate del *marsupio*, una tasca dove sono introdotti i piccoli, appena nati (in uno stadio molto immaturo), per completare il loro sviluppo nutrendosi tramite le mammelle della madre. Attualmente i rappresentanti di questo gruppo vivono solamente in Australia, Nuova Zelanda e in America Meridionale, come conseguenza del fenomeno della ▷ deriva dei continenti. I marsupiali, infatti, sono comparsi e si sono diffusi nel Cretaceo (135-65 milioni di anni fa), quando la zolla continentale che ha dato origine all'Australia si era già allontanata dalle altre masse che si stavano frammentando, sono rimasti isolati per milioni di anni, e, liberi dalla "concorrenza" dei placentati, hanno occupato tutte le nicchie ambientali che in altre parti del mondo sono occupate da questi ultimi (▷ radiazione adattativa).

mascelle 1) coppia di ossa che formano il palato, e in cui sono impiantati i denti dell'arcata superiore. 2) coppia di appendici appartenenti all'apparato boccale di insetti, crostacei, e miriapodi.

mastociti (o **mast-cellule**) globuli bianchi non circolanti presenti nel tessuto connettivo; partecipano alle reazioni infiammatorie e allergiche liberando *istamina*, un vasodilatatore che provoca fra l'altro aumento della secrezione di muco, spasmi delle vie respiratorie, orticaria. I mastociti producono e liberano anche *eparina*, sostanza anticoagulante.

matrice in istologia, indica la componente amorfa di un tessuto, in cui sono immerse le cellule che formano il tessuto stesso.

meccanocettore tipo di recettore che viene sollecitato da stimoli meccanici; meccanocettori sono presenti in grande quantità sulla pelle.

medusa forma libera, mobile, del ciclo vitale dei ▷ celenterati. Le meduse hanno corpo gelatinoso, a ombrella con tentacoli disposti lungo il margine e bocca disposta inferiormente in posizione centrale; si riproducono sessualmente.

meiosi processo di divisione cellulare proprio delle cellule della linea riproduttiva, nel quale, una cellula diploide dà origine, tramite due successive divisioni, a 4 cellule aploidi (▷ *gameti*). Ognuna delle due divisioni comprende 4 fasi: ▷ profase, ▷ metafase,

▷ anafase e ▷ telofase. Durante la prima divisione meiotica i cromosomi omologhi si appaiano a formare strutture dette *tetradi* e in questa fase possono realizzarsi scambi di materiale genetico (▷ *crossing-over*), poi i cromosomi di ogni coppia si dividono e si allontanano verso i poli cellulari, in modo che i nuclei risultanti contengono un numero di cromosomi dimezzato (aploidi), si parla quindi di *divisione riduzionale*. Durante la seconda divisione meiotica, simile a una mitosi, ognuno dei due nuclei aploidi si divide dando origine a due nuclei identici; si formano quindi 4 cellule aploidi.

MEIOSI I

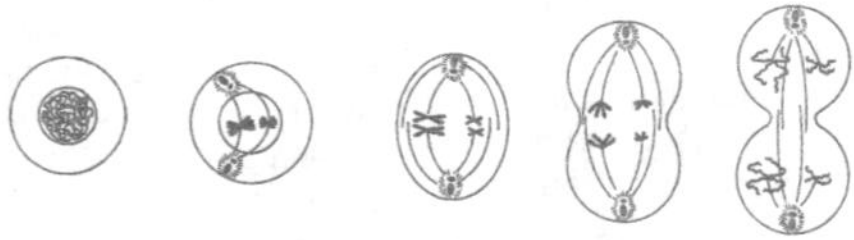

interfase profase metafase anafase telofase

MEIOSI II

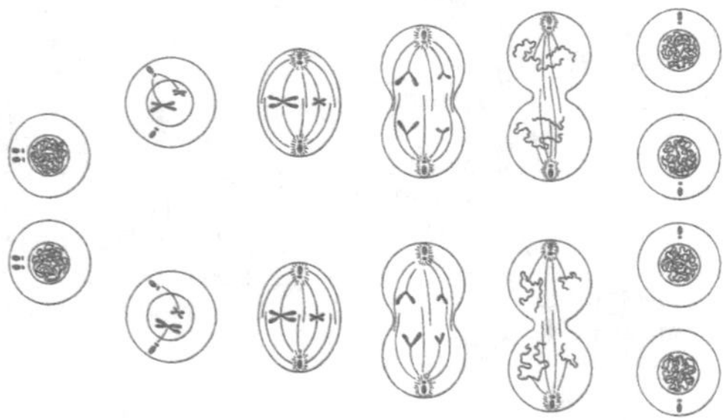

interfase profase metafase anafase telofase gameti

melanine gruppo di pigmenti (derivati dall'amminoacido tirosina) responsabili del colore di occhi, peli e pelle nei mammiferi, prodotti dai *melanofori* (o *melanociti*), cellule epidermiche specializzate. L'albinismo è dovuto alla carenza di un enzima necessario per la sintesi dei pigmenti. Anche alcuni invertebrati, funghi e microrganismi producono pigmenti di questo tipo; per esempio l'"inchiostro" tipico di polpi e seppie.

melanismo eccessiva produzione di melanina che rende scura la colorazione di un animale; può essere causato da mutazioni oppure dalle condizioni esterne, quali la temperatura o l'umidità.

melanismo industriale comparsa di colorazione scura all'interno di popolazioni animali, come adattamento a un ambiente reso scuro dalle emissioni di fumo e polveri dovute alle attività industriali. L'esempio più classico è quello della farfalla *Biston betularia*, le cui forme scure aumentarono notevolmente nelle zone industriali dell'Inghilterra del nord, nel corso del XIX secolo, in concomitanza con l'aumento dell'industrializzazione.

melanociti (o melanofori) cellule che producono ▷ melanina, presenti negli strati più interni dell'epidermide, nei peli e nell'iride.

melatonina ▷ ormoni.

membrana cellulare ▷ membrana plasmatica.

membrana nittitante membrana trasparente che forma una sorta di terza palpebra in anfibi rettili, uccelli e in alcuni mammiferi; può essere abbassata indipendentemente dalle altre, permettendo di pulire l'occhio senza interrompere la visione.

membrana nucleare struttura simile alla membrana plasmatica che delimita il nucleo delle cellule eucariote, separandolo dal citoplasma; è interrotta da pori nucleari che consentono lo scambio di materiali tra nucleo e citoplasma.

membrana plasmatica, (o membrana cellulare o plasmalemma) involucro dello spessore di 7-8 nm che delimita la cellula. È costituita da un doppio strato di ▷ *fosfolipidi*, e da proteine globulari dette *intrinseche* quando attraversano lo strato da un lato all'altro, ed *estrinseche* quando aderiscono a uno dei due lati. La membrana è *semipermeabile*, infatti può essere attraversata dall'acqua e da piccole molecole apolari (come O_2), mentre non è attraversata da macromolecole (come gli zuccheri), o da composti ionici anche se di basso peso molecolare (come Na^+ e K^+). Le funzioni principali della membrana sono tre: delimitare l'ambiente interno della cellula; regolare il trasporto di sostanze tramite le pompe proteiche (▷ trasporto attivo) e la ▷ diffusione; realizzare interazioni con altre cellule. Nelle cellule eucariote la membrana forma anche compartimentazioni interne.

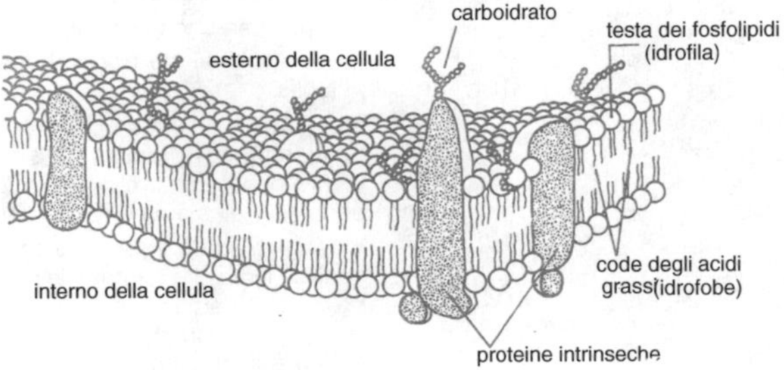

La membrana cellulare.

Mendel, leggi di formulate da Mendel nel 1866, regolano la trasmissione dei caratteri ereditari.

- *Legge della dominanza* o *legge dell'uniformità degli ibridi di prima generazione* (prima legge di Mendel): la progenie (F_1) derivante dall'incrocio fra due individui appartenenti a *linee pure* (▷ *omozigoti*), differenti per un carattere ereditario, è costituita da individui uguali tra loro, che mostrano il carattere di uno dei due genitori (P). Questo si spiega ammettendo che ogni carattere sia controllato da una coppia di *fattori* ereditari (o geni), trasmessi uno da ciascun genitore; nel fenotipo della progenie si manifesta il carattere (o *allele*) *dominante*, mentre il carattere apparentemente scomparso è detto *recessivo*. Incrociando due linee pure tutti gli individui della F_1 sono ▷ *eterozigoti* per il carattere in esame, quindi manifestano tutti il carattere dominante.
- *Legge della segregazione* (seconda legge di Mendel): i due alleli di un gene si separano (segregano) durante la formazione dei gameti, cosicché ogni gamete contiene un solo allele di ogni coppia. Questo implica che incrociando fra loro gli individui eterozigoti della F_1, nella seconda generazione (F_2) ricompare nel fenotipo il carattere recessivo scomparso nella F_1; infatti poiché ogni individuo della F_1 produce gameti contenenti per il 50% l'allele recessivo e per il 50% l'allele dominante, il loro incrocio produrrà per il 75% individui a

fenotipo dominante (omozigoti o eterozigoti) e per il 25% individui a fenotipo recessivo (omozigoti).

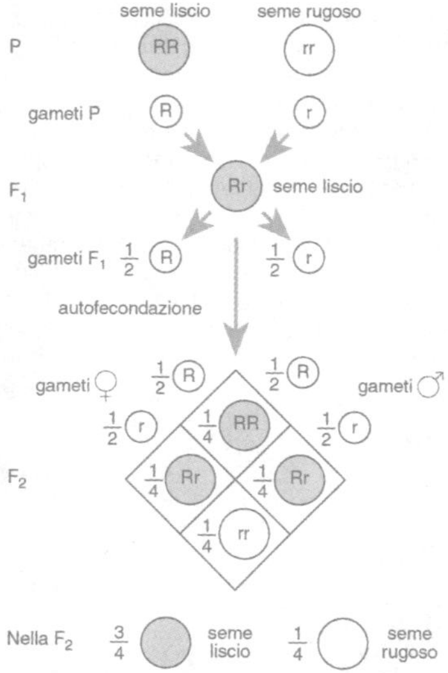

Analisi genetica di un incrocio tra piante di linea pura a seme liscio e a seme rugoso.

- *Legge dell'assortimento indipendente* (terza legge di Mendel): nell'incrocio tra due individui appartenenti a linee pure differenti per più di un carattere ereditario, nella seconda generazione tali caratteri si assortiscono indipendentemente gli uni dagli altri durante la formazione dei gameti e si combinano secondo le leggi del caso.

meningi le tre membrane che avvolgono il sistema nervoso centrale dei vertebrati: dall'interno, *pia madre*, *aracnoide* e *dura madre*.

meristema tessuto vegetale formato da cellule giovani in attiva divisione, da cui derivano i tessuti definitivi. I meristemi *primari* hanno origine dall'embrione della pianta, sono posti agli apici vegetativi del fusto, dei rami e delle radici, e determinano l'accrescimento in altezza. I meristemi *secondari* (▷ *cambio*) derivano da cellule che acquistano secondariamente la capacità di dividersi, e permettono l'accrescimento in spessore.

mesencefalo parte intermedia dell'encefalo dell'embrione dei vertebrati; durante lo sviluppo embrionale non si suddivide ulteriormente, e nei mammiferi adulti diventa parte del ▷ tronco encefalico; comprende centri coinvolti nelle funzioni motorie.

mesenchima tessuto embrionale formato da cellule provenienti principalmente dal mesoderma (▷ foglietti embrionali), sparse in una matrice gelatinosa; dal mesenchima si formano le ossa, le cartilagini, i muscoli, inoltre partecipa alla formazione della pelle e del connettivo.

mesocarpo strato intermedio del frutto (▷ pericarpo), come per esempio la polpa della pesca o dell'albicocca.

mesoderma uno dei ▷ foglietti embrionali.

mesofillo tessuto parenchimatico della ▷ foglia.

mesofita pianta propria delle regioni a clima temperato, dove temperatura e umidità si mantengono a un livello medio. La maggior parte delle piante da fiore sono mesofite.

mesoglea strato gelatinoso posto fra i due strati cellulari che formano le pareti del corpo dei celenterati (meduse); contiene cellule sparse, migrate dall'ectoderma (▷ foglietti embrionali).

Mesozoico (o **era secondaria**) era geologica che va da 225 a 65 milioni di anni fa. Il Mesozoico è caratterizzato da clima caldo, senza alternanza di stagioni; per quel che riguarda la flora sono molto diffuse le gimnosperme e inizia la differenziazione delle angiosperme; la fauna è dominata dai grandi rettili, questa infatti è detta anche *era dei* ▷ *dinosauri*. Durante il Mesozoico si frammenta la Pangea, e si verifica la ▷ deriva dei continenti, cosicché i continenti e gli oceani acquisiscono la configurazione attuale. È suddiviso in tre periodi: ▷ Triassico, ▷ Giurassico e ▷ Cretaceo.

mestruazione processo attraverso il quale viene eliminata una parte dell'endometrio (mucosa che riveste internamente l'utero), ispessito durante il ▷ ciclo mestruale.

metabolismo insieme di tutte le reazioni chimiche che avvengono in un organismo;

comprende il *catabolismo*, serie di reazioni di demolizione (▷ esoergoniche), l'*anabolismo*, serie di reazioni di sintesi (▷ endoergoniche), e il *metabolismo energetico*, insieme delle reazioni che utilizzano l'energia liberata dal catabolismo per produrre ATP. La sintesi e la demolizione delle sostanze coinvolte nelle reazioni metaboliche avvengono solitamente tramite una serie di passaggi graduali che costituiscono le *vie metaboliche*, lineari (come la glicolisi), oppure cicliche (come il ciclo di Krebs). In una via metabolica i diversi passaggi sono catalizzati da specifici *enzimi*, spesso controllati da meccanismi di ▷ *feedback*.

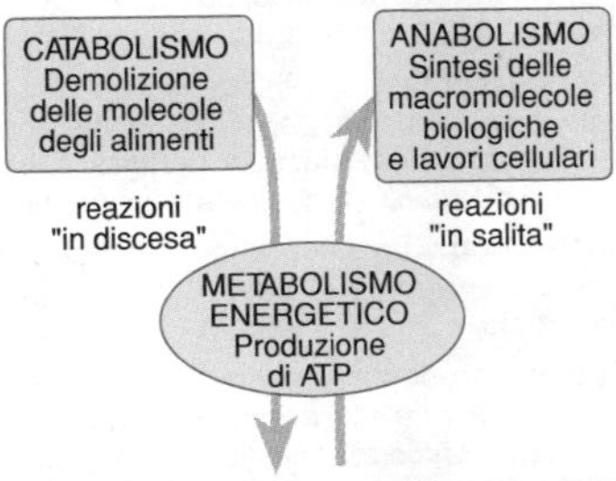

metabolismo basale energia necessaria per il mantenimento delle funzioni vitali essenziali, come respirazione, battito cardiaco, tono muscolare, funzionalità del fegato, dei reni e delle ghiandole endocrine. Nell'uomo il metabolismo basale, misurato in condizioni di riposo completo, a digiuno, con temperatura ambiente di 18-20 gradi, è nell'ordine di 1 kcal/kg·ora (circa 1500-2000 kcal/giorno).

metabolita ogni prodotto, intermedio o finale, del metabolismo.

metafase secondo stadio della ▷ mitosi e della ▷ meiosi, durante il quale i singoli cromosomi (nella mitosi) o le coppie di cromosomi (nella meiosi) si allineano sul piano equatoriale della cellula in divisione e si legano alle fibre del fuso, formando la *piastra equatoriale*.

metameria struttura di alcuni animali (anellidi, artropodi, vertebrati) caratterizzata dalla ripetizione regolare di determinati organi nei segmenti corporei disposti in successione. Negli anellidi tutti i segmenti (*metameri*) tranne quello cefalico, hanno un'identica costituzione internamente ed esternamente, si parla in questo caso di metameria *omonoma*. Altri gruppi di animali presentano metameria solo durante lo sviluppo embrionale (per esempio i vertebrati), oppure possiedono alcuni organi interni disposti in modo metamerico, mentre il corpo è suddiviso esternamente in segmenti fra loro diversi, come nel caso degli insetti il cui corpo è suddiviso in capo, torace e addome: si parla allora di metameria *eteronoma*.

metamorfosi insieme delle trasformazioni che si verificano in diversi animali, che nascono strutturalmente e morfologicamente differenti dall'adulto, per poi acquisire l'aspetto definitivo tramite alcuni passaggi, attraverso stadi intermedi spesso caratterizzati da condizioni di vita diverse fra loro e da quelle dell'adulto. Questo processo è detto anche *sviluppo indiretto*, ed è presente in molti gruppi di animali, come insetti, celenterati, platelminti, crostacei, pesci e anfibi. L'organismo in forma immatura, non definitiva, è detto ▷ *larva*. Negli insetti la metamorfosi è detta *completa* quando la larva si trasforma nell'adulto passando attraverso una forma quiescente, la ▷ *pupa*; mentre quando non è presente questo stadio si parla di metamorfosi *incompleta*.

metanogeni gruppo di ▷ archebatteri.

metaplasia processo biologico per cui elementi di un tessuto di un organismo si trasformano in cellule diverse; questo processo prevede una prima fase in cui il tessuto ritorna a uno stato meno differenziato per poi differenziarsi nella nuova direzione.

metastasi ▷ cancro.

metateri (*Metatheria*) sottoclasse di mammiferi privi di placenta comprendente l'unico ordine dei ▷ *marsupiali*.

metazoi termine che indica tutti gli animali (eterotrofi pluricellulari), in opposizione al gruppo dei ▷ *protozoi*, (eterotrofi, unicellulari).

metionina ▷ amminoacidi.

MHC sigla per ▷ complesso maggiore di istocompatibilità.

micelio ammasso di ife, che costituisce il corpo dei ▷ funghi.

micella aggregato di molecole a forma di vescicola che si forma quando in un solvente sono presenti molecole costituite da una porzione affine al solvente (liofila) e una non affine (liofoba). Per esempio, quando i fosfolipidi, caratterizzati da una porzione idrofila (il residuo fosforico) e una idrofoba (la catena di acido grasso), sono dispersi in acqua, si dispongono a formare delle vescicole delimitate da un doppio strato in cui le code idrofobe si trovano all'interno, mentre le teste idrofile interagiscono con l'ambiente acquoso.

micologia scienza che studia i ▷ funghi.

micorriza simbiosi che si realizza fra alcune specie di funghi e le radici di piante superiori. Il funzionamento di questa associazione, importante per la crescita di molte famiglie di piante, non è ben chiaro, ma pare che le ife siano utili alla pianta nell'assorbimento di acqua e sali minerali, mentre la pianta fornisce ai funghi sostanze complesse come carboidrati e amminoacidi.

micosi termine generico che indica le infezioni causate da funghi patogeni a piante o animali. Le micosi che interessano l'uomo generalmente colpiscono epidermide o mucose e non sono pericolose; nel caso di soggetti immunodepressi (come i malati di AIDS) possono colpire anche gli organi interni.

microbiologia scienza che studia i micorganismi, cioè virus, batteri, protozoi, alcuni funghi e alghe. Nata nel XVII secolo, grazie all'invenzione del microscopio, la microbiologia ha avuto grande sviluppo nel XIX secolo, in particolare per gli aspetti riguardanti i microrganismi patogeni e le malattie causate da questi. Attualmente la ricerca microbiologica è rivolta all'approfondimento della genetica, della biochimica, della fisiologia dei microrganismi; sono studiati inoltre gli aspetti ecologici, quindi il loro ruolo nei cicli biogeochimici e nei processi di degradazione. Particolare attenzione è poi rivolta agli organismi che producono sostanze utili e alle tecniche per coltivarli. La *microbiologia agraria* riguarda le interrelazioni tra i microrganismi e il terreno, e il loro ruolo nelle tecniche agronomiche; la *microbiologia industriale* (▷ biotecnologie) riguarda lo sfruttamento delle attività microbiche utili per la produzione di particolari sostanze chimiche (alcol, acidi organici, grassi, vitamine, antibiotici) e per la trasformazione di prodotti agricoli nell'industria alimentare (formaggi, pane, birra, bevande alcoliche). Infine numerosi studi di genetica trovano nei microrganismi soggetti utili per esperimenti di ricombinazione e strumenti per le tecniche dell'▷ ingegneria genetica.

microbo sinonimo di ▷ microrganismo.

microfilamento aggregato lineare della proteina *actina*; i microfilamenti sono fra i costituenti del ▷ *citoscheletro*.

microfillo tipo di foglia presente in alcune pteridofite (equiseto, licopodio), caratterizzata da una sola nervatura, non ramificata.

microfossili resti fossili di organismi visibili solo al microscopio, per esempio impronte lasciate da batteri, diatomee, protozoi, oppure parti di organismi, come i granuli pollinici.

microfotografia fotografia di un oggetto così come appare all'osservazione al microscopio.

micromanipolazione tecnica usata per la dissezione di cellule viventi osservate al microscopio ottico ad alta risoluzione, utilizzando strumenti particolarmente piccoli.

micronutrienti fra gli ▷ elementi essenziali per il normale sviluppo di un essere vivente, quelli necessari in piccole quantità, sono ferro (Fe), manganese (Mn), boro (B), molibdeno (Mo), rame (Cu), zinco (Zn) e cloro (Cl).

micropaleontologia settore della paleontologia che si occupa dei fossili di organismi microscopici (*microfossili*); lo studio dei microfossili è sfruttato nel campo delle ricerche petrolifere, per riconoscere le rocce serbatoio di giacimenti. La micropaleontologia inoltre fornisce dati importanti per la ricostruzione di ambienti del passato, per esempio tramite lo studio di spore e pollini fossili.

micropilo piccola apertura presente nei tegumenti dell'▷ ovulo attraverso cui può passare il tubetto pollinico formato dal polline per permettere la ▷ fecondazione.

microrganismo organismo che può essere osservato solo al microscopio, invisibile a occhio nudo; sono microrganismi i virus, i batteri, i protozoi, alcuni funghi e alcune alghe.

microscopio strumento ottico che permette di formare immagini ingrandite di piccoli oggetti. È costituito da due lenti, o sistemi di lenti: l'*obbiettivo* e l'*oculare*, montati alle estremità di un tubo che può essere avvicinato o allontanato dall'oggetto per permettere la focalizzazione. L'obbiettivo si trova a piccola distanza dall'oggetto e forma l'immagine ingrandita; l'oculare (la lente cui si avvicina l'occhio) ingrandisce ulteriormente l'immagine formata dall'obbiettivo; l'ingrandimento totale dato dal microscopio è pari al prodotto dei singoli ingrandimenti dell'obbiettivo e dell'oculare. Generalmente un microscopio è dotato di un disco che porta alcuni obiettivi a diverso potere d'ingrandimento. Gli oggetti osservati al microscopio ottico sono corpi molto piccoli oppure sezioni sottili di organi o tessuti, che vengono posti su un vetrino portaoggetti posato sull'apposito *piatto*, il campione viene attraversato da un fascio di luce fatto convergere sul vetrino da un *condensatore*. Il potere di risoluzione (cioè la distanza minima tra due punti separabili) di un microscopio ottico può essere al massimo pari a 0,2 μm (mentre il potere di risoluzione dell'occhio umano è pari a circa 0,1 mm), permette quindi di osservare cellule eucariote, che hanno diametro generalmente compreso fra 10 e 30 μm, e procariote, con dimensioni da 0,2 a 5 μm. L'osservazione al microscopio ottico permette di vedere le principali strutture cellulari, come il nucleo, i mitocondri, e i cromosomi durante la mitosi, ma non consente di osservare le strutture subcellulari. Il *microscopio binoculare* è costituito da due distinti tubi dotati di lenti, uniti insieme in modo da essere usati contemporaneamente, ottenendo così la visione stereoscopica. Poiché permette di osservare immagini tridimensionali, viene utilizzato per campioni non fissati, come gli organismi presenti in un campione di acqua.

microscopio elettronico tipo di microscopio che utilizza un fascio di elettroni anziché un raggio luminoso (come accade nel microscopio ottico) per ingrandire un oggetto. I fasci di elettroni utilizzati sono associati a lunghezze d'onda più brevi di quelle della luce, quindi permettono di ottenere un più elevato potere di risoluzione, fino a 0,2 nm, rendendo possibile l'osservazione delle strutture subcellulari (come la struttura delle membrane o dei ribosomi). Nel *microscopio elettronico a trasmissione* (*TEM*) un fascio di elettroni, messo a fuoco in modo molto preciso da lenti elettroniche, dopo aver attraversato l'oggetto da ingrandire, molto sottile e opportunamente trattato, colpisce uno schermo fluorescente sul quale si forma l'immagine. Nel *microscopio elettronico a scansione* (*SEM*) un raggio di elettroni esplora l'oggetto; gli elettroni non attraversano il campione bensì sono riflessi dalla sua superficie, formando in questo modo un'immagine tridimensionale. Il potere di risoluzione di questo strumento è di circa 10 nm, quindi inferiore a quello del TEM. Il SEM è comunque molto utilizzato perché le rappresentazioni tridimensionali che fornisce sono estremamente interessanti.

Microscopio ottico.

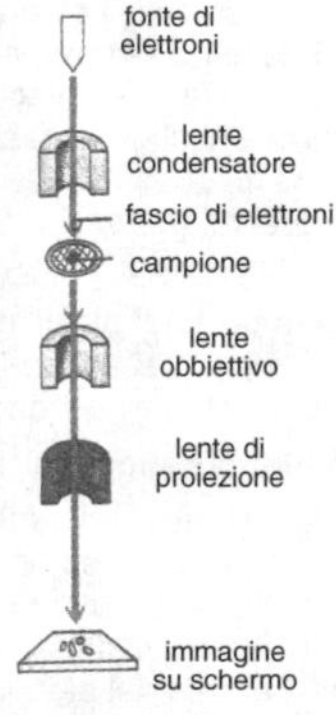

Microscopio elettronico a trasmissione.

microtomo strumento, dotato di una lama di acciaio, usato per ottenere sezioni sottilissime (5-20 μm) di organi o tessuti per l'osservazione al microscopio; per ottenere sezioni ancora più sottili (20-100 nm) viene utilizzato l'ultramicrotomo, dotato di lame di cristallo o di diamante.

microtubulo struttura tubulare formata da 13 filamenti della proteina *tubulina*, aggregati a formare un cilindro cavo; i microtubuli sono costituenti del ▷ citoscheletro, componenti del ▷ fuso mitotico e delle appendici cellulari (flagelli e ciglia).

microvilli piccolissime espansioni digitiformi della membrana cellulare, presenti in alcuni tipi di cellule, come nell'epitelio intestinale di cui aumentano notevolmente la superficie utilizzata per assorbire i prodotti della digestione.

midollo allungato porzione del ▷ tronco encefalico.

midollo osseo tessuto presente negli spazi interni delle ossa; negli animali giovani il midollo di tutte le ossa è sito di produzione delle cellule del sangue (emopoiesi) ed è chiamato *midollo rosso*. In età adulta il midollo delle ossa lunghe è sostituito da grasso (*midollo giallo*) mentre il midollo rosso, con funzione emopoietica, rimane all'interno delle ossa piatte e nelle parti terminali delle ossa lunghe.

midollo spinale cilindro di tessuto nervoso racchiuso nella colonna vertebrale; fa parte del sistema ▷ nervoso centrale dei vertebrati, dove costituisce un prolungamento dell'▷ encefalo, e rappresenta la connessione fra questo e i nervi, che hanno origine ai due lati (nervi spinali) e si distribuiscono a tutto il corpo.

mielina materiale di natura prevalentemente lipidica, che forma la ▷ guaina mielinica che avvolge gli assoni dei neuroni.

mieloma tumore del midollo osseo.

migrazione movimento di intere popolazioni di animali verso un ambiente più favorevole alla vita o alla riproduzione; si verifica in risposta a cambiamenti di temperatura, o della durata del giorno. Fenomeni migratori interessano specie di insetti, pesci, uccelli e mammiferi. Gli insetti spesso compiono migrazioni che coinvolgono grandi gruppi di individui, anche miliardi (per esempio le locuste). Fra i pesci alcuni, come lo storione, si portano dal mare alle acque dolci al momento della riproduzione, risalendo i fiumi (*pesci potamotochi*); oppure come l'anguilla, nascono in mare, trascorrono gran parte della vita nelle acque dolci e tornano in mare per riprodursi (*pesci talassotochi*). Tra gli uccelli molte specie, come rondini e cicogne, migrano, secondo le stagioni, da un emisfero all'altro o dalle regioni artiche a quelle temperate. Anche fra i mammiferi, per esempio fra i caribù, si verificano imponenti migrazioni stagionali.

millepiedi ▷ miriapodi.

milza organo responsabile dell'eliminazione dal sangue dei globuli rossi invecchiati; è inoltre sito di produzione di linfociti.

mimetismo fenomeno per cui molti animali presentano forma e colorazione tali da farli assomigliare all'ambiente in cui vivono nel caso del *mimetismo criptico*, oppure tali da assomigliare a una specie non correlata dal punto di vista filogenetico, in quello del *mimetismo fanerico*. Il mimetismo criptico permette all'animale di essere poco appariscente nell'ambiente in cui vive, e risulta vantaggioso sia come meccanismo difensivo che offensivo. Il mimetismo fanerico, diversamente, rende l'animale appariscente, tramite colori che di solito rappresentano un segnale di pericolo. Si distinguono due tipologie di mimetismo fanerico: in alcuni casi specie diverse similmente nocive o pericolose sono caratterizzate da livree simili (per esempio api, vespe e calabroni) e questo è detto *mimetismo mülleriano*; in altri casi specie innocue assumono la livrea propria di una specie nociva, sfruttando in tal modo il segnale di pericolosità tipico di questa specie (per esempio alcune farfalle e mosche hanno livrea giallo-nera simile alle api), si parla allora di *mimetismo batesiano*.

miocardio tessuto ▷ muscolare che costituisce il cuore.

Miocene epoca del periodo ▷ Terziario.

miofibrille unità funzionali del tessuto ▷ muscolare, sono elementi filamentosi presenti nelle cellule muscolari lisce e striate, costituite da fasci di miofilamenti, responsabili della contrazione muscolare.

miofilamenti filamenti proteici, presenti nelle miofibrille che formano il tessuto ▷ muscolare. I miofilamenti sono di due tipi: i più spessi di *miosina,* i più sottili di *actina*; nei muscoli striati sono disposti in modo ordinato e caratteristico, a formare i *sarcomeri*. Lo scorrimento fra i miofilamenti, permette l'accorciamento delle miofibrille che è alla base della ▷ contrazione muscolare.

mioglobina proteina globulare con funzione di trasportatore di ossigeno; è formata da una catena di amminoacidi legata a un gruppo *eme* contenente ferro, simile quindi a una delle quattro subunità che formano l'▷ emoglobina. Grazie al ferro del gruppo eme, che lega una molecola di ossigeno, la mioglobina, particolarmente abbondante nel tessuto muscolare, rappresenta una riserva di questo elemento, che viene rilasciato quando si abbassa la concentrazione esterna, per esempio durante l'esercizio fisico prolungato.

miosina proteina caratteristica del tessuto muscolare, di cui costituisce circa il 54%; è costituita da due catene polipeptidiche attorcigliate, che si intrecciano a un'estremità formando una struttura globulare che permette a questi filamenti di interagire con i filamenti di actina, determinando la ▷ contrazione muscolare.

miriapodi (*Myriapoda* o *Chilopoda*) classe di ▷ artropodi terrestri, presenti di solito nei terreni umidi, comprendente i millepiedi e i centopiedi. Il capo è dotato di un solo paio di antenne, il corpo, vermiforme, è diviso in tanti segmenti uguali, ciascuno dotato di uno o due paia di zampe. Gli individui immaturi sono simili agli adulti, dai quali si differenziano perché il corpo è formato da un numero inferiore di segmenti corporei. Possono essere predatori, come i centopiedi (ordine *pleurostigmofori*), oppure nutrirsi di sostanza organica in decomposizione, come i millepiedi (*diplopodi*).

mitocondrio organulo presente nelle cellule eucariote che utilizzano ossigeno (aerobiche), delimitato da una doppia membrana simile alla membrana plasmatica, e dotato internamente di strutture membranose dette *creste*. È sede del processo della ▷ respirazione cellulare, in particolare qui si svolgono il ciclo di Krebs e la catena respiratoria.

mitosi (o **cariocinesi**) processo di divisione cellulare attraverso il quale una cellula eucariote dà origine a due cellule figlie geneticamente identiche tra loro e alla cellula madre. La mitosi in senso stretto consiste nella divisione del nucleo, seguita generalmente dalla divisione del citoplasma (citodieresi). Durante la mitosi il materiale genetico appare visibile al micrscopio ottico sotto forma di ▷ cromosomi, ognuno formato da due cromatidi identici; i cromosomi si dispongono sul piano equatoriale della cellula, legati alle fibre del ▷ fuso mitotico, poi ognuno si divide nei due cromatidi, che, trascinati dalle fibre del fuso si allontanano verso i poli della cellula per dare origine ai cromosomi dei nuclei delle cellule figlie. È suddivisa in 4 fasi principali: ▷ profase, ▷ metafase, ▷ anafase e ▷ telofase, mentre la fase in cui la cellula è a riposo è detta interfase.

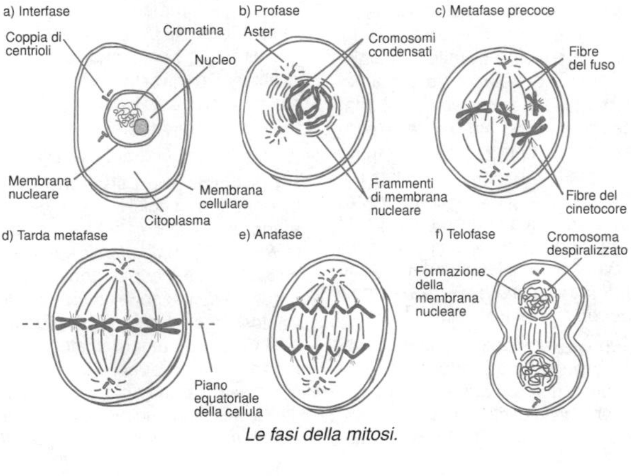

Le fasi della mitosi.

mixomiceti (*Mixomycetes*) organismi saprofiti privi di struttura cellulare individuale (▷ protisti), costituiti da una massa di citoplasma con numerosi nuclei che può diffondersi fino a rivestire superfici di alcuni metri quadrati; vivono sui vegetali marcescenti, si riproducono tramite spore; sono detti anche funghi mucillaginosi.

mixovirus gruppo di virus a RNA che comprende diverse specie patogene per l'uomo o per gli animali; il virus dell'influenza è un *ortomixovirus*, mentre il virus del morbillo e quello degli orecchioni sono *paramixovirus*.

molare tipo di ▷ dente.

mole quantità di un elemento (o di un composto) corrispondente al suo peso atomico (o al peso molecolare) espresso in grammi.

molluschi (*Mollusca*) *phylum* di invertebrati con corpo non segmentato e forma molto diversa nelle differenti classi. Il corpo di un mollusco fondamentalmente è formato da un capo, dove si trovano la bocca, i gangli cerebrali e i principali organi di senso, e un tronco. Il tronco è formato dal *piede*, per la locomozione, e dal *sacco dei visceri*, contenente gli organi, rivestito dal *mantello*, una piega cutanea che spesso secerne la *conchiglia*, struttura protettiva di natura calcarea. Nella bocca si trova la *radula*, organo dotato di dentelli che servono per triturare il cibo; l'*epatopancreas* è una ghiandola con funzione digestiva, tipica di questo gruppo. La respirazione avviene tramite branchie, oppure per mezzo di una specie di polmone; l'apparato circolatorio è aperto (il sangue non scorre nei vasi ma bagna direttamente i tessuti). La riproduzione è sempre sessuata, in qualche specie gli individui sono ermafroditi. I molluschi vivono in ambiente marino, di acqua dolce e terrestre; in base alla struttura del corpo sono suddivisi in diverse classi, fra cui le più comuni sono quelle dei ▷ *lamellibranchi*, ▷ *gasteropodi* e ▷ *cefalopodi*.

monere (*Monera*) uno dei 5 regni in cui sono suddivisi i viventi. Comprende organismi unicellulari procarioti, caratterizzati da metabolismi molto diversificati (autotrofi o eterotrofi, saprofiti o parassiti), che permettono a questo gruppo di colonizzare qualsiasi tipo di ambiente. Al regno delle monere appartengono i *batteri*, distinti in ▷ *archebatteri* ed ▷ *eubatteri*, in base a differenze biochimiche, come per esempio la composizione della membrana plasmatica, della parete cellulare o le caratteristiche dell'RNA ribosomale.

monocasio tipo di ▷ infiorescenza.

monocotiledoni (*Monocotyledonae*) classe di angiosperme in cui è presente un solo cotiledone (foglia embrionale). Le monocotiledoni sono di solito erbacee, hanno foglie a nervatura parallela, fasci vascolari sparsi all'interno del fusto e parti fiorali in numero di 3 o multipli di 3. Sono monocotiledoni per esempio le graminacee (cui appartengono i cereali), le liliacee (giglio, cipolla), le orchidacee, e le palme (forme arboree).

monofiletico termine riferito a un gruppo di organismi che si presume abbiano avuto origine da un antenato comune (ciascuno dei gruppi che compaiono in una ▷ classificazione naturale).

monofiodonte tipo di dentizione caratterizzato da un'unica serie di denti che non si rinnovano durante tutta la vita.

monoico termine riferito agli organismi vegetali che hanno fiori maschili e femminili separati ma presenti sulla stessa pianta.

monomero molecola che, unita ad altre molecole simili, può costituire un polimero; per esempio i nucleotidi sono i monomeri costituenti degli acidi nucleici, gli amminoacidi sono monomeri che legati in lunghe catene formano le proteine.

monopodiale tipo di ▷ ramificazione.

monosaccaride carboidrato (zucchero) che per idrolisi non può dare carboidrati più semplici; ne sono esempi il ▷ *glucosio*, il ▷ *fruttosio*, il ▷ *galattosio* e il ▷ *ribosio*. Sono suddivisi in base al gruppo funzionale in *aldosi* se contengono un gruppo aldeidico, e *chetosi* se contengono un gruppo chetonico. In base al numero di atomi di carbonio i monosaccaridi sono classificati in *tetrosi* con 4 atomi di carbonio, *pentosi* con 5, *esosi* con 6; possiamo quindi parlare di *aldoesosi*, *aldopentosi*, *chetoesosi*, *chetopentosi*.

monotremi unico ordine appartenente alla classe dei ▷ prototeri, mammiferi arcaici, ovipari.

monozigoti individui nati nello stesso parto e sviluppati da un unico uovo fecondato (gemelli identici).

morfogenesi processo che, durante lo sviluppo di un organismo pluricellulare, porta alla formazione di strutture complesse specializzate, come tessuti e organi; la morfogenesi avviene contemporaneamente al ▷ *differenziamento cellulare*, che permette a cellule non specializzate di acquisire una forma e una funzione specifiche.

morfologia studio della forma e della struttura di un organismo.

morte cerebrale perdita irreversibile dell'attività del cervello, con possibilità di mantenere artificialmente l'attività respiratoria e circolatoria.

morula stadio precoce dello sviluppo ▷ embrionale, è costituita da una masserella di cellule derivanti dalle successive divisioni dello zigote.

mosaicismo presenza in un organismo di cellule caratterizzate da patrimonio genetico differente.

mosche ▷ ditteri.

motoneurone tipo di ▷ neurone.

mRNA ▷ RNA messaggero.

mucillagine sostanza gelatinosa spesso presente nelle pareti delle piante acquatiche o negli involucri che ricoprono i semi di alcune specie; ha funzioni protettive per i tessuti vegetali e permette l'adesione al substrato. Alcuni batteri o cianobatteri formano aggregati in cui sono immersi in uno strato di mucillagine che impedisce un'eccessiva perdita di acqua.

muco secreto biancastro e vischioso prodotto dalle *ghiandole mucipare* degli animali, presenti nelle mucose, con funzione protettiva e lubrificante nei confronti delle mucose stesse. Il muco è cosituito di acqua, sali minerali e dal mucopolisaccaride *mucina*, oltre a frammenti di cellule e particelle estranee.

mucopolisaccaridi acidi gruppo di polisaccaridi nella cui composizione entra almeno uno zucchero acido, molto diffusi nei tessuti animali. Quando sono legati a proteine formano complessi detti *mucine*, o *mucoproteine*, sostanze gelatinose e appiccicose con funzione di lubrificanti o di cemento intercellulare.

mucosa rivestimento degli organi cavi che comunicano con l'esterno, come i canali dell'apparato respiratorio e digerente. Le mucose sono membrane elastiche, formate da uno strato di tessuto epiteliale sorretto da tessuto connettivo; di solito comprendono cellule secernenti muco, grazie al quale sono mantenute sempre umide.

muffe nome generico di diversi ▷ funghi microscopici che vivono come saprofiti su sostanze organiche.

muffe d'acqua organismi unicellulari oppure plurinucleati, con metabolismo simile ai funghi (▷ protisti). Comprendono i gruppi *Oomycetes* (oomiceti) e *Chytridiomycetes* (chitridi); sono organismi acquatici, per la maggior parte saprofiti, oppure parassiti di pesci e piante, fra questi *Phytophthora infestans*, agente della peronospora della patata e *Plasmopara viticola* che causa la peronospora della vite.

mureina altro nome del ▷ peptidoglicano.

muschi (*Musci*) ▷ briofite.

muscolare, tessuto tessuto composto da cellule in grado di contrarsi, grazie alla presenza di specifici filamenti proteici formati dalle proteine *actina* e *miosina*. Esistono 3 tipi di tessuto muscolare: striato, liscio e miocardico. Il *tessuto muscolare striato*, che costituisce i muscoli volontari scheletrici è formato da cellule polinucleate di forma allungata (*fibre muscolari*) rivestite da una membrana detta sarcolemma, contenenti filamenti riuniti in fasci, le *miofibrille*. La bandeggiatura deriva dall'alternanza di fasci di filamenti di actina (sottili) e di miosina (spessi) disposti, paralleli tra loro, in modo ordinato a formare i *sarcomeri*. Durante la ▷ contrazione muscolare, i filamenti slittano gli uni rispetto agli altri, provocando l'accorciamento del sarcomero.

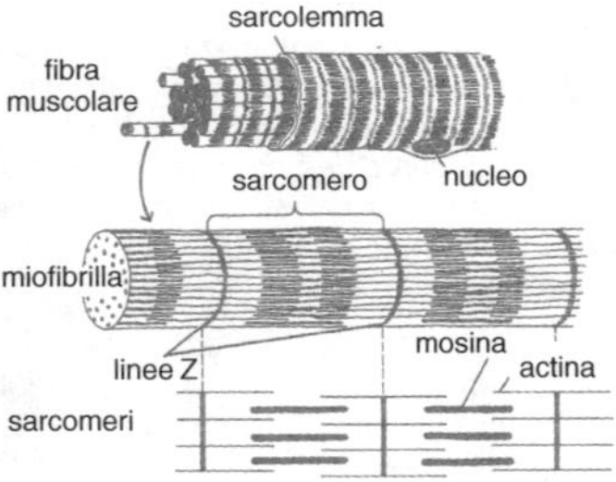

Il tessuto muscolare striato

Il *tessuto muscolare liscio* ha aspetto uniforme ed è formato da cellule allungate mononucleate in cui i filamenti di actina e miosina non sono organizzati in sarcomeri. Forma la muscolatura delle pareti dei vasi e degli organi cavi, appartenenti all'apparato digerente, respiratorio, escretore, la cui contrazione è indipendente dalla volontà.

Il *tessuto miocardico* (o *miocardio*), specifico del ▷ cuore, è formato da cellule mononucleate, presenta aspetto striato, e non è soggetto al controllo della volontà.

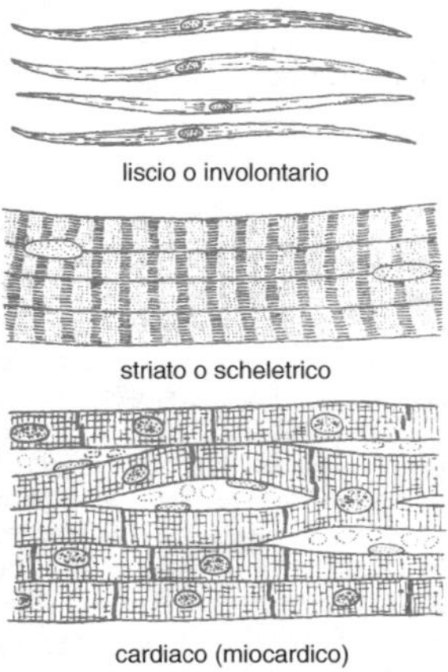

cardiaco (miocardico)

I tre tipi di tessuto muscolare

muscolo organo che, in seguito a stimoli adeguati, ha la proprietà di contrarsi, permettendo il movimento dell'organismo di cui fa parte.

muta (o ecdisi) perdita periodica del tegumento che si verifica negli artropodi e nei rettili. Negli artropodi inizialmente si verifica il riassorbimento di alcune sostanze presenti nello strato interno della vecchia cuticola, cui segue la formazione della cuticola nuova. Successivamente la vecchia cuticola si apre, cade e lascia uscire l'animale, che effettua una rapida crescita finché la nuova cuticola è morbida; questa poi si indurisce per la formazione di chitina e la deposizione di sali di calcio. Negli insetti e nei crostacei questo processo è controllato dall'ormone *ecdisone*. Il termine muta viene riferito anche alla periodica perdita e rigenerazione delle penne negli uccelli e del pelo della pelliccia dei mammiferi.

mutageno agente, chimico o fisico, che fa aumentare la frequenza delle mutazioni. Fra gli agenti mutageni sono noti i raggi ultravioletti, i raggi X, e composti chimici come i nitriti, alcuni fitofarmaci e solventi, l'amianto e alcuni medicinali (per esempio i barbiturici).

mutazione in generale, modificazione del patrimonio genetico di un organismo. Le mutazioni che interessano cellule somatiche non sono ereditabili, mentre se riguardano le cellule germinali sono trasmesse ai discendenti. La mutazione può manifestarsi nel fenotipo dell'organismo, oppure no, questo avviene nel caso di una forma recessiva che in eterozigosi è mascherata dalla presenza dell'allele dominante normale. Le mutazioni sono un evento casuale e naturale, ma possono essere indotte da agenti ▷ mutageni, chimici o fisici. Le mutazioni possono essere svantaggiose, indifferenti oppure risultare vantaggiose; rappresentano un meccanismo fondamentale per l'evoluzione, in quanto aumentano la variabilità degli individui su cui agisce la ▷ selezione naturale. Le mutazioni che riguardano singoli geni sono dette *mutazioni geniche* (perdita, inserzione o sostituzione di uno o pochi nucleotidi); quelle che comportano un'alterazione nella struttura di singoli cromosomi *mutazioni cromosomiche* (▷ inversione, ▷ traslocazione, ▷ delezione e ▷ duplicazione); e quelle che comportano una variazione nel numero di cromosomi *mutazioni genomiche* (▷ aneuploidia, ▷ poliploidia). Le mutazioni geniche che interessano un singolo nucleotide sono dette *mutazioni puntiformi*.

mutualismo ▷ simbiosi.

N

NAD^+ (nicotinammideadenindinucleotide), importante coenzima che funge da trasportatore di idrogeno ed elettroni in varie reazioni metaboliche. Il NAD^+ (in genere porta una carica positiva) è in grado di accettare un atomo di idrogeno e due elettroni, trasformandosi in NADH. Questo coenzima è coinvolto nella ▷ respirazione cellulare, infatti l'ossidazione di una molecola di acetil-CoA, nel ciclo di Krebs permette la formazione di 3 molecole di NADH, che poi entrano nella ▷ catena respiratoria di trasporto di elettroni , dove vengono riossidate a NAD^+, producendo 3 molecole di ATP ogni molecola di NADH ossidata.

NADH forma ridotta del NAD^+.

$NADP^+$ (nicotinammideadenindinucleotidefosfato) coenzima trasportatore di idrogeno ed elettroni simile al ▷ NAD^+. Il $NADP^+$ accetta un atomo di idrogeno e due elettroni trasformandosi in NADPH; è coinvolto nelle reazioni di biosintesi (▷ anabolismo) e nella ▷ fotosintesi.

NADPH forma ridotta del $NADP^+$.

nanismo fenomeno caratterizzato da insufficiente sviluppo del corpo.

narcotico termine generico riferito alle sostanze che alleviano il dolore, per esempio gli oppiacei (eroina, morfina); poiché generano dipendenza il loro impiego in medicina avviene sotto stretto controllo.

narici coppia di aperture della cavità nasale dei vertebrati. Tutti i vertebrati possiedono narici, in alcuni casi portate da un naso; solo i vertebrati che respirano aria (non quelli acquatici) possiedono *coane*, orifizi interni corrispondenti alle narici che si aprono nella cavità boccale.

nastia movimento degli organi di una pianta in risposta a uno stimolo esterno, ma indipendente dalla direzione di provenienza dello stimolo. È una nastia, per esempio, la chiusura delle foglie della mimosa (*Mimosa pudica*) quando sono toccate, anche lievemente (*sismonastia*). Una reazione nastica in risposta a uno stimolo luminoso è detta *fotonastia*, se lo stimolo è termico *termonastia*.

nauplius larva acquatica tipica della maggior parte dei ▷ crostacei.

Neanderthal, uomo di antenato dell'uomo attuale vissuto a partire da circa 100000 e fino a 35000 anni fa . È considerata una sottospecie di *Homo sapiens* (*Homo sapiens neanderthalensis*), di statura più bassa rispetto all'uomo attuale, ma di pari capacità cranica.

necrosi morte di un gruppo di cellule che rimane in continuità con parti viventi dell'organismo.

necton termine che indica tutti gli animali acquatici non ancorati al fondo capaci di muoversi attivamente, come cefalopodi, pesci, cetacei ecc.; si oppone a ▷ plancton.

nefridio organo adibito all'escrezione, tipico degli ▷ anellidi. In ogni metamero del corpo di questi organismi è presente un paio di nefridi, ognuno strutturato come un tubulo, che, aperto nello spazio corporeo come un imbuto, raccoglie i fluidi destinati all'escrezione e li elimina all'esterno tramite una piccola apertura.

nefrone unità escretoria del ▷ rene. Ogni nefrone si può considerare un tubulo con un'estremità a fondo cieco che si dilata ad avvolgere un glomerulo renale di capillari sanguigni, la*capsula di Bowmann* e che continua con il *tubulo renale*, (suddiviso in *tubulo contorto prossimale, ansa di Henle* e *tubulo contorto distale*), terminante in un *dotto collettore*. Nella capsula di Bowmann viene filtrato il sangue e si forma una grande quantità di liquido (l'*ultrafiltrato*), che durante il transito nei tubuli del nefrone si trasforma in ▷ urina, grazie a due importanti processi: *riassorbimento* di acqua, sali e sostanze utili (come zuccheri e amminoacidi), e *secrezione* di sostanze di rifiuto.

nematocisti cellule urticanti presenti nei tentacoli di alcuni celenterati (*Hydra*).

nematodi (*Nematoda*) classe di invertebrati detti anche *vermi cilindrici*; hanno simmetria bilaterale e sono dotati di ▷ *pseudoceloma* che, ripieno di liquido, funge da scheletro idrostatico. I nematodi hanno il corpo rivestito di una cuticola e sono a sessi separati; esistono forme libere, diffuse in ogni tipo di ambiente e numerose forme parassite dell'uomo, degli animali e delle piante. Fra i parassiti dell'uomo ricordiamo le *filarie*, appartenenti ai generi *Wuchereria* e *Dracunculus*.

nematomorfi (*Nematomorpha*) ▷ aschelminti.

nemertini (*Rhyncocoela*) *phylum* di invertebrati vermiformi, lunghi fino ad alcuni metri che vivono sui fondali marini fangosi; sono i più semplici animali il cui intestino è dotato di due aperture (bocca e ano), possiedono una specie di proboscide estroflessibile che utilizzano per catturare le prede.

neoplasia sinonimo di ▷ tumore.

neotenia fenomeno per cui alcuni animali (insetti, anfibi) possono raggiungere la maturità sessuale prima di aver compiuto la ▷ metamorfosi.

neotenina ormone degli insetti che inibisce la metamorfosi e mantiene le caratteristiche larvali.

nervo struttura anatomica formata da fasci di assoni di ▷ neuroni (fibre nervose), accompagnati da vasi sanguigni, racchiusi da una guaina di tessuto connettivo.

nervoso, sistema complesso delle strutture che negli animali pluricellulari permettono di ricevere stimoli dall'organismo e dall'ambiente esterno, li elaborano e trasmettono risposte appropriate agli organi effettori, muscoli o ghiandole. In generale nel sistema nervoso si distinguono tre parti: *organi di senso*, che recepiscono le informazioni dall'ambiente, *sistema nervoso centrale* (*SNC*) che le elabora, e *sistema nervoso periferico* (*SNP*) che trasmette le risposte all'organismo. Mentre nei poriferi (spugne) non esiste un sistema nervoso differenziato, tutti gli altri animali possiedono cellule specializzate per questa funzione, i ▷ neuroni, organizzati in strutture più o meno complesse. Nei celenterati (meduse) è formato da una *rete nervosa* diffusa, mentre nei gruppi più evoluti le cellule nervose tendono a raggrupparsi, e a disporsi nella regione cefalica, cosicché negli invertebrati il SNC è organizzato in masserelle e cordoni specializzati, i *gangli* e le *catene gangliari*. Nei vertebrati, dove il sistema nervoso raggiunge la massima complessità, il SNC è formato dall'▷ encefalo (racchiuso nella scatola cranica) e dal ▷ midollo spinale (contenuto nel canale vertebrale), mentre il SNP è costituito dai nervi che collegano il SNC con tutto l'organismo. Il SNP dei vertebrati comprende due componenti: il *sistema somatico* che innerva i muscoli scheletrici, controllati dalla volontà, e il *sistema autonomo (SNA)*, che innerva la muscolatura involontaria (apparato digerente e cardiocircolatorio) e le ghiandole. Il SNA a sua volta si divide in ▷ *ortosimpatico* e ▷ *parasimpatico*, entrambi innervano gli stessi organi, ma producono effetti opposti: il primo adegua l'organismo alle condizioni di riposo, il secondo è responsabile dello stato di allerta.

nervoso, tessuto tessuto costituito dai ▷ *neuroni*, cellule specializzate per la trasmissione dell'impulso e dalle *cellule gliali*, che circondano i neuroni, li proteggono, ne regolano gli scambi con il sangue e il metabolismo.

nettare soluzione zuccherina secreta da numerose specie di piante.

neuroendocrino, sistema dicitura con cui si fa riferimento al sistema nervoso e al sistema endocrino considerati come strutture strettamente correlate. Ricordiamo che alcune sostanze sono presenti in entrambi i sistemi, per esempio l'adrenalina è prodotta sia dalle ghiandole surrenali che dai neuroni del sistema simpatico. Il lobo posteriore dell'ipofisi (neuroipofisi) è costituito da neuroni, detti cellule neurosecernenti, che rilasciano nel circolo sanguigno le sostanze da loro prodotte. Questi sono esempi della stretta correlazione fra i due sistemi, che sono inoltre collegati dall'azione dell'▷ ipofisi, ghiandola anatomicamente e fisiologicamente connessa all'ipotalamo.

neuroipofisi lobo posteriore dell'▷ ipofisi.

neurone (o cellula nervosa) unità anatomica e funzionale del sistema nervoso, specializzata nella trasmissione dell'▷ impulso nervoso. I neuroni sono formati da un corpo cellulare (*pirenoforo*) contenente il nucleo, dai *dendriti*, prolungamenti citoplasmatici che trasmettono l'impulso in direzione centripeta e dall'*assone* (o *neurite*, o *cilindrasse*), prolungamento cellulare che trasmette l'impulso in senso centrifugo espandendosi in terminazioni detti *bottoni sinaptici*, attraverso i quali l'impulso viene trasmesso a un neurone adiacente (▷ sinapsi). I neuroni del sistema nervoso centrale possono essere *afferenti*, se trasportano gli stimoli dalla periferia al centro (*neuroni sensoriali*) o *efferenti* se portano gli stimoli dal centro verso la periferia (*neuroni motori*, o *motoneuroni*). I neuroni *associativi* mettono in contatto diverse aree del sistema nervoso coordinandone le attività, mentre gli *interneuroni* trasmettono i segnali all'interno di regioni localizzate nel sistema nervoso centrale.

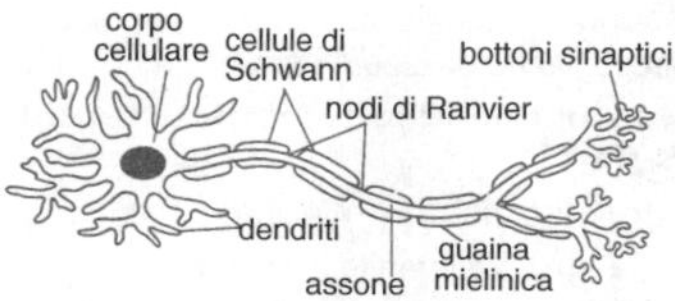

Schema di una tipica cellula nervosa

neurormoni ormoni che vengono prodotti da cellule nervose specializzate e secreti dalle terminazioni nervose nel circolo sanguigno o nei tessuti bersaglio. Per esempio la *vasopressina* e l'*adrenalina* (▷ ormoni).

neurotrasmettitore sostanza che, attraverso la ▷ sinapsi, permette la trasmissione dell'impulso nervoso da un neurone a un altro, o a un organo effettore. Il neurotrasmettitore (come *acetilcolina* o *adrenalina*) è liberato dal neurone presinaptico e agisce legandosi a specifici recettori presenti sul neurone postsinaptico.

neurula stadio dello sviluppo ▷ embrionale caratterizzato dalla formazione del tubo neurale, da cui avranno origine l'encefalo e il midollo spinale.

neurulazione fase dello sviluppo ▷ embrionale che porta alla formazione della *neurula*. Avviene grazie a un ripiegamento della zona centrale dell'ectoderma (piastra neurale) che poi si chiude a formare il tubo neurale, da cui avrà origine il sistema nervoso centrale.

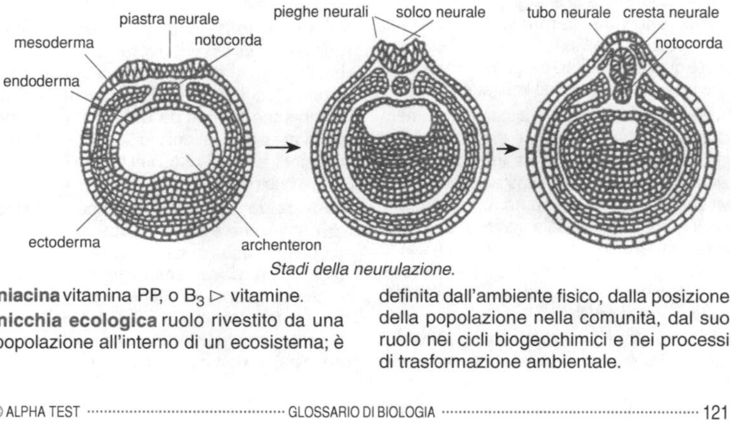

Stadi della neurulazione.

niacina vitamina PP, o B_3 ▷ vitamine.

nicchia ecologica ruolo rivestito da una popolazione all'interno di un ecosistema; è definita dall'ambiente fisico, dalla posizione della popolazione nella comunità, dal suo ruolo nei cicli biogeochimici e nei processi di trasformazione ambientale.

nicotina alcaloide tossico contenuto nel tabacco; viene utilizzato come insetticida.

nicotinammideadenindinucleotide ▷ NAD.

nicotinico, acido (o niacina) ▷ vitamine.

ninfa stadio giovanile di alcuni insetti come le libellule (odonati) e le cavallette (ortotteri), caratterizzato da aspetto simile a quello dell'adulto, tranne che per le ali e gli organi riproduttori che non sono sviluppati. La ninfa subisce una ▷ metamorfosi incompleta, e si trasforma nell'insetto adulto senza passare attraverso lo stadio di pupa.

nitrificazione processo mediante il quale l'azoto organico (NH_3) presente nel suolo, derivante dai resti e dalle escrezioni dei viventi è trasformato in nitriti (NO_2^-) e nitrati (NO_3^-), forme solubili utilizzate dalle piante. È un importante stadio del ciclo dell'▷ azoto, operato da batteri chemioautotrofi (▷ chemioautotrofia) appartenenti ai generi *Nitrosomonas* e *Nitrobacter*, che dall'ossidazione dell'ammoniaca ricavano l'energia necessaria per le funzioni vitali.

noce tipo di ▷ frutto secco indeiscente.

nodo di Ranvier ▷ guaina mielinica.

nodo seno-atriale ▷ *pacemaker*.

noduli radicali tubercoli che si formano sulle radici di alcune piante come risultato della simbiosi fra batteri del suolo fissatori di azoto e le cellule della radice, la pianta fornisce ai batteri una riserva di energia mentre i batteri forniscono alla pianta azoto organico (▷ fissazione dell'azoto). Uno dei casi più noti è quello dei batteri del genere *Rhizobium* che invadono le radici delle leguminose.

nomenclatura binomia sistema di nomenclatura degli esseri viventi ideato nel XVIII secolo da Linneo e tuttora in uso. La posizione di ciascun organismo nel sistema dei viventi viene indicata con due nomi in latino: il primo, con l'iniziale maiuscola, è quello del genere, il secondo, minuscolo, quello della specie. Per esempio la denominazione del lupo è *Canis lupus*, quella dello sciacallo *Canis aureus*.

noradrenalina (o norepinefrina) sostanza con funzione ormonale prodotta dalla porzione midollare delle ghiandole surrenali, presente anche del sistema nervoso (▷ *ortosimpatico*) come neurotrasmettitore. Produce effetti analoghi a quelli dell'▷ adrenalina, e come questa è implicata nella reazione alle situazioni di stress.

norepinefrina sinonimo di noradrenalina.

notocorda struttura di sostegno del corpo degli animali, presente, almeno in una fase della vita, in tutti i ▷ cordati.

nucleasi gruppo di enzimi in grado di scindere gli acidi nucleici in mononucleotidi. Si dividono in *desossiribonucleasi* (*DNAasi*) e *ribonucleasi* (*RNAasi*) a seconda che idrolizzino il DNA o l'RNA, e in *endonucleasi* ed *esonucleasi*, a seconda che inizino il processo idrolitico all'interno della catena polinucleotidica, oppure partendo da un nucleotide terminale.

nucleo organulo della cellula eucariote delimitato da membrana e contenente il materiale genetico (▷ cromosomi) immerso in una matrice detta *nucleoplasma* o *carioplasma* . Nel nucleo oltre al materiale genetico è presente il ▷ nucleolo.

nucleoide regione della cellula procariote, non delimitata da membrana, dove è localizzato il materiale genetico.

nucleolo corpuscolo denso visibile all'interno del nucleo nelle cellule non in divisione, è il luogo della sintesi del RNA ribosomale; in un nucleo possono essere presenti uno o più nucleoli.

nucleoproteine composti presenti nelle cellule degli esseri viventi, formati dalla combinazione di acidi nucleici e proteine. I cromosomi hanno natura nucleoproteica, infatti sono formati da DNA, legato a una porzione proteica, costituita principalmente da istoni; anche i ribosomi hanno composizione nucleoproteica.

nucleoside composto organico costituito da uno zucchero (ribosio o desossiribosio) e da una ▷ base azotata (purinica o pirimidinica). *Citidina* (contenente la base azotata citosina), *guanosina* (contenente guanina), *uridina* (contenente uracile), *timidina* (contenente timina) e *adenosina* (contenente adenina) sono i nucleosidi precursori degli acidi nucleici. Gli esteri fosforici dei nucleosidi, i nucleotidi, e in particolare l'adenosina trifosfato (▷ ATP), poiché contengono legami fosforici altamente energetici, sono di grande importanza nelle reazioni biochimiche di accumulo e liberazione di energia.

nucleosoma unità di base, in cui si condensa la cromatina per formare i ▷ cromosomi, è costituito da 8 molecole di istoni attorno alle quali si avvolge il DNA.

nucleotide composto organico costituito da tre subunità: una ▷ base azotata (purinica o pirimidinica), uno zucchero a 5 atomi di carbonio (ribosio o desossiribosio) e un gruppo fosfato. I nucleotidi sono di grande importanza in quanto rappresentano i monomeri costitutivi degli acidi nucleici (DNA e RNA). Grazie alle reazioni di fosforilazione/idrolisi del tipo ATP/ADP rivestono un ruolo centrale nei processi energetici della cellula, inoltre il l'▷ AMP ciclico è coinvolto, come secondo messaggero, nella trasmissione del segnale ormonale.

nutriente qualsiasi sostanza prelevata dall'ambiente e utilizzata nel metabolismo; ▷ elementi essenziali.

nutrizione funzione di tutti gli organismi viventi che consiste nell'assunzione dall'ambiente delle sostanze necessarie. Gli organismi eterotrofi si nutrono di sostanze di natura complessa, gli alimenti, che sono poi demoliti in composti organici più semplici (digestione) e assimilati dall'organismo. Per gli autotrofi le sostanze nutritive sono rappresentate da composti semplici come anidride carbonica, acqua e sali minerali; ▷ elementi essenziali.

O

occhio organo della vista proprio dei vertebrati; di forma sferica, è avvolto da 3 tonache, la più esterna è la *sclera* (o *sclerotica*), di colore bianco, che anteriormente forma la *cornea*, trasparente. La *coroide*, tonaca intermedia, ricca di vasi sanguigni è dotata di un'apertura anteriore, la *pupilla*, delimitata dall'*iride* un anello di tessuto pigmentato, che si allarga e si restringe regolando la quantità di luce che raggiunge la ▷ *retina*, tonaca più interna formata dalle cellule fotosensibili. *Il cristallino*, è una struttura biconvessa posta dietro l'iride, con la funzione di focalizzare le immagini dirigendo la luce sulla retina; la messa a fuoco sulla retina di oggetti posti a diversa distanza dall'osservatore è resa possibile dalle variazioni di spessore del cristallino, regolate dal *corpo ciliare*, formazione muscolare collegata alla coroide. Un fluido detto *umor vitreo* riempie la massa del bulbo oculare, mentre l'*umor acqueo* riempie lo spazio posto anteriormente al cristallino. Dalle cellule della retina prende origine il nervo ottico che trasmette l'impulso generato dalle cellule fotosensibili al cervello, dove si formano le immagini. Un occhio di questo tipo è presente anche in alcuni invertebrati, come i cefalopodi.

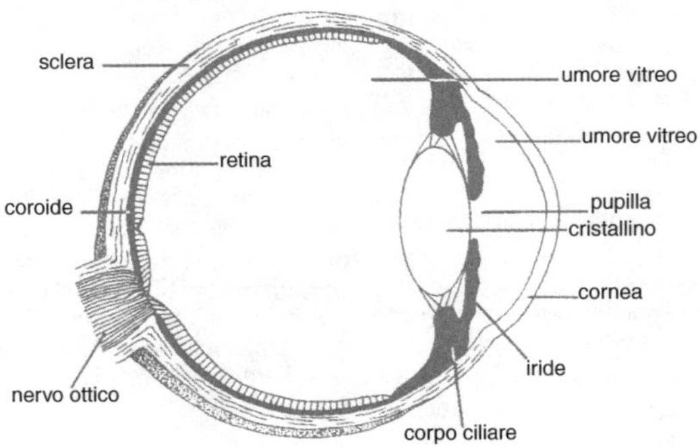

occhio composto struttura che permette la visione negli insetti e nei crostacei. È formato da numerose unità visive, gli *ommatidi*, ciascuna delle quali è costituita da una lente al di sotto della quale si trova un cono cristallino, quindi un gruppo di cellule fotosensibili. L'occhio composto fornisce un'immagine a mosaico che viene integrata dai centri nervosi encefalici.

occhio mediano struttura simile a un occhio, di funzione incerta; è dotata di cristallino e retina, e si trova alla sommità del capo di alcune lucertole e dei ciclostomi.

ocello occhio semplice presente in alcuni insetti e altri invertebrati; è costituito da una lente cuticolare e di uno strato cellulare fotosensibile.

odonati (*Odonata*) ordine di insetti che comprende le libellule. Sono caratterizzati da due grossi occhi composti, torace compatto su cui sono inserite due paia di ali membranose, addome sottile e allungato. Hanno apparato boccale masticatore e si nutrono di altri insetti; sono ottimi volatori e vivono in prossimità dell'acqua dove depongono le uova. Le ▷ ninfe, simili agli adulti e dotate di ali rudimentali, vivono nell'acqua, respirano tramite branchie e si nutrono di piccoli animali acquatici.

odontoblasti cellule del dente deputate alla produzione della dentina.

ofiuroidi (*Ophiuroidea*) classe di ▷ echinodermi.

olfatto senso per mezzo del quale si percepiscono gli odori. I recettori dell'olfatto, distribuiti negli organi olfattori (le narici per i vertebrati, le antenne per molti insetti), sono cellule nervose dotate di una porzione sensibile alle sostanze chimiche odorose, trasportate dall'aria o dall'acqua, e di un prolungamento che trasmette le informazioni all'encefalo tramite il *nervo olfattorio*.

Oligocene epoca del periodo ▷ Terziario.

oligocheti (*Oligochaeta*) classe di ▷ anellidi comprendente il lombrico; hanno il corpo rivestito di poche setole, vivono nel terreno, in mare e nelle acque dolci.

oligoelementi elementi chimici necessari a un organismo in quantità ridotta; sinonimo di microelementi, o ▷ micronutrienti.

oligopeptide polimero costituito da pochi amminoacidi, legati da legami peptidici; ▷ peptide.

oligotrofico termine riferito a corpo idrico (per esempio un lago) dotato di scarsa quantità di nutrienti, quindi in grado di sostenere un basso tasso di formazione di biomassa tramite fotosintesi.

olio miscela di ▷ lipidi, principalmente trigliceridi, liquidi a temperatura ambiente, presenti soprattutto nei vegetali (olio di oliva, olio di semi), e nei pesci (olio di fegato di merluzzo) dove rappresentano un'importante forma di riserva energetica. I trigliceridi presenti nelle piante e nei pesci contengono una quantità di acidi grassi insaturi maggiore rispetto a quelli dei mammiferi, di conseguenza il punto di fusione di queste sostanze è inferiore e si presentano sotto forma di oli piuttosto che di ▷ grassi.

olio essenziale sostanza di origine vegetale dotata di odore caratteristico. Gli oli essenziali (chimicamente principalmente terpeni) sono prodotti dalle piante aromatiche e possono essere estratti con diversi metodi, come spremitura, distillazione, estrazione con solvente, per essere utilizzati in profumeria e in medicina. Ricordiamo per esempio gli oli estratti dagli agrumi, oppure dai fiori del gelsomino o della rosa.

olismo corrente di pensiero nell'ambito della filosofia della scienza secondo la quale i fenomeni complessi (e gli organismi) devono essere studiati tenendo conto della loro totalità, al fine di individuare le leggi che li governano, piuttosto che scindendoli in parti per analizzare le leggi che governano le parti, secondo l'approccio del ▷ riduzionismo.

Olocene epoca del periodo ▷ Quaternario.

oloenzima complesso formato da una proteina enzimatica (*apoenzima*) e dal suo ▷ *cofattore*, necessario per l'attività catalitica dell'enzima stesso.

olostei gruppo di pesci ossei (osteitti) comparsi prima dei ▷ teleostei con scheletro in parte cartilagineo. Attualmente sono presenti con poche specie appartenenti ai due ordini *amiiformi* e *lepidosteiformi*.

oloturoidi (*Holoturoidea*) classe di ▷ echinodermi.

ombrella tipo di ▷ infiorescenza racemosa.

omeostasi mantenimento di un ambiente interno relativamente stabile in un organismo; comprende per esempio il controllo della temperatura corporea e della composizione chimica del sangue.

omeotermia proprietà per cui un animale mantiene costante la propria temperatura corporea, grazie a processi metabolici che contrastano le fluttuazioni della temperatura ambientale. L'omeotermia è tipica degli uccelli (temperatura corporea di 38-40°C) e dei mammiferi (36-38°C). Nell'encefalo è l'ipotalamo che regola la temperatura del sangue e controlla la termoregolazione attraverso nervi e ormoni. In genere gli animali omeotermi (a sangue caldo) sono dotati di pelliccia o piume con funzione isolante.

ominazione insieme degli eventi che si sono susseguiti nel processo di evoluzione dell'uomo. L'uomo appartiene all'ordine dei Primati, comparso circa 60 milioni di anni fa con piccoli animali notturni, arboricoli, dotati di vista frontale e alimentazione insettivora. Le modificazioni più importanti, nel corso dell'evoluzione dell'uomo, sono state l'acquisizione della postura eretta con conseguente liberazione degli arti superiori, il notevole aumento della capacità cranica e lo sviluppo del cervello, assieme a modificazioni della forma della scatola cranica e dei denti. Le più antiche scimmie con caratteri umanoidi risalgono a circa 30 milioni di anni fa e appartengono al gruppo delle *driopitecine* (*Dryopithecus*), scimmie arboricole che si muovevano per brachiazione, spostandosi da un ramo all'altro con le braccia. Questo tipo di movimento ha modificato la conformazione della colonna vertebrale, con cambiamenti importanti per l'acquisizione della postura eretta. Le *ramapitecine* (*Ramapithecus*) vissute fra 14 e 8 milioni di anni fa, quando in vaste zone le foreste furono soppiantate da savane, erano adattate, almeno in parte, alla vita al suolo. I primi ominidi veri e propri, dotati di postura eretta e locomozione bipede, appartengono al genere *Australopitecus*, comparso 4-5 milioni di anni fa, con diversi gruppi, dotati di capacità cranica ancora molto ridotta (circa 500 cm^3). Da un ceppo di *Australopitecus africanus* si pensa che abbia avuto origine il genere *Homo*, caratterizzato da capacità cranica maggiore e modificazione della forma del cranio. L'*Homo habilis*, comparso circa 2,5 milioni di anni fa, aveva capacità cranica pari a circa 780 cm^3 ed era in grado di produrre rudimentali utensili in pietra scheggiata; l'*Homo erectus* (circa 1000 cm^3) comparso 1,8 milioni di anni fa, imparò a utilizzare il fuoco, si organizzò in villaggi e sviluppò il linguaggio. Circa 200.000 anni fa comparve l'*Homo sapiens* (circa 1500 cm^3), prima nella forma *neandertalensis*, organizzato in tribù, con tradizioni e rituali propri, poi nella forma attuale di *Homo sapiens sapiens*, che per primo addomesticò gli animali e sviluppò l'agricoltura, oltre a dedicarsi in modo particolare alle attività artistiche.

ominidi famiglia di primati cui appartiene la specie umana; le principali caratteristiche che li distinguono dalle altre scimmie sono: il notevole sviluppo del cervello; la conformazione della scatola cranica e delle ossa facciali; la presenza di denti più piccoli; lo scheletro modificato per la postura eretta. Oltre al genere *Homo*, appartengono a questa famiglia specie fossili di *Australopitecus*.

ommatidi elementi che costituiscono l'▷ occhio composto.

omodonte termine riferito ad animale che possiede denti tutti dello stesso tipo.

omogametico si dice di sesso determinato da due cromosomi sessuali uguali; per esempio nell'uomo il sesso omogametico è quello femminile, determinato dalla combinazione di due cromosomi X (XX), mentre il sesso maschile (▷ eterogametico) è determinato dalla combinazione XY.

omologia somiglianza tra strutture anatomiche diverse, dovuta alla medesima origine evolutiva e derivazione embriologica, indipendentemente dalla funzione svolta; per esempio la pinna di balena, l'ala di pipistrello e il braccio umano sono organi omologhi; si contrappone ad ▷ *analogia*.

omozigote cellula o organismo, diploide, che, per un particolare carattere, possiede due alleli identici.

oncogène gene modificato, la cui attività trasforma una cellula normale cancerosa (▷ cancro). Geni di questo tipo sono presenti in tutte le cellule, e i loro prodotti sono coinvolti nella regolazione dei meccanismi di divisione cellulare; l'attivazione di un oncogène avviene in seguito a particolari eventi scatenanti, come una mutazione, oppure l'interazione con il genoma di un virus.

oncogeno termine riferito ad agente chimico, fisico o biologico che può causare lo sviluppo del cancro. Si conoscono *agenti oncogeni*, di natura fisica (radiazioni α, radiazioni γ, raggi X, ultravioletti) e chimica (sostanze ▷ mutagene), oltre ad alcuni virus. Fra i virus sono sicuramente oncogeni alcuni retrovirus che si inseriscono nel DNA dell'ospite provocando delle alterazioni; molti dei virus oncogeni portano geni che probabilmente controllano i fenomeni di crescita cellulare (▷ oncogène).

onnivori termine riferito ad animali che si nutrono sia di animali che di vegetali.

ontogenesi insieme dei processi di sviluppo e differenziamento di un organismo dall'uovo all'embrione e agli stadi successivi, fino alla formazione di un individuo adulto.

oocita sinonimo di ▷ ovocita.

oogamia sinonimo di ▷ ovogamia.

oogenesi sinonimo di ▷ ovogenesi.

oogonio sinonimo di ▷ ovogonio.

oomiceti (*Oomycetes*) ▷ muffe d'acqua.

oosfera gamete femminile delle piante; nei diversi gruppi di piante fa parte di strutture diverse, nelle angiosperme è una cellula contenuta nel sacco embrionale, all'interno dell'▷ ovulo.

opercolo in generale indica una struttura mobile, simile a un coperchio, che chiude una cavità. 1) *in botanica* è definito opercolo il coperchio di alcune capsule e dei corpi fruttiferi dei muschi. 2) *in zoologia* l'*opercolo branchiale* è la struttura ossea che chiude la camera che accoglie le branchie.

operone unità genetica costituita da uno o più *geni strutturali*, che codificano per proteine fisiologicamente correlate, un sito *promotore* cui si lega l'enzima RNA polimerasi all'inizio della ▷ trascrizione, e un gene *operatore* cui si può legare una molecola che funge da repressore. Il sito operatore si trova fra il promotore e i geni strutturali, in modo tale che quando il repressore è legato a questo sito la trascrizione non può procedere. La molecola di repressore è codificata da un gene non necessariamente adiacente ai siti che costituiscono l'operone. In un *operone reprimibile* (come l'operone *trp*, per la sintesi di triptofano) il repressore si lega al sito operatore solo quando è presente una molecola specifica che funge da inibitore della trascrizione. In un *operone inducibile* (come l'▷ operone *lac*) la molecola di repressore, normalmente legata al sito operatore, può venire disattivata dal legame con una molecola specifica che funge da induttore della trascrizione.

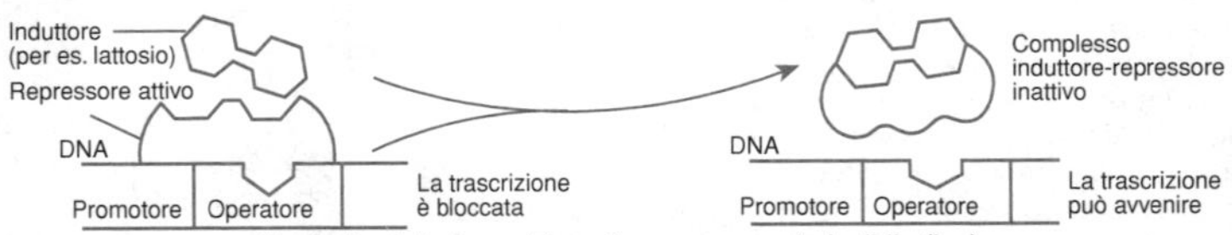

Controllo della trascrizione in un operone inducibile (lac)

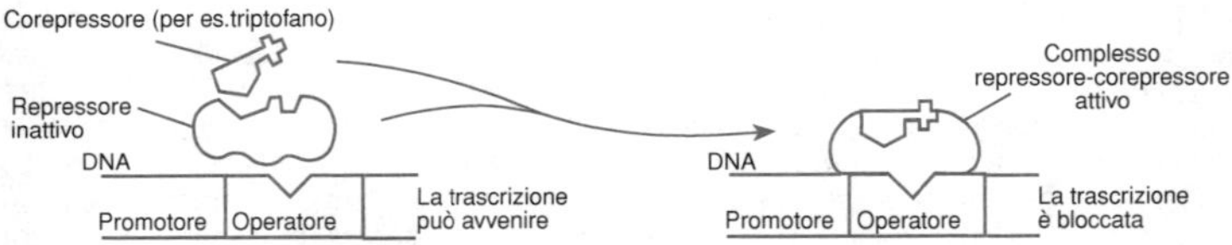

Controllo della trascrizione in un operone reprimibile (trp).

operone lac operone che controlla la sintesi dell'enzima β-galattosidasi in *Escherichia coli*, enzima necessario per la demolizione del lattosio (e quindi per la sua utilizzazione). La comprensione della struttura dell'operone *lac*, definita nel 1961 da Jacob e Monod, è stata di grande importanza e ha permesso di elaborare un modello generale per i meccanismi di controllo dell'espressione dei geni nei procarioti. L'operone *lac*, è un operone inducibile, per cui la presenza nel mezzo di coltura di lattosio (substrato dell'enzima) innesca la trascrizione dei geni che codificano per l'enzima β-galattosidasi, che ne permette l'utilizzazione metabolica.

oppiacei sostanze che contengono alcaloidi dell'oppio o loro derivati (per esempio morfina ed eroina). Gli oppiacei stimolano i recettori per encefaline ed endorfine, sostanze endogene che controllano la percezione del dolore, esercitando un effetto analgesico.

ordine categoria sistematica che comprende famiglie simili; ordini simili sono riuniti nella stessa classe.

Ordoviciano secondo periodo dell'era paleozoica, da 500 a 435 milioni di anni fa, caratterizzato da flora e fauna ancora esclusivamente marine. La flora è costituita da una grande varietà di alghe; la fauna comprende numerosi gruppi di invertebrati, notevolmente diversificati (artropodi giganteschi, ▷ trilobiti, ▷ graptoliti), inoltre compaiono i primi vertebrati, gli ostracodermi, simili a pesci, ma dotati di bocca immobile e corpo protetto da piastre ossee.

orecchio organo dei vertebrati specializzato per il senso dell'udito e dell'equilibrio, tranne nei pesci, in cui funge esclusivamente da organo dell'equilibrio. È composto da tre porzioni: orecchio esterno, orecchio medio e orecchio interno. L'*orecchio esterno*, delimitato internamente dal timpano, è destinato a convogliare le onde sonore verso questa membrana. Le vibrazioni del timpano sono trasmesse agli ossicini dell'*orecchio medio* (*incudine*, *martello* e *staffa*) posti uno di seguito all'altro a collegare il timpano alla *finestra ovale*, membrana che trasmette le vibrazioni all'*orecchio interno*. Nella parte interna dell'orecchio si trova il *labirinto*, sistema di canali ripieni di liquido gelatinoso, organizzato in due strutture distinte: la *chiocciola* (o *coclea)*, organo acustico e il *vestibolo*, organo dell'equilibrio. Nella prima si trova l'*organo del Corti* comprendente cellule ciliate che percepiscono le vibrazioni originate dalle onde acustiche e le trasformano in impulsi nervosi che sono inviati al cervello e riconosciuti come sensazioni acustiche. Nel vestibolo sono presenti piccole concrezioni calcaree che, a seconda della posizione o dei movimenti del capo stimolano in modo diverso alcune cellule ciliate specializzate per la percezione dell'equilibrio.

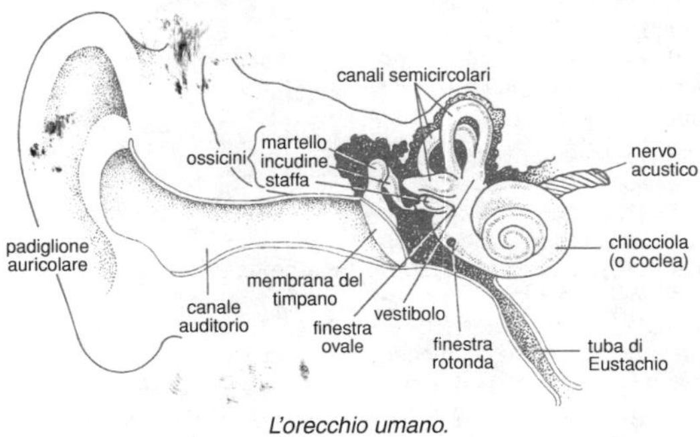

L'orecchio umano.

organicazione insieme delle reazioni biochimiche che portano alla formazione di sostanze organiche a partire da sostanze inorganiche semplici (per esempio la fase oscura della ▷ fotosintesi).

organismo ogni essere vivente; in genere si considerano proprietà caratteristiche degli organismi l'accrescimento, la capacità di reagire agli stimoli e la capacità di riprodursi.

organo struttura differenziata propria di un organismo animale o vegetale, costituita da cellule e tessuti differenziati, destinata allo svolgimento di una o più funzioni specifiche; sono organi, per esempio, il cuore e gli occhi, le foglie e i fiori.

organo del Corti struttura dell'▷ orecchio interno.

organo elettrico organo presente nel corpo o nella coda di alcuni pesci, come la torpedine (*Torpedo*), in grado, se toccato, di produrre una scossa elettrica. È formato da cellule muscolari modificate in cui la stimolazione nervosa crea una notevole differenza di potenziale; viene utilizzato per stordire le prede o per difendersi dai predatori.

organogenesi fase dello sviluppo di un organismo in cui si formano gli organi.

organo di senso organo di un animale che contiene *recettori*, cioè cellule sensibili a stimoli specifici. Un organo di senso (come l'occhio, o l'orecchio) raccoglie gli stimoli esterni e li invia al cervello dove sono integrati e viene elaborata una risposta.

organulo (o organello) struttura ("piccolo organo") presente all'interno delle cellule eucariote, specializzata per lo svolgimento di una determinata funzione, come per esempio i mitocondri e l'apparato di Golgi.

origine della vita processo attraverso il quale si sono originati esseri viventi a partire da sostanza non vivente, iniziato secondo le attuali conoscenze, con la *sintesi abiotica* delle sostanze biochimicamente importanti. Molto probabilmente l'atmosfera primitiva era costituita di metano (CH_4), ammoniaca (NH_3), idrogeno (H_2) e vapore d'acqua, composti inorganici che hanno fornito il carbonio, l'idrogeno, l'azoto e l'ossigeno necessari per la formazione, avvenuta spontaneamente, di semplici molecole organiche. L'energia per la formazione di questi legami chimici sarebbe stata fornita dalla radiazione solare, dai fulmini, dal decadimento radioattivo e dall'attività vulcanica, allora intensissima. Questa teoria è stata verificata negli anni Cinquanta del XX secolo da Stanley Miller, il quale, simulando in laboratorio le condizioni che si pensa esistessero sulla Terra primitiva ha realizzato la sintesi di amminoacidi, monosaccaridi, nucleotidi e lipidi. Questi composti si sarebbero uniti a formare polimeri (*evoluzione chimica*), i quali, a loro volta, si sarebbero aggregati per dare goccioline colloidali, i *coacervati*, dotate di una membrana lipidica che le separava dall'ambiente esterno e capaci di compiere al proprio interno reazioni enzimatiche. Si ritiene che i primi veri e propri organismi viventi, risalenti a circa 3,5 miliardi di anni fa, fossero simili agli attuali ▷ archebatteri, anaerobi autotrofi chemiosintetici, molto primordiali.

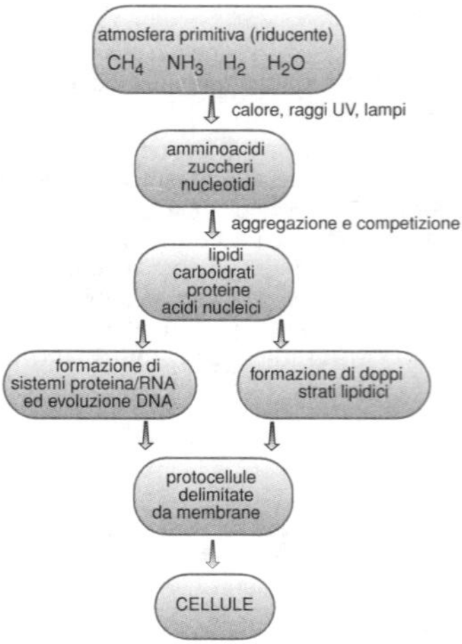

La comparsa dei primi batteri fotosintetici viene fatta risalire a circa 3 miliardi di anni fa (▷ stromatoliti) e da questo momento, con la fotosintesi, è comparso l'ossigeno (O_2) nell'atmosfera terrestre che originariamente ne era priva. La comparsa dell'ossigeno ha avuto due importanti conseguenze: la nascita del metabolismo aerobico (▷ respirazione cellulare) e la formazione dello strato di ozono (▷ ozonosfera) che protegge i viventi dalle radiazioni ultraviolette (molto dannose) provenienti dal Sole. Il primo organismo eucariote è comparso probabilmente 1,2-1,4 miliardi di anni fa come forma di endosimbiosi (teoria ▷ endosimbiotica) fra microrganismi procarioti, mentre a partire da circa 700 milioni di anni fa compaiono organismi pluricellulari (▷ Precambriano).

ormoni sostanze prodotte dalle ghiandole endocrine che, immesse (in piccolissima quantità) nel circolo sanguigno, sono in grado di agire sugli organi bersaglio, distanti dalla ghiandola d'origine, legandosi a specifici recettori posti sulle cellule degli organi stessi. Gli ormoni possono innescare la sintesi di determinate proteine, attivare un enzima, stimolare la crescita di un tessuto ecc. Dal punto di vista chimico esistono due principali categorie di ormoni: *steroidei* (cortisolo, aldosterone e ormoni sessuali) oppure *peptidici* (ormoni dell'ipotalamo, della tiroide e del pancreas) o *proteici* (ormoni ipofisari). I primi attraversano la membrana cellulare, si legano a recettori intracellulari e qui innescano specifiche reazioni; i secondi non attraversano la membrana cellulare, si legano a recettori di membrana e agiscono tramite un composto intracellulare, che funge da *secondo messaggero*, in molti casi ▷ AMP ciclico. La tabella seguente riporta i principali ormoni della specie umana, le ghiandole che li producono e i loro effetti.

GHIANDOLA	ORMONI	EFFETTI
ipotalamo	vasopressina o ormone antidiuretico (ADH)	regola la concentrazione dei fluidi corporei, stimolando il riassorbimento di acqua nel rene e la produzione di urina concentrata
	ossitocina	stimola la produzione e la secrezione di latte da parte della ghiandola mammaria e le contrazioni uterine che si verificano durante il parto
	fattori di rilascio e di inibizione	regolano (stimolandolo oppure inibendolo) il rilascio degli ormoni prodotti dall'adenoipofisi
ipofisi (adenoipofisi)	ormone follicolostimolante (FSH)	agisce sulle gonadi stimolando la maturazione del ▷ follicolo ovarico e la secrezione di estrogeni, nelle femmine, la ▷ spermatogenesi nei maschi
	ormone luteinizzante o luteotropina (LH)	agisce sulle gonadi stimolando la formazione del ▷ corpo luteo nelle ovaie della femmina, e la produzione di testosterone da parte del testicolo, nel maschio
	ormone tireotropo o tireotropina (TSH)	stimola la proliferazione delle cellule della tiroide e il rilascio degli ormoni tiroidei (tiroxina e triiodotironina)
	ormone della crescita o somatotropina (GH)	influisce in modo complesso sul metabolismo del glucosio, stimola la sintesi proteica e la crescita delle ossa; la carenza determina statura bassa, ma proporzionata, e ritardo mentale; un eccesso è causa di gigantismo
	ormone adrenocorticotropo (ADH)	stimola la parte corticale delle ghiandole surrenali a produrre cortisolo (glucocorticoidi) e aldosterone
	prolattina	stimola la produzione e la secrezione del latte da parte delle ghiandole ▷ mammarie

GHIANDOLA	ORMONI	EFFETTI
tiroide	tiroxina e triiodotironina	entrambi gli ormoni attivano il metabolismo e l'accrescimento, stimolando il consumo di ossigeno da parte dei tessuti, la produzione di calore, i processi di biosintesi
	calcitonina	inibisce la liberazione di calcio da parte delle ossa, riducendo la sua concentrazione nel sangue
paratiroidi	paratormone o ormone paratiroideo	stimola il riassorbimento di calcio a livello renale e intestinale, e la liberazione di calcio dalle ossa, determinando aumento del tasso di calcio nel sangue
midollare surrenale	adrenalina e noradrenalina	agiscono su diversi organi preparando l'organismo all'azione: stimolano l'attività cardiaca, l'irrorazione sanguigna ai muscoli, la funzione respiratoria
corticale surrenale	glucocorticoidi (cortisolo, cortisone)	regolano il metabolismo dei carboidrati e dei grassi; fanno aumentare la glicemia; hanno effetti antinfiammatori
	aldosterone	regola l'equilibrio idrico-salino, in particolare aumenta il riassorbimento di sodio (Na^+) e acqua nel rene
pancreas	insulina	abbassa il livello di glucosio nel sangue favorendone l'assorbimento; stimola la sintesi di glicogeno nel fegato; inibisce la degradazione dei grassi e ne favorisce l'accumulo
	glucagone	fa aumentare il livello di glucosio nel sangue, stimolando la demolizione del glicogeno a glucosio
ovaie	estrogeni	stimolano la comparsa dei caratteri sessuali, regolano, insieme al progesterone, la dinamica del ▷ ciclo mestruale, stimolando l'ispessimento della mucosa uterina
	progesterone	regola il ciclo mestruale favorendo l'ispessimento della mucosa uterina, in preparazione a un'eventuale gravidanza; inibisce il verificarsi di un'altra ovulazione
testicolo	testosterone (androgeni)	controlla la formazione dei testicoli e dei caratteri sessuali secondari maschili, stimola la spermatogenesi e ha effetto anabolizzante
epifisi	melatonina	regola l'*orologio biologico*, in relazione allo sviluppo delle gonadi, e all'andamento dei cicli riproduttivi

orologio biologico meccanismo, probabilmente presente in numerosi organismi viventi, che controlla i fenomeni comportamentali e fisiologici che mostrano andamenti periodici regolari. Gli orologi biologici si uniformano ai ritmi giorno/notte, a quelli delle maree oppure a ritmi annuali; continuano, tendendo a sfasarsi, anche in assenza dello stimolo che li genera.

ortosimpatico (o simpatico) componente del sistema ▷ nervoso autonomo dei vertebrati che prepara l'organismo allo stato di allerta: accelera il battito cardiaco e aumenta l'irrorazione sanguigna ai muscoli, provoca vasocostrizione periferica e migliora la funzione respiratoria, mentre inibisce le funzioni digestive ed escretorie. I neurotrasmettitori tipici sono l'*adrenalina* e la *noradrenalina* (fibre adrenergiche).

ortotteri (*Orthoptera*) ordine di insetti comprendente le cavallette; sono dotati di corpo allungato, capo grosso e poco mobile, ali anteriori coriacee (*tegmine*) e ali posteriori membranose, a volte ridotte, o assenti. Le zampe posteriori sono adatte al salto; l'apparato boccale è masticatore e generalmente si nutrono di vegetali. Gli adulti sono dotati di *organi stridulanti* che emettono suoni caratteristici. Hanno sessi separati; la metamorfosi è incompleta e la larva è simile all'adulto, dal quale differisce per le minori dimensioni e l'assenza di ali. Sono diffusi un po' dovunque, in particolare nelle regioni calde; a volte, come nel caso della locusta, presentano la tendenza a vivere in gruppi anche di proporzioni notevoli.

osmoregolazione regolazione della quantità di acqua e della concentrazione dei sali nel corpo di un animale. Negli animali di acqua dolce i meccanismi di osmoregolazione devono opporsi alla tendenza ad assumere acqua per osmosi, quindi sono presenti organi di escrezione che permettono di eliminare grandi quantità di acqua; negli animali marini invece esiste il problema opposto, quindi sono presenti meccanismi utili a trattenere l'acqua ed eliminare sali. Negli animali che vivono in ambiente terrestre i ▷ reni permettono di eliminare le sostanze di rifiuto, senza che questo comporti una eccessiva perdita d'acqua.

osmosi diffusione di acqua attraverso una membrana ▷ semipermeabile da una regione a bassa concentrazione di soluti a una regione con alta concentrazione di soluti. Le soluzioni separate da una membrana semipermeabile tendono spontaneamente a raggiungere la stessa concentrazione, tramite il passaggio di acqua dalla più diluita alla più concentrata. Viene definita *pressione osmotica* la pressione necessaria per arrestare questo flusso, quando la soluzione in esame è confrontata con il solvente puro. La pressione osmotica (π) è caratteristica di una data soluzione e dipende esclusivamente dal numero di particelle presenti in soluzione, non dalla loro natura. Poiché le membrane biologiche sono semipermeabili l'osmosi è il principale meccanismo per la distribuzione dell'acqua all'interno degli organismi viventi.

ospite in una relazione di *parassitismo* è l'organismo che fornisce nutrimento e protezione a un altro organismo, il parassita.

ossalico, acido acido organico bicarbossilico (HOOC–COOH) presente in natura sotto forma di sali di calcio, di sodio, o di magnesio, in alcune alghe, funghi, felci e graminacee.

osseo, tessuto tessuto ▷ connettivo solido che costituisce lo scheletro della maggior parte dei vertebrati. È formato una sostanza intercellulare prodotta da cellule specifiche, gli *osteoblasti*, contenente fibre collagene e altre sostanze proteiche. Questa a maturità è resa rigida dalla deposizione di minerali di calcio e fosforo mentre le cellule rimangono immerse nella matrice sotto forma di *osteociti*. Il *tessuto osseo compatto* (presente nelle diafisi delle ossa lunghe e nei tavolati esterni delle ossa piatte), è costituito dagli *osteoni*, strutture formate da strati concentrici di tessuto osseo strettamente appressati a circondare sottili canali, i *canali di Havers*, che ospitano le diramazioni dei vasi sanguigni. Il *tessuto osseo spugnoso* (presente nelle ossa corte, nelle estremità delle ossa lunghe e all'interno delle ossa piatte) è costituito da una rete di trabecole ossee fra cui sono comprese ampie lacune.

ossicini gruppo di 3 piccole ossa presenti nell'▷ orecchio medio.

ossidante sostanza che in una reazione di ▷ ossidoriduzione acquista elettroni; il termine è riferito di solito a sostanze che tendono facilmente a ridursi.

ossidazione ▷ ossidoriduzione.

ossidoriduzione reazione di *scambio di elettroni*, composta da due semireazioni: un'*ossidazione*, in cui la specie chimica che si ossida cede elettroni (il suo numero di ossidazione aumenta) e una *riduzione*, in cui un'altra specie chimica si riduce acquistando un numero di elettroni pari a quelli rilasciati dalla specie che si ossida (il suo numero di ossidazione diminuisce). In passato erano definite ossidazioni le reazioni in cui una sostanza reagiva con l'ossigeno, e si formava un composto contenente una maggior quantità di questo elemento, mentre erano definite riduzioni le reazioni in cui una sostanza perdeva ossigeno. Spesso infatti in biochimica quando un elemento si ossida acquista ossigeno e perde idrogeno (*deidrogenazione*), mentre un composto che si riduce perde atomi di ossigeno e acquista idrogeno. Per esempio nel corso della fotosintesi, riassunta dall'equazione chimica

$$6\,CO_2 + 6H_2O \rightarrow C_6H_{12}O_6 + 6\,O_2$$

l'anidride carbonica (CO_2) è ridotta a glucosio ($C_6H_{12}O_6$), acquistando idrogeno mentre l'acqua (H_2O), ossidata, si trasforma in ossigeno molecolare (O_2). Negli organismi viventi le reazioni di demolizione delle molecole organiche, che producono energia, sono ossidazioni, mentre le reazioni di sintesi di biomolecole sono reazioni di riduzione.

ossificazione processo di formazione del tessuto ▷ osseo, ad opera degli osteoblasti.

ossigeno (O) l'elemento più abbondante sul pianeta, presente libero (O_2) nell'atmosfera, di cui (nello strato prossimo alla superficie terrestre) costituisce il 21% in volume, e combinato nei minerali della crosta terrestre. Elemento essenziale per i viventi, l'ossigeno è contenuto in tutti i tipi di molecole biologiche (proteine, carboidrati, lipidi, e acidi nucleici) ed è indispensabile per tutti gli organismi aerobici, che ricavano energia tramite la respirazione. L'ossigeno libero non era presente nell'atmosfera primitiva ed è comparso in seguito all'attività degli organismi fotosintetici (▷ origine della vita).

ossitocina ▷ ormoni.

osso organo rigido, altamente calcificato, che partecipa alla formazione dello scheletro, impalcatura di sostegno dei vertebrati. Le ossa possono essere *lunghe*, *brevi* e *piatte*. Le ossa lunghe (come quelle degli arti) sono formate da un tratto centrale (*diafisi*) di tessuto ▷ osseo compatto e due estremità (*epifisi*) di tessuto osseo spugnoso. Le ossa piatte, come per esempio le scapole, sono formate da due tavolati di tessuto osseo compatto contenenti uno strato interno di tessuto osseo spugnoso; le ossa brevi (come le falangi o le vertebre) sono formate da tessuto osseo spugnoso, circondato da un sottile strato di tessuto osseo compatto. Il tessuto osseo spugnoso che forma le epifisi delle ossa lunghe e l'interno delle ossa piatte contiene *midollo osseo rosso*, con funzione emopoietica (▷ emopoiesi).

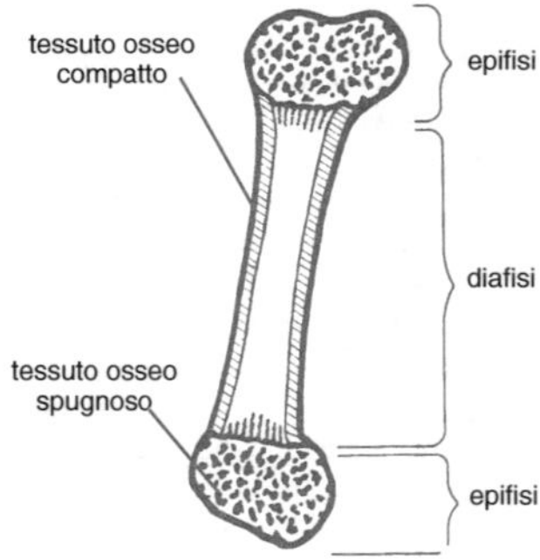

osteitti (*Ostheichthyes*) classe di vertebrati che comprende i pesci ossei, animali marini o d'acqua dolce dotati di scheletro osseo. La superficie del corpo è rivestita di squame embricate ricoperte da un sottile strato mucoso; respirano tramite branchie e le aperture branchiali sono coperte da un opercolo osseo. Gli osteitti sono dotati di *vescica natatoria*, un organo idrostatico che consente all'animale di rimanere sospeso nell'acqua e in alcune specie (*dipnoi*) ha anche funzione respiratoria. Sono suddivisi in due sottoclassi: *sarcopterigi* e *attinotterigi*; al primo gruppo appartengono due ordini, i *crossopterigi*, con il ▷ celacanto come unica specie vivente e i ▷ *dipnoi*; la sottoclasse degli attinotterigi comprende tutti gli altri pesci viventi.

osteoblasti cellule che producono la matrice del tessuto ▷ osseo.

osteoclasti cellule che demoliscono il tessuto ▷ osseo.

ostracodermi primi vertebrati di cui si conoscono resti fossili, sono animali marini comparsi circa 440 milioni di anni fa, nell'Ordoviciano, poi diffusi nel Siluriano e nel Devoniano (fino a circa 350 milioni di anni fa). Simili a pesci, ma dotati di bocca immobile, appartengono al gruppo degli ▷ agnati.

otoliti granuli di carbonato di calcio contenuti nell'orecchio interno con funzione relativa al senso dell'equilibrio.

ovaia ognuno dei due organi riproduttivi femminili, in cui sono prodotte le cellule uovo (▷ ovogenesi). Ciascuna ovaia, posta in prossimità di un ovidotto, contiene, nella porzione periferica, numerosi *follicoli ovarici,* corpuscoli rotondeggianti in cui si sviluppano le uova, che vengono successivamente liberate seguendo un ciclo sottoposto a regolazione ormonale (▷ *ciclo mestruale*). Oltre alle cellule uovo le ovaie producono *estrogeni* e *progesterone*, ormoni che controllano il ciclo mestruale e i caratteri sessuali secondari femminili.

ovario parte del ▷ fiore contenente gli ovuli.

ovidotto negli animali è il canale attraverso il quale le cellule uovo sono trasferite dalle ovaie all'esterno o in un'altra parte del sistema riproduttivo.

oviparità modalità riproduttiva in cui le uova fecondate sono deposte dalla madre e si schiudono all'esterno del suo corpo; è la modalità principale per tutti i gruppi di animali, tranne i mammiferi placentati.

ovocita (o oocita) forma immatura del gamete femminile; ▷ ovogenesi.

ovogamia (o oogamia) tipo di riproduzione sessuata, molto diffuso, che prevede la fusione di un gamete femminile più grande e immobile e di uno maschile, piccolo e mobile.

ovogenesi (o oogenesi) gametogenesi femminile, porta alla formazione di cellule uovo mature e avviene nelle ovaie. Gli *ovogoni* (2*n*), cellule specializzate delle ovaie, si differenziano in potenziali cellule uovo, gli *ovociti primari* (2*n*) che vanno incontro alla prima divisione meiotica con produzione di due cellule aploidi di dimensioni diverse: un *ovocita secondario* e un *globulo polare*. Quest'ultimo può andare incontro a una seconda divisione, formando due nuovi globuli polari, oppure degenerare e morire, mentre l'ovocita secondario va incontro alla seconda divisione meiotica, producendo una cellula uovo e un altro piccolo globulo polare.

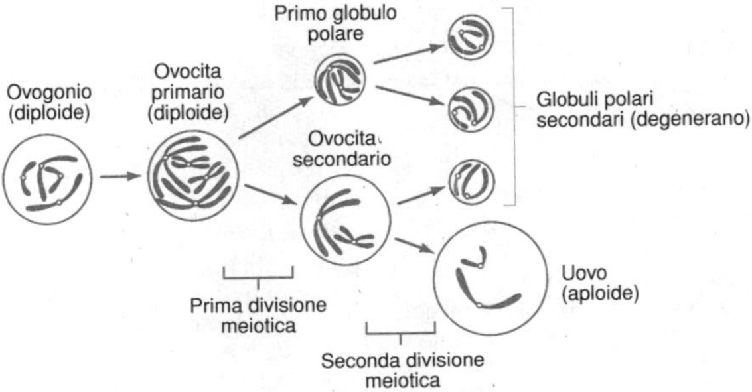

L'ovogenesi.

ovogonio (o oogonio) cellula riproduttiva femminile immatura; ▷ ovogenesi.

ovopositore organo per deporre le uova situato all'estremità posteriore dell'addome delle femmine di alcuni insetti; il pungiglione delle api e delle vespe è un ovopositore modificato.

ovoviviparità modalità riproduttiva in cui le uova fecondate si sviluppano e si schiudono all'interno dell'ovidotto della madre; si verifica in alcuni gruppi di invertebrati ma anche in alcuni pesci e rettili (per esempio la vipera).

ovulazione processo tipico dei mammiferi, che consiste nella rottura del ▷ follicolo ovarico maturo, con liberazione della cellula uovo che passa nell'ovidotto, e può essere fecondata.

ovulo 1) *in botanica*, struttura riproduttiva delle spermatofite (piante con semi). Nelle gimnosperme l'ovulo è portato da uno sporofillo; nelle angiosperme è contenuto nell'ovario (▷ fiore), ed è formato dalla *nucella*, la parte più abbondante, dal ▷ *sacco embrionale*, contenente la cellula uovo, e i tegumenti. Dopo la fecondazione l'ovulo si trasforma nel ▷ seme. 2) *in zoologia*, termine usato raramente per indicare la cellula uovo, il gamete femminile.

ozonosfera strato atmosferico contenente elevate quantità di ozono, situato ad un'altitudine compresa fra 15 e 50 km dalla superficie terrestre. Le molecole di ozono assorbono la radiazione ultravioletta proveniente dal Sole, in questo modo lo strato di ozono protegge gli organismi che vivono sulla terra dall'effetto dannoso (▷ mutageno) di queste radiazioni. Studi recenti hanno dimostrato l'esistenza di rarefazioni (*buchi*) nell'ozonosfera, probabilmente associati al rilascio di ▷ clorofluorocarburi nell'atmosfera.

P

pacemaker 1) termine inglese che indica la regione del cuore in cui si genera spontaneamente l'eccitazione nervosa che permette la contrazione, detto anche *nodo seno-atriale*. 2) apparecchio elettronico miniaturizzato, usato per regolarizzare il battito cardiaco, stimolando ritmicamente i ventricoli del cuore; lo stimolo si ottiene inviando impulsi ritmici di corrente tramite elettrodi applicati al cuore.

padiglione auricolare espansione cartilaginea, annessa all'▷ orecchio di alcuni mammiferi utile per dirigere le onde sonore nel meato acustico.

paleobotanica ▷ paleontologia.

Paleocene epoca del periodo ▷ Terziario.

paleoclimatologia disciplina che studia il clima terrestre tenendo conto delle modificazioni subite nel corso delle ere geologiche; si basa in gran parte sullo studio dei fossili e dei sedimenti depositati nei diversi momenti.

paleoecologia disciplina che, attraverso l'analisi dei fossili, studia le condizioni ecologiche del passato, cioè le relazioni esistenti tra gli organismi e tra questi e l'ambiente.

paleontologia disciplina che studia gli organismi estinti, tramite l'analisi dei fossili. La *paleontologia generale* tratta i problemi relativi alla fossilizzazione, alla successione temporale dei fossili, e alla datazione relativa dei terreni (*paleontologia stratigrafica*), utilizza i fossili per la ricostruzione di antichi ambienti (*paleoecologia*) e della geografia del passato (*paleogeografia*). La *paleontologia sistematica* è rivolta alla classificazione degli organismi fossili, e comprende la *paleozoologia,* riguardante gli animali, la *paleobotanica*, riguardante le piante e la *paleoantropologia* che si occupa dell'uomo.

Paleozoico (o era primaria) era geologica compresa fra 570 e 225 milioni di anni fa, durante la quale la flora e la fauna hanno occupato le terre emerse e si sono differenziate in specie sempre più evolute. Il Paleozoico è suddiviso in sei periodi: ▷ Cambriano, ▷ Ordoviciano, ▷ Siluriano, ▷ Devoniano, ▷ Carbonifero e ▷ Permiano.

paleozoologia ▷ paleontologia.

palinologia disciplina che studia i pollini e le spore fossili, fornendo indicazioni sulla flora dominante in dato periodo, utili per la ricostruzione del paleoclima; trova applicazioni in archeologia e nella geologia del petrolio.

pancreas grossa ghiandola dei vertebrati annessa all'apparato ▷ digerente. Il pancreas è formato da una componente esocrina, e una endocrina (le *isole di Langerhans),* dispersa nel tessuto esocrino. Il pancreas esocrino produce il *succo pan-*

creatico, che viene riversato nel duodeno e contiene enzimi digestivi, per la demolizione dei lipidi (lipasi), dei carboidrati (amilasi) e delle proteine (proteasi), fra cui *chimotripsinogeno* e *tripsinogeno*, forma inattiva degli enzimi proteolitici *chimotripsina* e *tripsina*. Le cellule delle isole di Langerhans, a funzione endocrina, producono gli ormoni *insulina* e *glucagone*, regolatori del livello di glucosio nel sangue (▷ ormoni).

Pangea grande massa continentale, esistente all'inizio del Mesozoico (circa 200 milioni di anni fa) dalla cui frammentazione si sono formati i continenti attuali; ▷ deriva dei continenti.

pantotenico, acido vitamina B_5; ▷ vitamine.

papovavirus gruppo di virus a DNA che provocano tumori nei loro ospiti; i *virus del papilloma* causano verruche in tutti i vertebrati, mentre i *virus del polioma* causano tumori in alcuni vertebrati, ma non nell'uomo.

pappo struttura formata da un insieme di peli piumosi, che accompagnano il seme di alcune piante (per esempio il dente di leone) e ne facilitano la dispersione.

parasimpatico componente del sistema ▷ nervoso autonomo che promuove le funzioni vegetative, adeguando l'organismo allo stato di riposo: rallenta il battito cardiaco, induce vasodilatazione e stimola l'attività dell'apparato digerente. Il neurotrasmettitore caratteristico è l'*acetilcolina* (fibre colinergiche).

parassita organismo che, in una relazione di *parassitismo*, vive a spese di un altro, detto ospite.

parassitismo associazione in cui un organismo, il *parassita*, vive sulla superficie (*ectoparassitismo*) o all'interno del corpo (*endoparassitismo*) di un altro individuo, l'*ospite*, dal quale trae nutrimento, procurandogli effetti nocivi, ma senza ucciderlo. I parassiti possono danneggiare l'ospite in modo più o meno grave, ma non risultano mai immediatamente fatali, perché la morte dell'ospite li priverebbe della fonte di cibo. Questi organismi hanno spesso un ciclo vitale complesso e specializzato che può interessare uno o più ospiti; i parassiti obbligati possono sopravvivere e riprodursi solo conducendo vita parassitaria, i facoltativi possono vivere anche come saprofiti. Fra gli organismi parassiti dell'uomo le pulci e i pidocchi sono ectoparassiti, numerosi virus, batteri e protozoi sono endoparassiti, come pure alcuni platelminti, per esempio *Tenia solium*, che vive all'interno dell'intestino.

paratiroidi ghiandole endocrine associate alla tiroide; secernono l'ormone paratiroideo, o *paratormone* (▷ ormoni).

paratormone (o **ormone paratiroideo**) ▷ ormoni.

parazoi (*Parazoa*) sottoregno del regno animale, comprendente organismi molto semplici, privi di simmetria e privi di tessuti veri e propri; l'unico *phylum* attribuito a questo gruppo è quello dei *poriferi* (spugne).

parenchima tessuto vegetale di tipo *fondamentale*, costituito da cellule grandi, ricche di protoplasma, dotate di parete non lignificata, inframezzate da frequenti spazi intercellulari. Diffuso in tutte le parti della pianta, può essere specializzato per diverse funzioni: si trova nelle foglie e nel fusto delle piante giovani (tessuti verdi) come *parenchima clorofilliano*, con cellule ricche di cloroplasti; nei semi e nei tuberi come *parenchima di riserva*, con cellule ricche di amiloplasti, organuli infarciti di amido.

parenchima acquifero tessuto vegetale caratteristico delle piante succulente (▷ xerofite) formato da cellule che possono trattenere grandi quantità di acqua.

parenchima aerifero (o **aerenchima**) tessuto vegetale tipico di molte piante acquatiche, caratterizzato da ampie lacune piene d'aria che facilitano la respirazione dei tessuti e talvolta il galleggiamento.

parete cellulare rivestimento esterno rigido delle cellule, presente nelle alghe, nelle piante, nei funghi e nei batteri. Nelle piante è formato prevalentemente da cellulosa, nei funghi da chitina e nei batteri da acido muramico (zucchero acido). La parete delle cellule dei tessuti di conduzione e sostegno (▷ xilema, ▷ sclerenchima) è resa più resistente dalla presenza di lignina.

partenocarpia processo per cui un frutto si sviluppa senza che si sia verificata la fecondazione degli ovuli.

partenogenesi forma di riproduzione in cui un individuo si sviluppa da un uovo senza che questo sia fecondato da uno spermatozoo. Si verifica sporadicamente in numerose piante e in qualche animale, mentre per alcune specie è la modalità riproduttiva più importante. In alcuni casi si tratta di partenogenesi *facoltativa* (nelle api, nei rotiferi, negli acari), in altri invece è *obbligatoria*, in alcune specie di afidi, per esempio, i maschi sono molto rari o assenti e dalle uova si sviluppano per partenogenesi individui di sesso femminile.

parto processo fisiologico che, al termine dello sviluppo embrionale, consiste nell'espulsione dell'embrione e degli annessi embrionali.

pastorizzazione trattamento utilizzato per la conservazione di alimenti liquidi che si realizza sottoponendo il prodotto all'azione del calore. Il calore viene utilizzato per distruggere i microrganismi patogeni, ma una temperatura molto alta, oppure mantenuta per tempi molto lunghi, altera le caratteristiche organolettiche e nutrizionali del prodotto. Per evitare queste alterazioni sono adottati diversi metodi: un alimento può essere portato a 80-95°C per 2-3 minuti, o a 65° C per 30 minuti, oppure secondo tecniche più recenti, viene portato a 72-85°C per 5-30 secondi, e successivamente raffreddato. Il latte subisce di solito il trattatamento di ▷ stassanizzazione.

patogeno termine riferito a qualsiasi organismo che provoca malattie.

pecilotermi sinonimo di eterotermi (▷ eterotermia).

pectine gruppo di polisaccaridi composti principalmente da zuccheri acidi (▷ carboidrati); sono importanti costituenti delle pareti vegetali e della ▷ lamella mediana, dove si trovano generalmente in forma insolubile, mentre nella polpa dei frutti sono presenti in forma solubile. Poiché queste sostanze in acqua formano gel forti e stabili sono utilizzate per preparare gelatine e marmellate.

pedogenesi riproduzione per ▷ partenogenetica di un animale ancora allo stadio larvale, tipica di alcuni insetti e vermi.

pedologia disciplina che studia l'origine, la struttura e la composizione chimica dei suoli, soprattutto in vista della loro utilizzazione agricola.

pelagico termine riferito ad organismo che vive in ambiente acquatico, senza essere ancorato al substrato; gli organismi pelagici che galleggiano o si lasciano trasportare dall'acqua costituiscono il *plancton,* quelli che nuotano il *necton*; si contrappone a ▷ bentonico.

peli 1) *in zoologia*, strutture filiformi formate da cellule cheratinizzate che sono prodotte dall'epidermide nella pelle dei mammiferi. Ciascun pelo è costituito da una parte esterna, lo *stelo*, e una interna, il *bulbo*, impiantato in una fossetta della pelle (*follicolo pilifero),* alla cui base si originano le cellule del pelo. I peli contribuiscono alla regolazione della temperatura corporea ostacolando la dispersione del calore. In numerosi animali la distribuzione dei peli rappresenta un carattere sessuale secondario; sono spesso pigmentati, con una grande varietà di colori. 2) *in botanica,* strutture filiformi che si originano come estroflessioni di cellule dell'epidermide di alcune piante. Nelle parti aeree, come fusto e foglie, hanno funzione protettiva, secretiva, oppure evitano una traspirazione eccessiva; le cellule epidermiche della radice formano invece i *peli radicali*, estroflessioni coinvolte nell'assorbimento di acqua e sali dal terreno.

pelle (o cute), strato continuo che riveste il corpo di un vertebrato. È formata da due strati: l'▷ *epidermide* esternamente e il *derma* in profondità, strato di connettivo riccamente innervato e vascolarizzato. È connessa agli organi sottostanti dal *tessuto connettivo sottocutaneo*, contenente cellule adipose, con funzione isolante e amortizzante. La pelle protegge il corpo da lesioni meccaniche, dall'attacco da parte di microrganismi, dalla perdita d'acqua ecc. Contiene numerosi recettori sensibili al dolore, alla temperatura e alla pressione, e rappresenta quindi un importante organo di senso. Può presentare diverse strutture specializzate, come ▷ peli, ▷ squame e ▷ penne; negli animali omeotermi è importante nella regolazione della temperatura corporea; infatti peli e piume ostacolano la dispersione di calore, mentre le ghiandole sudoripare, situate nel derma dei mammiferi, la facilitano.

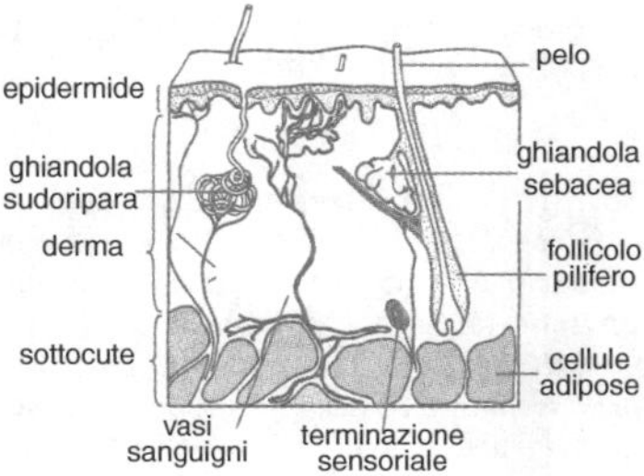

La pelle umana.

pene nell'apparato ▷ riproduttore maschile è l'organo deputato ad introdurre lo sperma nelle strutture riproduttive della femmina.

penicillina antibiotico prodotto dal fungo *Pennicillium notatum*, scoperto da Alexander Fleming nel 1929; è il capostipite di una classe di composti dotati di attività antibatterica, che si realizza grazie al fatto che questi interferiscono con la sintesi della parete delle cellule batteriche. Il basso costo delle penicilline e il largo spettro d'azione hanno favorito il largo uso di questi composti e la conseguente comparsa di ceppi resistenti.

penna struttura cornea tipica della pelle degli uccelli. È costituita da un asse rigido, il *rachide*, e da una lamina appiattita, che si sviluppa ai lati del rachide, il *vessillo*, composto da sottili lamelle dette *barbe* unite fra di loro da piccoli uncini, le *barbule*. Il *calamo*, parte basale della penna è inserito nella pelle in corrispondenza di un particolare follicolo. Le penne rivestono la superficie del corpo degli uccelli, ostacolano la dispersione di calore e completano gli organi di volo.

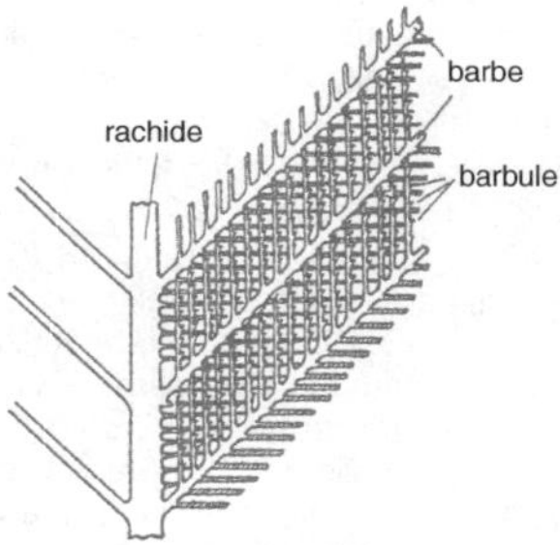

La struttura della penna.

pentoso ▷ monosaccaride.

pepsina enzima prodotto, nella forma inattiva di *pepsinogeno*, dalle cellule dello stomaco; una volta secreto, in condizioni di pH acido, viene trasformato nella forma attiva che catalizza la demolizione delle proteine.

pepsinogeno forma inattiva dell'enzima pepsina.

peptidasi ▷ proteasi.

peptide molecola formata da alcuni amminoacidi uniti tramite ▷ *legame peptidico*. Si parla di *oligopeptidi* quando contengono pochi amminoacidi (di solito, per convenzione, da 2 a 10), di *polipeptidi* quando ne contengono da 10 a 100; mentre quando i residui amminoacidici sono più di 100 si parla di ▷ proteine. Oligopeptidi naturali sono il ▷ glutatione (3 amminoacidi) e gli ormoni ossitocina e vasopressina (8 amminoacidi).

peptidoglicano (o **mureina**) grande e complessa molecola che forma la parete delle cellule batteriche. L'unità di base è il *muropeptide*, formato da un disaccaride cui è legata una catena laterale tetrapeptidica; le catene polisaccaridiche sono unite dalle catene peptidiche a formare una struttura covalente priva di interruzioni, attorno alla cellula batterica.

perenne termine riferito a pianta che vive per diversi anni; le piante legnose perenni hanno una parte aerea che continua ad accrescersi durante le stagioni di crescita successive, le piante erbacee perenni invece sono caratterizzate da una parte aerea che muore al termine di ogni stagione di crescita, mentre organi sotterranei specializzati (bulbi, rizomi ecc.) permettono di superare la stagione avversa.

perianzio porzione del ▷ fiore con funzione vessillifera, formato da calice e corolla.

pericarpo parte di un ▷ frutto che si sviluppa dalle pareti dell'ovario del fiore e circonda i semi; può diventare secco e duro oppure molle e carnoso. Il pericarpo è costituito generalmente da tre strati, dall'esterno: *epicarpo*, la pelle del frutto, *mesocarpo*, la polpa, ed *endocarpo*, la parte interna, di consistenza variabile.

periciclo tessuto vegetale comprendente lo strato più esterno del tessuto vascolare della ▷ radice, situato immediatamente al di sotto dell'endoderma.

perigonio parte del fiore con funzione vessillifera, analogo alla corolla ma formato da *tepali*, parti fiorali derivate dalla fusione di petali e sepali; come per esempio nel tulipano.

periodo G_1 ▷ ciclo cellulare.

periodo G_2 ▷ ciclo cellulare.

periodo S ▷ ciclo cellulare.

perissodattili (*Perissodactyla*) ordine di mammiferi comprendente i cavalli, i rinoceronti e i tapiri, ▷ ungulati imparidigitati; tutte le specie sono erbivore, quindi dotate di grossi denti adatti a triturare il cibo, e di intestino in grado di digerire la cellulosa.

peristalsi contrazioni che percorrono, in sequenza, la muscolatura involontaria che circonda il tubo digerente, permettendo l'avanzamento del cibo in via di digestione.

Permiano ultimo periodo dell'era paleozoica, da 280 a 225 milioni di anni fa. Il clima del Permiano, più secco in confronto al precedente Carbonifero, e caratterizzato da fenomeni di stagionalità, determina l'estinzione di numerosi gruppi di esseri viventi (fra cui le trilobiti) e la diffusione di quelli in grado di resistere in condizioni di siccità o freddo invernale. Per questo motivo fra le piante le gimnosperme, più resistenti, prendono gradualmente il sopravvento sulle pteridofite, molto diffuse con forme gigantesche; mentre tra gli animali si diffondono i rettili, soppiantando gradualmente gli anfibi che dominavano nel Carbonifero.

pesci gruppo di vertebrati acquatici, comprendente due classi: i ▷ *condritti*, pesci cartilaginei e gli ▷ *osteitti*, pesci ossei.

pesci cartilaginei sinonimo di ▷ condritti.

pesci ossei sinonimo di ▷ osteitti.

petalo parte del ▷ fiore, che forma la corolla.

pH grandezza che esprime l'acidità di una soluzione, secondo la relazione:

$$pH = -\log_{10} [H^+]$$

dove $[H^+]$ indica la concentrazione degli ioni H^+ espressa in moli per litro. A una elevata acidità corrisponde un'elevata concentrazione degli ioni H^+, quindi un valore basso di pH. Per l'acqua pura $[H^+] = 10^{-7}$ e $pH = 7$, mentre un $pH < 7$ è proprio delle soluzioni acide, e un $pH > 7$ di quelle basiche.

phylum categoria sistematica che comprende classi affini, per esempio i poriferi, i nematodi, gli artropodi, i cordati; i vari *phylum* sono compresi nel regno animale.

piante (*Plantae*) uno dei 5 regni in cui sono suddivisi gli esseri viventi, comprendente organismi pluricellulari autotrofi. Caratteristiche principali delle piante sono la capacità di sintetizzare carboidrati a partire da semplici molecole inorganiche effettuando la ▷ *fotosintesi*, e la presenza, nelle cellule di cui sono formate, di *parete cellulare* (cellula ▷ vegetale). I pigmenti fotosintetici sono *clorofilla a* e *b*, e *carotenoidi*, la principale sostanza di riserva è l'*amido*. In base alla struttura sono solitamente suddivise in due gruppi: *tallofite*, prive di tessuti veri e propri, con corpo a *tallo* (▷ *briofite* le specie terrestri, ▷ *alghe* le specie acquatiche), e *cormofite* o ▷ *tracheofite*, o *piante superiori*, dotate di tessuti differenziati, e struttura a *cormo*, formato da radici, fusto e foglie. Le piante rivestono in ogni ecosistema l'importante ruolo di produttori primari (▷ produzione primaria).

piante carnivore piante che, in condizioni di carenza di sostanze azotate nel suolo, possono catturare e digerire piccoli animali, soprattutto insetti; sono dotate di modificazioni per attirare e intrappolare gli insetti, per esempio foglie rivestite di sostanze vischiose, e producono enzimi proteolitici per digerirli.

piastra equatoriale struttura formata dai cromosomi durante la ▷ metafase della mitosi e della meiosi.

piastrine (o trombociti) frammenti cellulari presenti nel plasma sanguigno, sono coinvolte nel processo di ▷ coagulazione del sangue.

piastrone parte ventrale, piatta, della corazza di tartarughe e testuggini; ▷ cheloni.

picciolo struttura della foglia che unisce la lamina fogliare al fusto, nelle foglie dette *picciolate*; quelle prive di picciolo sono dette *sessili*.

picornavirus gruppo di piccoli virus a RNA, presenti normalmente negli apparati digerente e respiratorio dei vertebrati dove possono causare lievi infezioni; comprende anche i *poliovirus*, che attaccano il sistema nervoso centrale provocando la poliomielite.

pidocchi ▷ anopluri.

pigmento termine generico riferito alle sostanze colorate presenti nei tessuti animali e vegetali, come per esempio la ▷ melanina e la ▷ clorofilla.

pigna struttura legnosa delle conifere, contenente i semi; è chiamata anche ▷ *cono* o *strobilo*.

pileoriza (o caliptra, o cuffia) nelle piante, struttura che avvolge la parte apicale della ▷ radice.

pilo appendice filiforme che, durante il processo di coniugazione, si estroflette dalla superficie delle cellule batteriche contenenti il ▷ plasmide F (cellule F^+) e permette il passaggio del plasmide dalla cellula donatrice (F^+) alla ricevente (F^-).

pineale, ghiandola altro nome dell'▷ epifisi.

pinna organo per la locomozione dei vertebrati acquatici (pesci e cetacei), costituito da una lamina membranosa sostenuta da raggi cornei, cartilagiei o ossei. Nei pesci ci sono una o più *pinne dorsali* e *pinne ventrali*, con la funzione di mantenere l'equilibrio, una pinna caudale, che rappresenta l'organo di propulsione, e due coppie di pinne pari (omologhe agli arti degli altri vertebrati): le *pinne pettorali*, articolate al cinto pettorale e le *pinne pelviche*, articolate al cinto pelvico.

pinocitosi tipo di ▷ endocitosi attraverso il quale vengono inglobate dalla cellula goccioline di liquido contenenti sostanze in soluzione.

pioggia acida fenomeno per cui le precipitazioni atmosferiche hanno pH inferiore al valore normale (pari a circa 5,6). Nell'Europa continentale il valore medio è 4,1 (ma arriva a 3 in occasione di alcuni temporali). Il verificarsi di piogge acide è dovuto alla presenza in atmosfera di gas inquinanti, soprattutto anidride solforosa (SO_2) e ossidi di azoto (NO, NO_2) che si combinano con l'acqua atmosferica formando acido solforico (H_2SO_4) e acido nitrico (HNO_3). La fonte principale di anidride solforosa sono i combustibili fossili, fonte importante anche di ossidi di azoto; inoltre metalli come ferro e manganese presenti in atmosfera come inquinanti aggravano il problema perché fungono da catalizzatori per le reazioni che generano gli acidi. Le piogge acide danneggiano gravemente le foreste e interagiscono con gli ioni del terreno ostacolandone l'assorbimento da parte delle piante; inoltre alterano la composizione delle acque di fiumi e laghi causando gravi danni alla fauna.

pipistrello ▷ chirotteri.

piramide ecologica rappresentazione grafica dell'energia o della biomassa disponibili nei diversi livelli trofici di una ▷ catena alimentare. La forma di piramide è dovuta al fatto che a ogni livello viene dissipato il 90% dell'energia. Parallelamente all'energia diminuisce la quantità di sostanza organica (biomassa) disponibile, per cui anche la rappresentazione della biomassa disponibile a ogni livello trofico, espressa in grammi di peso secco/m^2 assume la forma di una piramide (*piramide della biomassa*). In alcuni casi la disponibilità energetica ai diversi livelli viene rappresentata dal numero di organismi presenti a ogni livello, in questo caso si parla di *piramide dei numeri*.

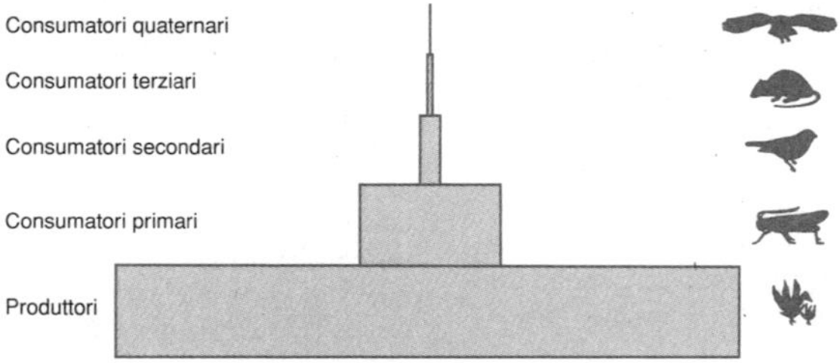

Esempio di piramide dell'energia.

piridossina vitamina B_6; ▷ vitamine.

pirimidina base azotata a struttura eterociclica; derivano dalla pirimidina le basi pirimidiniche *citosina*, *timina* e *uracile*, presenti nei nucleotidi che compongono gli ▷ acidi nucleici (DNA e RNA).

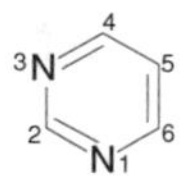

pirrolo composto organico eterociclico contenente azoto; la molecola formata da 4 anelli pirrolici legati è detta *porfirina*; sono porfirine le ▷ clorofille e il gruppo ▷ eme dell'emoglobina.

piruvico, acido nome comune per l'acido 2-ossipropanoico ($CH_3COCOOH$); importante intermedio del metabolismo, viene prodotto a partire da glucosio durante la ▷ glicolisi, successivamente, convertito in acetil CoA, entra nel ▷ ciclo di Krebs.

pistillo organo riproduttivo del ▷ fiore comprendente ovario, stilo e stimma formato da carpelli concresciuti.

pituitaria, ghiandola altro nome dell'▷ ipofisi.

piuma struttura cornea prodotta dall'epidermide degli uccelli; simili alle ▷ penne, le piume hanno il vessillo più corto e le barbe non connesse fra loro.

placca motrice sinonimo di ▷ giunzione neuromuscolare.

placenta organo deputato agli scambi di gas e metaboliti fra madre e feto. Caratteristica dei mammiferi, la placenta è presente in tutti gli animali appartenenti a questa classe, tranne i monotremi, che depongono le uova; compare inoltre in alcune specie di pesci cartilaginei e in alcuni rettili vivipari. Si forma dall'interazione fra strutture dell'embrione e della madre, in particolare il *corion* e l'*allantoide* (▷ annessi embrionali) si pongono in stretto contatto con la parete uterina, permettendo gli scambi di gas e sostanze nutrienti fra il sangue della madre e quello dell'embrione.

placentati ▷ euteri.

placodermi i primi pesci dotati di bocca mobile, comparsi nel Siluriano (435-395 milioni di anni fa) e oggi estinti, avevano scheletro cartilagineo, e corpo rivestito di piastre ossee.

plancton insieme di organismi acquatici animali (*zooplancton*) e vegetali (*fitoplancton*) che non hanno contatti col fondo del corpo idrico e non si muovono in modo attivo. Appartengono al plancton alghe, protozoi, larve e uova di animali. Il fitoplancton, presente solo nella zona fotica, dove è possibile effettuare la fotosintesi, è alla base delle catene alimentari negli ecosistemi acquatici e riveste un ruolo fondamentale nella ▷ produzione primaria globale. Il plancton costituisce un'importante risorsa di cibo per numerosi animali che vivono in ambiente acquatico; per esempio fra i cetacei, quelli privi di denti (misticeti) si nutrono di organismi planctonici che raccolgono filtrando grandi quantità di acqua.

plantigrado termine riferito a mammifero che si sposta appoggiando al suolo l'intera superficie palmare o plantare, per esempio l'orso.

planula forma larvale dei ▷ celenterati, è dotata di ciglia e può nuotare attivamente; in presenza di un substrato adatto può impiantarsi e dare origine a un polipo.

plasmacellule ▷ linfociti.

plasmalemma sinonimo di ▷ membrana cellulare.

plasma sanguigno componente liquida del ▷ sangue, costituito per il 90% da acqua in cui sono disciolte proteine di vario tipo, enzimi (come le sostanze coinvolte nella coagulazione del sangue), sostanze alimentari assorbite dall'intestino (amminoacidi, grassi, glucosio), materiali di rifiuto cellulari (urea e acido urico), sali, anticorpi, ormoni.

plasmide molecola di DNA circolare presente in alcuni batteri, capace di replicazione autonoma. I plasmidi contengono geni che controllano attività metaboliche non essenziali per la vita del batterio ma spesso utili (per esempio la resistenza agli antibiotici), e possono essere trasferiti da una cellula all'altra tramite ▷ coniugazione, oppure tramite fagi che operano il processo di ▷ trasduzione. Sono utilizzati nelle tecniche di ingegneria genetica perché permettono di introdurre geni estranei all'interno di organismi che poi, riproducendosi, li amplificano (▷ ingegneria genetica).

plasmide F plasmide responsabile della *fertilità*; un batterio contenente questo plasmide può formare il *pilo coniugativo*, un sottile tubo che permette il contatto con un'altra cellula batterica (ricevente) e quindi il trasferimento a questa del plasmide stesso (▷ coniugazione). I batteri che possiedono questo plasmide sono detti F^+, quelli che non lo possiedono F^-; in alcuni casi si integra nel genoma del batterio trasformandolo in una cellula detta ▷ Hfr.

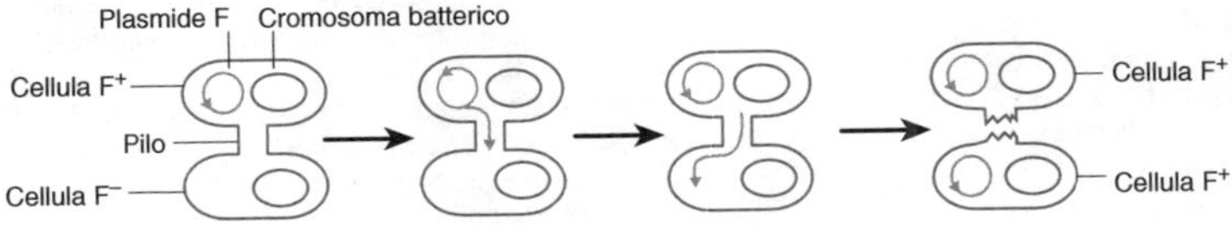

Processo di coniugazione tra una cellula F^+ e una F^-.

plasmodesmi sottili filamenti citoplasmatici che attraversano le pareti di cellule vegetali contigue, sono punti di contatto che permettono il passaggio di sostanze da una cellula all'altra.

plasmodio massa cellulare dotata di più nuclei. Il termine indica anche il microrganismo responsabile della ▷ malaria (*Plasmodium*).

plasmolisi perdita d'acqua da parte di una cellula vegetale, provoca la contrazione e il distacco del protoplasma dalla parete cellulare; quando perdura nel tempo porta all'avvizzimento.

plastidi organuli caratteristici delle cellule vegetali, circondati da una doppia membrana. I plastidi che contengono pigmenti, a funzione vessillifera o fotosintetica, sono detti ▷ *cromoplasti*, e fra questi i più importanti sono i ▷ *cloroplasti*; i plastidi incolori sono detti *leucoplasti*, e possono contenere sostanze di riserva, come gli *amiloplasti*, in cui si accumula amido. Si formano per divisione dei plastidi esistenti, oppure per sviluppo dei *proplastidi*, forme immature e incolori presenti nei tessuti meristematici.

platelminti (*Playthelmintes*) *phylum* di invertebrati detti anche *vermi piatti*. Sono caratterizzati da corpo piatto e privo di segmentazione; la testa è dotata di macchie oculari (strutture sensibili agli stimoli luminosi) e di un primitivo cervello che si prolunga per l'intera lunghezza del corpo in un semplice sistema nervoso. L'apparato digerente è costituito dalla bocca e da un intestino ramificato che termina a fondo cieco; sono ermafroditi e l'apparato riproduttore comprende uno o più testicoli e uno o più ovari. Vivono nel terreno, nelle acque dolci e in mare, molte specie sono parassite, anche dell'uomo. Il *phylum* comprende tre classi: ▷ turbellari, ▷ trematodi e ▷ cestodi.

pleiotropia fenomeno per cui un singolo gene determina effetti fenotipici multipli.

Pleistocene epoca del periodo ▷ Quaternario.

plesiosauri grossi rettili acquatici, vissuti durante il Mesozoico; avevano il corpo simile a quello di una giraffa gigantesca, con il collo lungo, la testa piccola e gli arti trasformati in pinne.

pleura doppia membrana che delimita la cavità toracica e ricopre la superficie esterna dei polmoni.

Pliocene epoca del periodo ▷ Terziario.

pluricellulare termine riferito a un organismo costituito da numerose cellule.

pluteo larva tipica di alcuni gruppi di ▷ echinodermi (ofiuroidi ed echinoidi); ha forma conica ed è provvista di 4-6 paia di lunghe appendici, sostenute da strutture scheletriche.

pneumatofori *radici respiranti* a sviluppo verticale, tipiche della vegetazione a mangrovie delle regioni tropicali. I pneumatofori, emessi dalle normali radici orizzontali, sono lignificati e fuoriescono dall'acqua che in queste regioni copre il suolo, possono assorbire ossigeno che viene poi distribuito alle zone più profonde del sistema radicale tramite le lacune presenti nel parenchima aerifero.

policheti (*Polychaeta*) classe di ▷ anellidi il cui corpo è ricoperto da numerose setole; sono diffusi in mare, con forme libere oppure sessili (fissati al substrato), in questo caso vivono all'interno di un tubo secreto da loro stessi.

poliembrionia fenomeno per cui da un solo uovo fecondato si sviluppano più embrioni; si può verificare sia nelle piante che negli animali; i gemelli identici si formano in questo modo.

polifiletico termine riferito a gruppo di animali che hanno avuto origine da alcuni animali diversi e non da un unico progenitore comune.

polifiodonte tipo di dentizione caratterizzata dalla continua perdita e sostituzione dei denti durante la vita dell'animale.

poligenia fenomeno per cui un carattere è determinato da più di un gene; interessa soprattutto i caratteri quantitativi, come le dimensioni del corpo o la colorazione.

polimerasi gruppo di enzimi che catalizzano reazioni di polimerizzazione, per esempio ▷ DNA polimerasi, ▷ RNA polimerasi.

polimero composto ad elevato peso molecolare costituito dalla ripetizione di unità di base (monomeri); per esempio i polisaccaridi sono polimeri di monosaccaridi e le proteine polimeri di amminoacidi.

polimorfismo termine con cui si indica l'esistenza di tre o più forme differenti all'interno della stessa specie. Le *caste* delle ▷ api sono un esempio di *polimorfismo ambientale*, infatti è il tipo di nutrizione che fa sì che le api assumano la forma di regina oppure di operaia. Si parla di *polimorfismo genetico* quando la comparsa di una forma oppure di un'altra è determinata geneticamente, come nel caso dei ▷ gruppi sanguigni.

polipeptide ▷ peptide.

poliploidia mutazione genomica per cui la cellula possiede un numero di cromosomi multiplo del normale corredo aploide; si parla di *triploidia* (3n), *tetraploidia* (4n), ecc.

poliribosoma filamento di RNA messaggero a cui sono associati diversi ribosomi che lo stanno traducendo contemporaneamente; ▷ sintesi proteica.

polisaccaride carboidrato formato dall'unione di numerose molecole di ▷ monosaccaridi legate fra loro con ▷ legame glucosidico. Appartengono a questo gruppo numerosi composti dotati di importanti funzioni negli organismi viventi, alcuni, come ▷ *amido* e ▷ *glicogeno* sono sostanze di riserva; altri, fra cui la ▷ *cellulosa* è il più importante, hanno funzione strutturale; i ▷ *mucopolisaccaridi acidi*, infine, sono importanti costituenti dei rivestimenti cellulari.

polispermia penetrazione di due o più spermi nell'uovo durante la fecondazione; degli spermi penetrati solo uno si fonde con il nucleo dell'uovo; la polispermia è presente in vari gruppi di animali, come insetti, anfibi, rettili e uccelli.

polline insieme dei ▷ granuli pollinici.

pollone germoglio che si sviluppa da una radice o da un fusto e cresce a spese della pianta madre; i polloni sono utilizzati per la propagazione vegetativa di piante coltivate.

polmoni coppia di organi respiratori, presenti nei vertebrati terrestri all'interno della gabbia toracica; sono organi spugnosi formati da milioni di piccole sacche delimitate da una membrana mantenuta umida, gli *alveoli*. La parete degli alveoli è vascolarizzata da una fitta rete di capillari, e gli scambi respiratori avvengono attraverso questa membrana, fra la rete di capillari da un lato e l'aria dall'altro. L'aria arriva ai polmoni attraverso i bronchi, che si ramificano a formare i bronchioli (apparato ▷ respiratorio).

polmoni a libro organi respiratori presenti in alcuni invertebrati terrestri (aracnidi, artropodi); sono formati da sottili porzioni della parete corporea ripiegate più volte, a formare una struttura adatta agli scambi gassosi.

pompa del sodio/potassio (o Na^+/K^+ ATPasi) proteina che regola la distribuzione degli ioni sodio (Na^+) e potassio (K^+) all'interno della cellula: lo ione Na^+ è circa 10 volte più concentrato all'esterno, mentre K^+ è circa venti volte più concentrato all'interno. Questa diversa concentrazione degli ioni è all'origine del potenziale di membrana ed è mantenuta dalla pompa Na^+/K^+, che scinde ATP e utilizza questa energia per trasportare gli ioni: 3 ioni Na^+ sono trasportati all'esterno ogni 2 ioni K^+ all'interno.

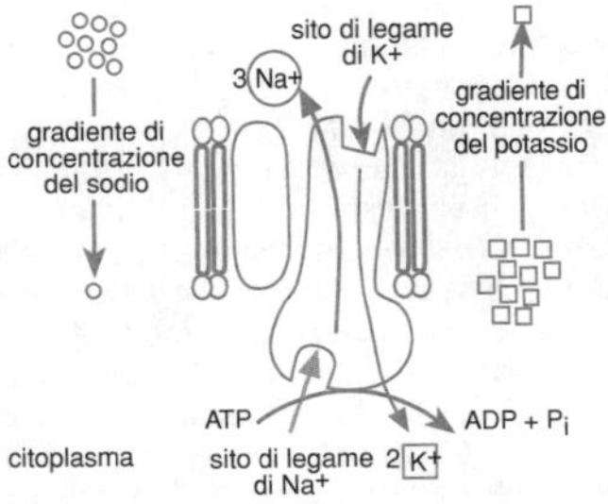

pompe proteiche proteine intrinseche della membrana che effettuano il ▷ trasporto attivo attraverso la membrana stessa. Le pompe proteiche sono provviste di siti di legame per la molecola da trasportare e per l'ATP, la cui idrolisi fornisce l'energia necessaria al trasporto contro gradiente di concentrazione (come la ▷ pompa Na^+/K^+).

***pool* genico** insieme degli alleli di ogni gene presenti in una data popolazione.

***pool* metabolico** insieme di tutte le molecole organiche, utilizzate nelle reazioni del ▷ metabolismo, presenti nel citoplasma di una cellula.

popolazione gruppo di individui appartenenti alla stessa specie, che coesistono in un momento definito nel tempo e nello spazio; i membri di una popolazione non sono separati da barriere che impediscono gli scambi (geografiche, comportamentali, ecc.) e possono quindi incrociarsi tra loro.

popolazionista, approccio atteggiamento d'indagine che affronta il problema dell'evoluzione prendendo in considerazione le popolazioni, e la variabilità insita nelle popolazioni, piuttosto che il singolo organismo (▷ genetica delle popolazioni).

porfirine composti organici eterociclici formati da 4 anelli contenenti azoto, detti anche *nuclei pirrolici* collegati tra loro. Le porfirine, che si differenziano in base alla composizione delle catene laterali, comprendono le ▷ clorofille e il gruppo ▷ eme.

poriferi (*Porifera*) *phylum* di animali invertebrati comprendente le spugne. Sono organismi molto semplici, che vivono in ambiente acquatico, privi di simmetria e privi di tessuti veri e propri. Hanno forma di un sacchetto ancorato al substrato, perforato da numerosi pori (*osti*) da cui entra l'acqua che viene filtrata per catturare le particelle di cibo, mentre da un foro di dimensioni maggiori (*osculo*) escono le sostanze di rifiuto. Uno strato interno di *coanociti*, cellule flagellate specializzate, permette il continuo flusso dell'acqua; sono presenti spicole calcaree, silicee o cornee che forniscono sostegno all'organismo. La riproduzione avviene per via asessuata tramite ▷ gemmazione oppure con modalità sessuata, in questo caso i gameti maschili e femminili sono prodotti dallo stesso individuo, si tratta quindi di organismi ▷ ermafroditi.

portatore 1) *in medicina* è un individuo che trasporta un particolare agente patogeno senza subirne gli effetti nocivi, e che può trasmetterlo ad altri individui. 2) *in genetica* è un individuo eterozigote che porta un allele recessivo per una condizione anormale, questo non si manifesta nel fenotipo ma può essere trasmesso alla prole e determinare la comparsa dell'anomalia nel caso in cui si accoppiano due individui portatori dello stesso carattere.

potassio (K) elemento chimico essenziale per i viventi (▷ macronutrienti). Presente sotto forma di ione K^+, è coinvolto nel mantenimento dell'equilibrio osmotico, e partecipa a diverse reazioni biochimiche come attivatore enzimatico. Nei tessuti vegetali è il catione più abbondante; nelle cellule animali la concentrazione dello ione K^+ ai due lati della membrana, regolata da meccanismi di trasporto attivo (▷ pompa del sodio/potassio), svolge un ruolo importante nel mantenimento del potenziale di membrana e nella trasmissione dell'impulso nervoso.

potenziale d'azione variazione del potenziale di membrana che si verifica durante il passaggio di un impulso nervoso e si genera in seguito a una temporanea modificazione della permeabilità della membrana cellulare agli ioni Na^+ e K^+. Il potenziale di riposo, è pari a circa – 70 mV; l'arrivo di uno stimolo induce l'apertura di canali nella membrana che lasciano fluire gli ioni secondo il gradiente di concentrazione, provocando una riduzione della differenza di potenziale elettrico ai due lati della membrana *(depolarizzazione)*. Se lo stimolo è sufficientemente forte da depolarizzare la membrana fino al *valore soglia* (o *livello di soglia*) di – 50 mV, si genera un potenziale d'azione e la membrana dell'assone continua a depolarizzarsi finché la differenza di potenziale è pari a 30-35 mV.

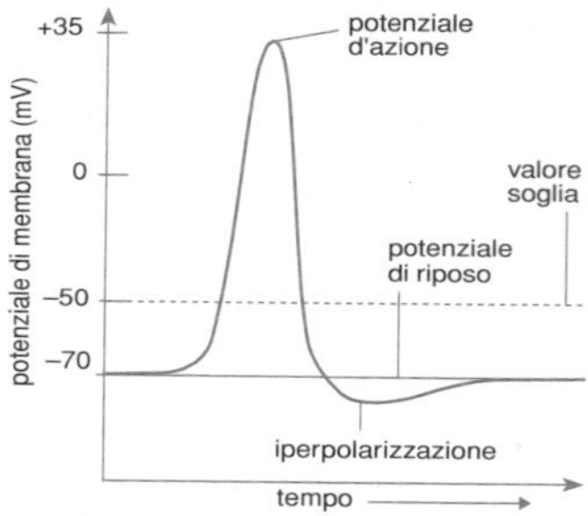

Questa inversione di polarità si propaga molto velocemente lungo la membrana cellulare fino a raggiungere l'estremità dell'assone (*bottone sinaptico*). Il potenziale di riposo viene rapidamente ripristinato, attraverso la fase di *ripolarizzazione*, seguita dall'*iperpolarizzazione*, una condizione nella quale il potenziale di membrana risulta più negativo rispetto al normale potenziale di riposo.

potenziale di membrana (o potenziale di riposo) differenza di potenziale elettrico di circa – 70 mV (con l'interno negativo rispetto all'esterno) che si registra in tutte le cellule; è dovuto a una diversa concentrazione di ioni ai due lati della membrana (▷ pompa del sodio/potassio).

potenziale postsinaptico potenziale d'azione che si genera nel neurone postsinaptico in seguito alla liberazione del neurotrasmettitore da parte del neurone presinaptico (▷ sinapsi).

poxvirus gruppo di virus a DNA, responsabili nei vertebrati di malattie della pelle, tra cui il vaiolo (attualmente completamente debellato); alcuni poxvirus sono considerati cancerogeni.

prateria bioma caratterizzato dalla presenza di piante erbacee annuali, tra cui soprattutto graminacee; è diffuso in vaste zone (Sud-America, Africa, ecc.) in cui le precipitazioni sono presenti, ma non sufficienti a garantire la sopravvivenza di foreste.

Precambriano era geologica che va dall'origine della Terra, circa 4,7 miliardi di anni fa, a 570 milioni di anni fa. I più antichi resti fossili, impronte di organismi procarioti, sono stati trovati all'interno di rocce risalenti a 3,5 miliardi di anni fa, mentre le ▷ stromatoliti, risalenti a circa 3 miliardi di anni fa, testimoniano l'esistenza di batteri fotosintetici, e quindi la comparsa di ossigeno libero (O_2) nell'atmosfera terrestre. I primi organismi pluricellulari risalgono a circa 700 milioni di anni fa, e da questo momento hanno inizio imponenti processi evolutivi, testimoniati dalle numerose forme di invertebrati marini che si rinvengono nelle rocce del Precambriano. Flora e fauna in questo periodo sono esclusivamente acquatiche, ma 600 milioni di anni fa sono già presenti tutti i principali gruppi di esseri viventi.

predatore animale che si procura il cibo catturando e uccidendo altri animali.

predazione cattura e uccisione di animali (*prede*) a scopo alimentare, ad opera di altri animali (*predatori*).

preformismo teoria molto apprezzata dalla metà del XVII secolo alla fine del XVIII, secondo cui esisterebbe nell'uovo o nello spermatozoo un abbozzo preformato dell'animale adulto dotato di tutti gli attributi di questo, che per raggiungere la forma adulta dovrebbe quindi solo accrescersi.

premolare tipo di ▷ dente.

pressione osmotica ▷ osmosi.

pressione radicale pressione idrostatica prodotta dall'osmosi nella radice delle piante: poiché la concentrazione di sali nelle cellule dei peli radicali (▷ radice) è più elevata rispetto a quella del suolo, l'acqua dal suolo entra nella radice e risale lungo i vasi dello xilema; questo meccanismo è sufficiente a far salire l'acqua per un breve tratto.

pressione sanguigna forza esercitata dal sangue sulle pareti dei vasi sanguigni; è generata dall'azione pompante del cuore e varia in relazione alla frequenza e alla forza delle contrazioni, oltre che all'elasticità delle pareti delle arterie. Viene misurata di solito a livello di un'arteria del braccio ed espressa in millimetri di mercurio (mmHg), comprende un valore massimo che corrisponde alla fase di contrazione del cuore (sistole) e un valore minimo corrispondente al rilassamento (diastole). Nella specie umana i valori medi degli adulti sono rispettivamente di 120 e 80 mmHg, con notevoli variazioni individuali. In caso di valori superiori alla norma si parla di *ipertensione*.

pressione selettiva forza, generata da parametri della selezione naturale, che causa variazioni nel *pool* genico di una popolazione.

primati (*Primates*) ordine di mammiferi che comprende le scimmie antropomorfe e l'uomo. Sono animali caratterizzati da *pollice opponibile* (cioè rivolto verso le altre dita e capace di toccarle), quindi dotati di una buona manualità, e visione frontale. Partoriscono un solo piccolo alla volta, che diventa adulto attraverso un lungo periodo di crescita e sviluppo. Il cervello è grande e ben sviluppato, sono considerati l'ordine più evoluto della scala zoologica.

primordio gruppo di cellule che rappresenta lo stadio iniziale nello sviluppo di un organo vegetale.

prione forma subvirale di stuttura incerta; i prioni sono responsabili di alcune malattie del bestiame, come l'encefalopatia spongiforme bovina (BSE o comunemente "mucca pazza"); sono più resistenti dei virus ad alcuni agenti chimici e fisici.

proboscidati (*Proboscidea*) ordine di mammiferi comprendente gli elefanti. Sono animali erbivori dotati di grossi molari che crescono in sequenza durante tutta la vita, rimpiazzando man mano quelli usurati. Organi caratteristici sono le *zanne*, grossi incisivi superiori a crescita continua con la tipica forma ricurva, e la ▷ *proboscide*. I proboscidati attuali comprendono la sola famiglia degli *elefantidi*, con due specie: l'elefante africano e quello asiatico.

proboscide 1) struttura anatomica caratteristica dei proboscidati, è un prolungamento del naso flessibile e dotato di muscolatura propria che termina con le narici e un'appendice digitiforme usata come strumento tattile. La proboscide serve come organo di presa, come strumento di offesa e difesa, per la conduzione dell'aria, per aspirare l'acqua e come organo tattile. 2) apparato boccale succhiatore di alcuni insetti, come i lepidotteri (farfalle).

procambio tessuto vegetale che si forma dal meristema primario, e dà origine al tessuto vascolare (▷ xilema e ▷ floema) primario.

procariote termine riferito a tipo di cellula o organismo unicellulare, in cui non è presente un nucleo delimitato da una membrana, quindi il materiale genetico, costituito da un'unica molecola di DNA circolare, si trova nel citoplasma. Questo tipo cellulare non contiene ▷ organuli, le uniche strutture presenti sono i ribosomi, necessari per la sintesi proteica. Gli organismi procarioti, attribuiti al regno delle ▷ *monere* (batteri e cianobatteri), sono sempre unicellulari e si riproducono generalmente in modo asessuato per semplice ▷ scissione binaria.

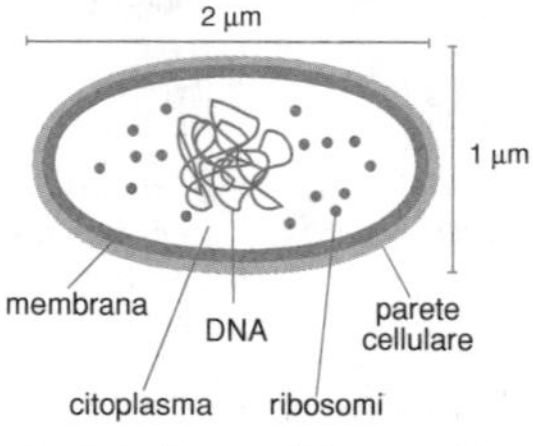

Schema di una cellula procariote.

produttività misura della velocità con cui l'energia è assimilata da parte degli organismi presenti a un dato livello trofico, questa quantità viene indicata più precisamente come *produttività lorda*. Poiché una parte di questa energia chimica viene utilizzata per le attività metaboliche si definisce *produttività netta* la differenza fra la produttività lorda e il dispendio energetico dovuto alle attività metaboliche, questa è di solito espressa in termini di calorie incorporate (o biomassa sintetizzata) in una data area, in un particolare periodo di tempo, per esempio cal/m^2·anno. Se questo concetto è riferito al primo livello trofico, quello dei produttori, si parla di produttività primaria.

produttore organismo posto all'origine di una ▷ catena alimentare. I produttori sono gli organismi autotrofi (piante verdi, alghe e cianobatteri) che utilizzano l'energia solare per sintetizzare la sostanza organica che diviene disponibile per gli animali e gli altri organismi eterotrofi.

produzione primaria aumento della quantità di materiale vegetale che si verifica in un dato ecosistema tra l'inizio e la fine di un determinato periodo di tempo. Questa quantità veria moltissimo da un ecosistema all'altro, in ogni caso rappresenta il punto di partenza di tutte le ▷ catene alimentari.

proencefalo (o **prosencefalo**) parte dell'encefalo dell'embrione dei vertebrati; nel corso dello sviluppo embrionale si divide in *diencefalo*, da cui derivano ▷ talamo e ▷ ipotalamo dell'adulto, e *telencefalo* da cui si forma il ▷ cervello.

profago termine riferito al genoma di un ▷ batteriofago quando questo è inserito nel DNA del batterio ospite (ciclo lisogeno).

profase primo stadio della ▷ mitosi o della ▷ meiosi, durante il quale i filamenti di DNA si condensano fino a formare i ▷ cromosomi, la membrana nucleare e il nucleolo cominciano a dissolversi e si forma il ▷ fuso mitotico. Durante la profase I della meiosi avviene l'appaiamento dei cromosomi omologhi e in alcuni casi il ▷ *crossing-over*.

progesterone ▷ ormoni.

progestinici gruppo di ormoni, di cui il principale è il progesterone, coinvolti nel controllo del ciclo mestruale e della gravidanza.

prolattina ▷ ormoni.

prolina ▷ amminoacidi.

promotore ▷ operone.

propagazione vegetativa modalità di riproduzione asessuata tipica delle piante superiori, per cui la nuova pianta si sviluppa da strutture pluricellulari specializzate prodotte dalla pianta madre, come ▷ bulbi e ▷ tuberi.

proplastidi forma immatura di ▷ plastidi.

prossimale termine riferito alla parte di un organo più vicina al punto di inserzione dell'organo nell'organismo (si oppone a ▷ *distale*).

prostaglandine sostanze prodotte dalle membrane cellulari di quasi tutti gli organi del corpo, che esercitano specifici effetti sulle cellule dell'organo. Le prostaglandine (acidi grassi) sono attive anche a concentrazioni molto più basse di quelle in cui si trovano solitamente gli ormoni; fra gli effetti più noti vi è la capacità di indurre la contrazione della muscolatura liscia, in particolare quella dell'utero, favorendo sia la risalita degli spermatozoi che le contrazioni al momento del parto.

prostetico, gruppo componente non peptidico, organico oppure inorganico, legato stabilmente a una proteina; i gruppi prostetici possono essere lipidi, carboidrati, vitamine, ioni metallici.

protallo piccola lamina di tessuto vegetale che costituisce il gametofito delle ▷ pteridofite (felci, equiseti e licopodi), è formato da cellule aploidi e reca gli organi sessuali maschili (*anteridi*) e femminili (*archegoni*).

proteasi (o **peptidasi**) enzimi che catalizzano la proteolisi, cioè la demolizione delle proteine in peptidi e in amminoacidi (*enzimi proteolitici*); appartengono a questo gruppo per esempio la *pepsina*, prodotta dallo stomaco, la *tripsina* e la *chimotripsina* prodotte dal pancreas.

proteina polimero costituito da un elevato numero di amminoacidi (di solito più di 100) uniti da ▷ legame peptidico. Le proteine sono composti presenti in tutti gli esseri viventi con caratteristiche e funzioni molto diversificate; il peso molecolare va da 6000 ad alcuni milioni. La *struttura primaria* di una proteina corrisponde alla sequenza di amminoacidi, ed è definita geneticamente. La *struttura secondaria* indica il modo in cui una catena peptica si dispone nello spazio: le più importanti strutture sono l'*α-elica*, quando la catena è avvolta ad elica, e quella a *foglietti ripiegati* che indica catene ripiegate a zig-zag e unite una all'altra a formare dei "foglietti". La *struttura terziaria* indica la struttura tridimensionale, la disposizione nello spazio, della catena peptidica, già disposta ad α-elica oppure pieghettata. La *struttura quaternaria* indica il modo in cui si associano le diverse subunità eventualmente presenti, nella costituzione di una proteina. Le strutture secondaria, terziaria e quaternaria sono mantenute da legami deboli non peptidici (interazioni idrofobiche, legami idrogeno ecc.) che si instaurano fra i gruppi R– degli amminoacidi che formano la struttura primaria. Le proteine possono essere classificate in *globulari* e *fibrose*, le prime, caratterizzate da molecole compatte e tondeggianti, sono generalmente solubili in acqua; le seconde sono insolubili in acqua e sono costituite da strati laminari o filamenti. Sono proteine globulari gli ▷ enzimi, gli ▷ anticorpi, l'▷ emoglobina, mentre fra le proteine fibrose ricordiamo la ▷ cheratina e il ▷ collagene.

proteine, sequenziamento delle determinazione degli amminoacidi che costituiscono una proteina; la tecnica più usata è la *degradazione di Edman*, che consiste nella rimozione successiva degli amminoacidi terminali e nella loro identificazione tramite ▷ cromatografia.

proteolisi demolizione delle proteine effettuata da enzimi.

proteolitico, enzima ▷ proteasi.

proterandria condizione in cui gli organi riproduttori maschili (stami) di un fiore maturano prima di quelli femminili (carpelli), impedendo l'autofecondazione.

proteroginia condizione in cui gli organi riproduttori femminili (carpelli) di un fiore maturano prima di quelli maschili (stami) impedendo l'autofecondazione.

protisti (*Protista*) uno dei 5 regni in cui sono suddivisi gli esseri viventi, comprendente organismi eucarioti unicellulari. La riproduzione è prevalentemente asessuata, talvolta sessuata, per ▷ coniugazione, e gli zigoti spesso hanno parete più robusta e rappresentano forme di resistenza in condizioni ambientali sfavorevoli (*cisti*). I protisti possono essere suddivisi in tre gruppi in base al modo in cui si procurano il nutrimento:

- *autotrofi* assimilabili alle piante sono organismi fotosintetici acquatici, alghe unicellulari. In base alla struttura e al tipo di pigmenti sono suddivisi in ▷ *diatomee*, ▷ *euglenofite*, ▷ *alghe verdi* e ▷ *dinoflagellate*;
- *eterotrofi* assimilabili agli animali, sono i ▷ *protozoi*;
- *saprofiti* assimilabili ai funghi, si nutrono per assorbimento di sostanza organica in decomposizione; comprendono i funghi mucillaginosi (▷ *acrasiomiceti* e ▷ *mixomiceti*) e le ▷ muffe d'acqua.

protoplasma termine con cui si indica la materia che costituisce il contenuto vivente di ogni cellula; comprende il citoplasma con gli organuli e il nucleo.

protoplasto l'unità vivente di una cellula; è costituito dal nucleo e dal citoplasma delimitati dalla membrana cellulare; nelle cellule batteriche e vegetali, dotate di parete cellulare, il protoplasto si ottiene eliminando la parete.

protostomi gruppo di metazoi (a simmetria bilaterale) nei quali il blastoporo (apertura presente nella ▷ gastrula) dà origine all'apertura orale; si oppone a ▷ deuterostomi, comprende anellidi, molluschi e artropodi.

prototeri (*Prototheria*) sottoclasse di mammiferi primitivi, ovipari, a cui appartengono l'*ornitorinco* e l'*echidna*. Sono dotati di ghiandole mammarie rudimentali con cui nutrono i piccoli; l'echidna mantiene le uova in incubazione nel marsupio, mentre l'ornitorinco le depone in un nido sotterraneo. Il sistema di regolazione della temperatura corporea è poco efficiente, hanno scheletro simile ai rettili e non sono dotati di denti veri e propri. Appartiene a questa sottoclasse l'unico ordine dei *monotremi*. Si ritiene che abbiano avuto origine nel periodo Giurassico, più di 150 milioni di anni fa.

protozoi organismi unicellulari eterotrofi (protisti); si trovano in tutti i tipi di ambiente, in presenza di acqua; grazie ai meccanismi della ▷ criptobiosi sono in grado di sopravvivere in condizioni ambientali sfavorevoli. Si riproducono prevalentemente in modo asessuato, per scissione. In gran parte sono saprofiti, alcuni parassiti, altri simbionti. Comprendono quattro classi principali: ▷ *flagellati*, ▷ *sporozoi*, ▷ *sarcodini* e ▷ *ciliati*.

proventriglio porzione dello stomaco degli uccelli in cui vengono prodotti gli enzimi digestivi.

provirus termine riferito al genoma di un ▷ retrovirus quando questo, trascritto in forma di DNA complementare, si trova integrato nel DNA dell'ospite.

psammofita pianta che vive su suolo sabbioso (lungo i litorali e nei deserti).

pseudocarpo falso frutto (▷ frutto).

pseudoceloma cavità corporea funzionalmente simile al ▷ celoma ma di diversa derivazione embrionale; non deriva infatti dal mesoderma bensì direttamente dal blastocele (sviluppo ▷ embrionale).

pseudocelomati (*Pseudocoelomata*) animali dotati di pseudoceloma (▷ aschelminti).

pseudogravidanza stato simile alla gravidanza che può verificarsi in alcuni mammiferi, in assenza di feto.

pseudoparenchima sorta di tessuto vegetale simile al ▷ parenchima ma costituito da una massa intrecciata di ife (nei funghi) o filamenti cellulari (nelle alghe).

pseudopodi estroflessioni cellulari tipiche di alcuni tipi cellulari (▷ *amebe* e ▷ *amebociti*), utilizzati nella nutrizione e nella locomozione.

psilofitine (*Psilophytatae*) piante appartenenti alle ▷ pteridofite.

pteridofite (*Pteridophyta*) divisione di piante superiori (*tracheofite*) che si riproducono tramite *spore*. Queste piante presentano un'▷ alternanza di generazioni per cui le spore, aploidi, generano un piccolo *gametofito* (aploide), in genere laminare, su cui si formano gli organi riproduttivi, *anteridi* (maschili) e *archegoni* (femminili). In seguito alla fusione di un gamete maschile e uno femminile (*fecondazione*) si sviluppa lo *sporofito* (diploide), generazione dominante, con struttura comprendente radici fusto e foglie; sullo sporofito, in seguito alla meiosi, si formano le spore, all'interno degli *sporangi*. Le pteridofite sono legate per la fecondazione all'ambiente acquatico, infatti i gameti maschili "nuotano" in un velo d'acqua per raggiungere il gamete femminile.

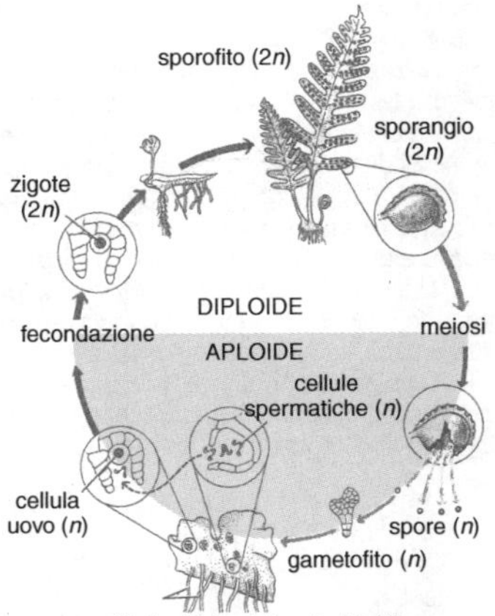

Ciclo vitale delle pteridofite.

Nel Carbonifero queste piante formavano enormi foreste, oggi molti gruppi sono estinti, e la divisione comprende quattro classi:

- *psilofitine* (*Psilophytatae*) felci arcaiche, quasi tutte estinte, caratterizzate da ramificazione ▷ dicotomica (*Psilotum*);
- *licopodine* (*Lycopodiatae*) piccole piante con foglie a scaglie, che vivono nei luoghi umidi (licopodi e selaginelle);
- *equiseti* (*Articulatae*) piante dotate di un rizoma perenne che sostiene alcuni steli eretti, divisi in segmenti, portanti verticilli di sottili foglie;
- *felci* (*Filicatae*) oltre 12000 specie di piante con foglie larghe e vistose, che portano le spore nella pagina inferiore, riunite in sporangi detti *sori*.

pterosauri rettili volatori, oggi estinti, diffusi durante i periodi Giurassico e Cretaceo (195-65 milioni di anni fa).

pulci ▷ sifonatteri.

pulvino gruppo di cellule poste alla base di una foglia che perdendo acqua rapidamente provocano cambiamenti nella posizione della foglia stessa; nelle piante di *Mimosa pudica*, per esempio, il pulvino permette la rapida chiusura delle foglie, quando vengono toccate.

pus essudato che si forma durante un processo di ▷ infiammazione; è costituito da un liquido simile al plasma sanguigno e da corpuscoli, fra cui i batteri infettanti, frammenti dei tessuti infetti e globuli bianchi.

pupa stadio di sviluppo degli insetti a ▷ *metamorfosi completa,* intermedio tra lo stadio di larva e quello adulto; le pupe non si nutrono e di solito sono immobili. Esistono tre tipi di pupa: la *pupa exarata,* o *libera,* con le ali e le altre appendici visibili e mobili; la *pupa obtecta* con ali immobili e saldate al corpo (per esempio la *crisalide* delle farfalle); la *pupa coarctata,* che si sviluppa all'interno di un involucro cilindrico detto *pupario* (per esempio la mosca e altri ditteri).

pupilla parte dell'▷ occhio.

purina base azotata eterociclica; derivano dalla purina le basi azotate puriniche (dette anche *purine*) *adenina* e *guanina*, presenti nei nucleotidi che compongono gli ▷ acidi nucleici (DNA e RNA).

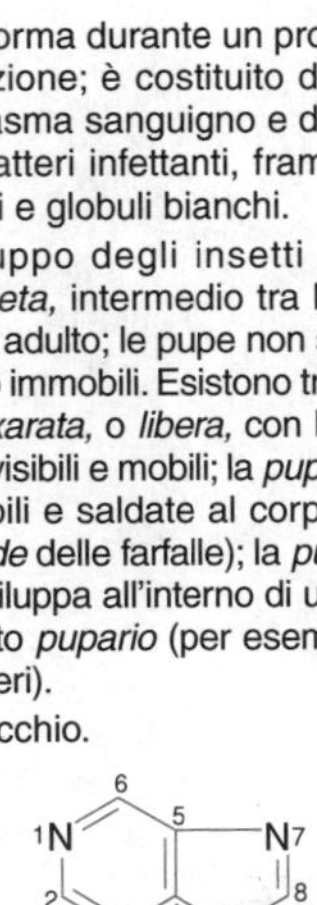

Q

Quaternario secondo periodo geologico dell'era Cenozoica, è il periodo attuale e inizia 2 milioni di anni fa. È caratterizzato dal fenomeno delle *glaciazioni*, imponenti cambiamenti climatici che si susseguono, durante 4 fasi glaciali, determinando climi estremamente rigidi in quelle che oggi sono le regioni temperate. In seguito alle glaciazioni sono comparsi particolari adattamenti negli animali, mentre si sono modificati gli areali di distribuzione delle specie vegetali. Durante questo periodo si è differenziato l'uomo nella forma attuale ed è diventato la specie terrestre dominante.

quiescenza stato di sospensione, o di forte rallentamento delle funzioni vitali di una pianta o di un animale; le trasformazioni fisiologiche connesse con la quiescenza permettono la sopravvivenza in caso di avverse condizioni ambientali. Le piante annuali producono i ▷ semi, strutture quiescenti che superano la stagione invernale, mentre organi quiescenti tipici delle piante perenni sono ▷ tuberi, ▷ rizomi e ▷ bulbi. Anche gli animali possono attraversare fasi in cui l'attività è estremamente rallentata, si parla in questo caso di ▷ estivazione e ▷ ibernazione.

quoziente respiratorio (QR) rapporto fra il volume di anidride carbonica prodotta durante la respirazione e il volume di ossigeno consumato. Nella specie umana, per un maschio adulto, è pari circa a 0,8; assume valori molto diversi in caso di disturbi del metabolismo.

R

racemo (o grappolo) tipo di ▷ infiorescnza caratterizzata da fiori peduncolati portati da un asse centrale.

rachide 1) *in botanica*, asse centrale di un'▷ infiorescenza o di una foglia composta; 2) *in zoologia*, asse centrale della ▷ penna.

radiati (*Radiata*) gruppo comprendente gli di animali (▷ eumetazoi) a ▷ simmetria radiale.

radiazione adattativa processo evolutivo mediante il quale una specie dà origine a diverse specie, ognuna adattata e differenziata per un diverso ambiente. Un esempio di questo fenomeno è dato dai ▷ marsupiali, che si sono diffusi nel territorio che avevano a disposizione (privo di mammiferi placentati) occupando tutte le nicchie disponibili e differenziandosi in specie carnivore, erbivore, sotterranee, volanti ecc.

radiazioni ionizzanti radiazioni di energia sufficientemente elevata da causare la ionizzazione del mezzo attraversato; sono costituite da un flusso di particelle ad alta energia (protoni, elettroni, particelle α) oppure da radiazioni elettromagnetiche di breve lunghezza d'onda (ultravioletto, raggi X, raggi γ). Determinano gravi danni negli esseri viventi, infatti uccidono le cellule o ne arrestano la divisione, causano un aumento del tasso di mutazione e dell'incidenza di tumori e leucemie negli animali e nell'uomo.

radice 1) *in anatomia*, porzione del ▷ dente che penetra nella cavità alveolare. 2) *in botanica*, organo delle piante (▷ tracheofite) con funzione di assorbimento di acqua e sali dal terreno, assicura l'ancoraggio al suolo, e in alcuni casi funge da organo di riserva. Si distinguono diverse porzioni: l'*apice*, avvolto dalla *cuffia* (o *caliptra* o *pileoriza*) struttura che secerne sostanze mucillaginose che la proteggono durante l'accrescimento; la *zona di distensione*, formata da cellule allungate, con tessuti poco differenziati; infine una *zona pilifera* in cui le cellule epidermiche sono provviste di *peli radicali*, estroflessioni che facilitano l'assorbimento delle soluzioni nutritizie.

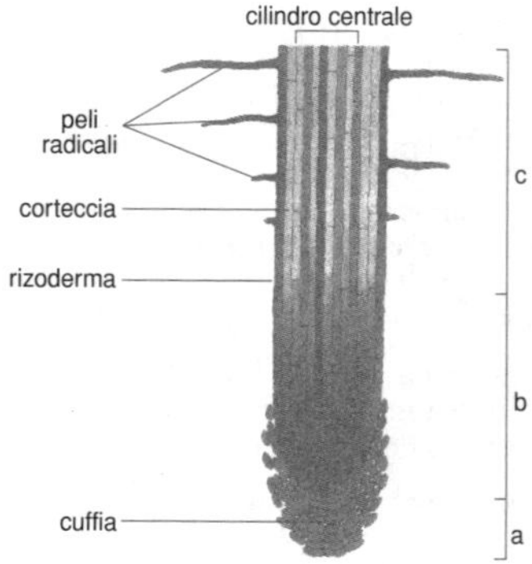

Sezione longitudinale di radice:
a) apice radicale
b) zona di distensione
c) zona dei peli radicali

In sezione trasversale, nella radice si distinguono: ▷ *epidermide* (o *rizoderma*), *corteccia* formata da cellule prive di cloroplasti e *cilindro centrale*. Lo strato più profondo della corteccia, detto *endoderma* è formato da cellule strettamente appressate e circondate da una striscia cerosa (*banda di Caspary*) che rende impermeabili gli spazi intercellulari, cosicché le soluzioni assorbite dal terreno devono passare attraverso le cellule. Il cilindro centrale è formato dal *periciclo*, strato di cellule da cui si originano le radici laterali, e dai *fasci conduttori*, in continuità con quelli del fusto, ma disposti diversamente, infatti ▷ xilema e ▷ floema sono organizzati in cordoni separati. L'accrescimento secondario della radice avviene grazie all'attività del ▷ cambio.

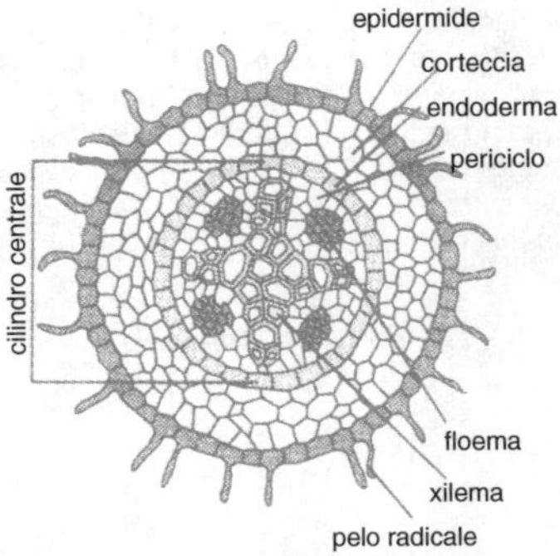

Sezione trasversale di radice.

La radice può essere a *fittone* (ingrossata e dotata di sottili radici laterali), come la carota; più o meno *ramificata*, oppure *fascicolata* (formata da numerose radici della stessa lunghezza), tipica delle monocotiledoni.

radichetta porzione dell'▷ embrione di una pianta da cui si sviluppa la radice.

radiobiologia disciplina che si occupa dell'effetto delle sostanze radioattive sugli organismi viventi e dell'uso di traccianti radioattivi nello studio dei processi metabolici.

radioisotopo isotopo radioattivo di un elemento.

radiologia impiego di radiazioni ionizzanti (raggi X, sostanze radioattive, ecc.) per scopi medici, in particolare a scopo diagnostico (*radiologia diagnostica*) e per il trattamento del cancro (*radiologia terapeutica* o *radioterapia*).

radioterapia ▷ radiologia.

radula organo simile a una lingua presente nei molluschi gasteropodi; formata da una membrana cornea rivestita da file di dentelli cornei, è utilizzata per triturare il cibo.

raggi midollari lamine verticali di tessuto parenchimatico disposte radialmente fra i fasci conduttori, nel ▷ fusto delle piante; hanno funzione di trasporto e di accumulo di sostanze alimentari.

raggi X radiazione elettromagnetica di lunghezza d'onda compresa fra 100 nm e 1 nm. I raggi X attraversano facilmente la materia e sono perciò utilizzati in medicina per esaminare le strutture interne.

ragni ▷ aracnidi.

Ramapithecus genere di primate estinto vissuto nel Miocene, probabile capostipite degli ominidi (▷ ominazione).

ramificazione emissione di rami laterali da parte dell'asse di crescita principale di una pianta; avviene secondo diverse modalità:

- *dicotomica,* quando la gemma apicale si divide in due punti di crescita uguali e questi a loro volta si dividono nello stesso modo, tipica di alcune briofite e pteridofite;

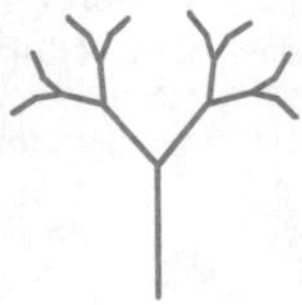

- *simpodiale*, quando l'asse principale (fusto) si sviluppa meno degli assi secondari (rami), e la crescita prosegue da uno o più getti laterali, come per esempio nel tiglio e nell'ippocastano;

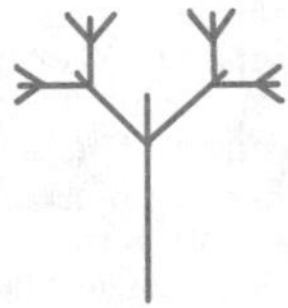

- *monopodiale*, quando gli assi secondari si sviluppano meno di quello principale, per cui l'insieme del sistema ramificato è attraver-

ranfoteca sinonimo di *becco*, struttura cornea che ricopre le mascelle prive di denti degli uccelli, dei cheloni (tartarughe) e dei monotremi (ornitorinco).

ratiti gruppo di animali comprendente gli uccelli inetti al volo, come il kiwi, l'emu e lo struzzo, caratterizzati da ossa pesanti, lunghe zampe e ali piccole; si pensa che discendano da uccelli volatori e che non abbiano un antenato comune.

razza termine analogo a ▷ sottospecie, usato in riferimento ad animali.

recessivo termine riferito a quella forma (allele) di un dato gene che, in una cellula diploide, si manifesta nel fenotipo solo negli individui omozigoti, mentre negli eterozigoti viene mascherato dalla presenza dell'allele dominante.

recettore struttura anatomica destinata a ricevere stimoli o segnali provenienti dall'esterno o dall'interno dell'organismo, capace di trasmettere l'impulso al sistema nervoso, inducendo una risposta. Gli occhi, gli orecchi e gli altri organi di senso contengono recettori specifici.

recettore cellulare proteina localizzata sulla superficie cellulare, in grado di riconoscere e legare molecole specifiche come ▷ ormoni e ▷ neurotrasmettitori.

redox, reazione sinonimo di ▷ ossidoriduzione.

regno la categoria più elevata nella classificazione degli organismi. Secondo l'impostazione attualmente più seguita i viventi sono suddivisi in 5 regni: ▷ monere (*Monera*), ▷ protisti (*Protista*), ▷ funghi (*Fungi*), ▷ piante (*Plantae*) e ▷ animali (*Animalia*).

reincrocio incrocio utilizzato come test (*test cross*) per stabilre se un individuo che mostra il carattere dominante è omozigote oppure eterozigote per lo stesso carattere. Incrociando un individuo di questo tipo con un individuo omozigote recessivo otteniamo esclusivamente prole a fenotipo dominante se il primo è omozigote, oppure il 50% con fenotipo dominante e il 50% recessivo, nel caso l'individuo in esame sia eterozigote.

rene il principale organo responsabile dell'escrezione nei vertebrati; nei mammiferi i reni sono due, ognuno costituito da numerose unità dette ▷ *nefroni* che filtrano il sangue formando l'▷ *urina*.

rennina enzima che provoca la coagulazione del latte, secreto dalle cellule dello stomaco dei mammiferi.

replicazione processo di duplicazione del DNA; nelle cellule eucariote si svolge nel nucleo. Al momento della replicazione la molecola di DNA si "apre", liberando i due filamenti, ognuno dei quali, utilizzando i nucleotidi presenti nel nucelo, determina la sintesi di un filamento complementare; in questo modo si formano due molecole di DNA, ognuna costituita da un filamento proveniente dal DNA parentale e un filamento sintetizzato ex-novo, per questo motivo la replicazione è definita *semiconservativa*. Questo processo è controllato principalmente da enzimi detti *DNA polimerasi*, e per saldare i frammenti di DNA neoformati interviene anche l'enzima *DNA ligasi*.

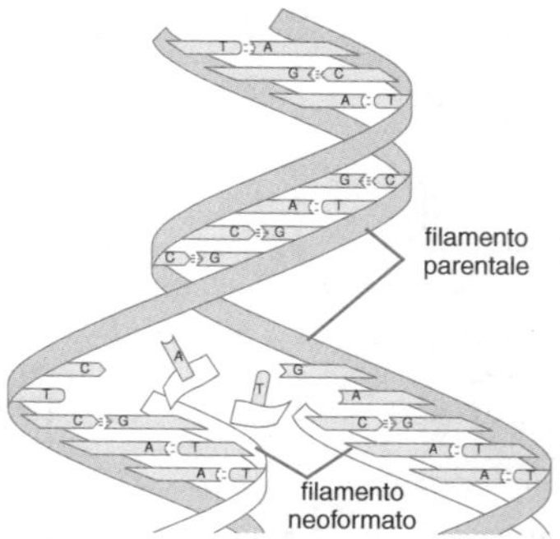

repressore proteina regolatrice dell'attività dei geni che agisce legandosi al DNA e bloccando la trascrizione di un gene strutturale (▷ operone).

resine miscele di composti organici di struttura varia e non sempre chiara, con funzione protettiva nei confronti di ferite o lesioni. Le resine sono prodotte da diverse piante e secrete all'interno di appositi *canali resiniferi*.

respiratorio, apparato insieme degli organi di un animale adibiti agli scambi gassosi, in particolare all'assunzione dell'ossigeno necessario per la ▷ respirazione cellulare e all'eliminazione dell'anidride carbonica prodotta dallo stesso processo. In alcuni animali molto semplici (come poriferi, celenterati, platelminti) gli scambi gassosi si realizzano per diffusione attraverso la superficie corporea, in tutti gli altri sono presenti organi specifici che collegano l'ambiente esterno all'ambiente interno, dotati di ampie superfici che aumentano l'efficienza degli scambi gassosi. Gli organi respiratori tipici degli insetti sono le ▷ *trachee*; i vertebrati acquatici respirano tramite ▷ *branchie*, quelli terrestri tramite ▷ *polmoni*. Nei vertebrati terrestri l'aria entra nell'apparato respiratorio attraverso la *cavità nasale* e la *bocca*, attraversa la *faringe* e la *laringe*, tramite la *trachea* raggiunge i *bronchi* e i *polmoni*, dove avvengono gli scambi gassosi.

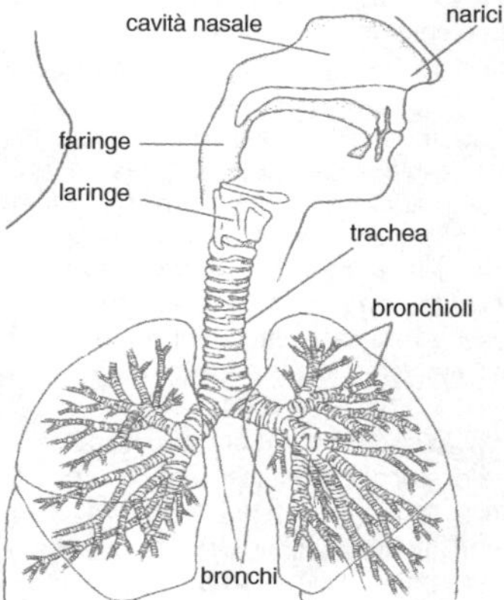

L'apparato respiratorio umano.

respiratori, movimenti movimenti che permettono il transito dell'aria verso e dagli organi respiratori. I movimenti respiratori dei pesci consistono nel sollevamento dell'opercolo che fa entrare acqua dalla bocca, e nel suo abbassamento che forza l'acqua a uscire attraverso le fessure branchiali. Nei mammiferi l'atto respiratorio è permesso dall'azione dei *muscoli intercostali* e del ▷ *diaframma* che allargano e restringono la gabbia toracica in modo che l'aria viene richiamata dall'esterno, e successivamente espulsa.

respiratori, pigmenti sostanze importanti per il trasporto dell'ossigeno nell'organismo, perché in grado di legare reversibilmente questo elemento quando è presente in concentrazione elevata e di rilasciarlo quando la concentrazione nell'ambiente è bassa. In alcuni artropodi e molluschi è presente ▷ *emocianina*, mentre il pigmento più efficiente presente nei vertebrati, è l'▷ *emoglobina*.

respirazione scambio di ossigeno e anidride carbonica tra i tessuti di un organismo e l'ambiente esterno. Nella maggior parte degli animali si svolge attraverso gli organi dell'*apparato* ▷ *respiratorio*; nelle piante lo scambio di gas avviene principalmente attraverso specifici pori (▷ *stomi*) presenti sulla superficie delle foglie.

respirazione cellulare insieme delle reazioni chimiche attraverso cui le cellule degli *auerobi* ottengono energia ossidando le sostanze organiche, per opera di ossigeno molecolare (O_2). Comporta la completa degradazione ad anidride carbonica (CO_2) e acqua (H_2O) dell'acido piruvico ($C_3H_4O_3$) formato, a partire dal glucosio, durante la ▷ glicolisi, e permette la liberazione di un'elevata quantità di energia che si traduce nella sintesi di ATP. È composta da tre fasi: la trasformazione dell'acido piruvico in ▷ acetilcoenzima A, il ▷ ciclo di Krebs e la catena di trasporto degli elettroni (▷ catena respiratoria). L'equazione generale della respirazione cellulare è:

$$C_6H_{12}O_6 + 6\ O_2 \rightarrow 6\ CO_2 + 6\ H_2O$$

l'ossidazione completa di una molecola di glucosio permette la sintesi di 38 molecole di ATP, si tratta quindi di una via metabolica molto efficiente (per un confronto ▷ fermentazione).

restrizione, enzimi di enzimi prodotti da cellule batteriche come meccanismo difensivo nei confronti delle infezioni virali, infatti tagliano il genoma virale riconoscendo specifiche sequenze di nucelotidi (*siti di restrizione*). Sono molto utilizzati nelle tecniche di ▷ ingegneria genetica, perché permettono di tagliare anche il DNA di altri organismi, quindi se si taglia con un particolare enzima di restrizione un frammento di DNA da clonare, e si utilizza lo stesso enzima per tagliare il DNA di unvettore (plasmide o batteriofago), la presenza di estremità simmetriche permette l'inserimento del genoma estraneo nel vettore e la produzione del ▷ DNA ricombinante.

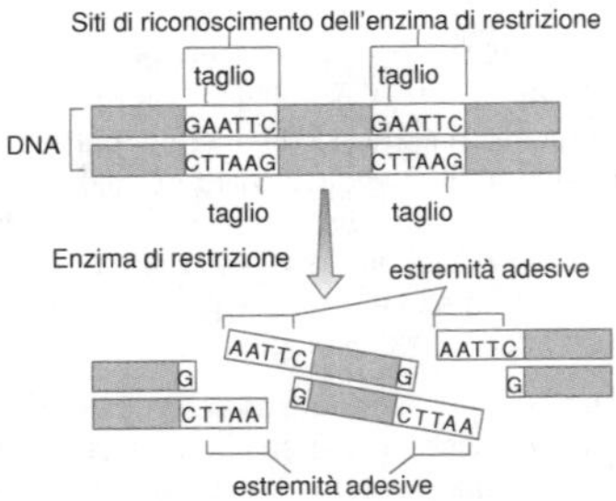

Schema dell'azione di un enzima di restrizione.

restrizione, frammenti di frammenti di DNA ottenuti utilizzando enzimi di restrizione. Poiché nel DNA di individui diversi appartenenti alla stessa specie sono presenti siti di restrizione diversi, tagliando frammenti di DNA omologhi con lo stesso enzima di restrizione si possono ottenere frammenti di lunghezza diversa, fenomeno detto *polimorfismo dei frammenti di restrizione* (*restriction fragment lenght polymorfism, RFLP*). L'analisi dei RFLP (si legge "rif-lip") è importante per individuare la comparsa di mutazioni (infatti queste possono eliminare o modificare un sito di restrizione), eventualmente associate a patologie ereditarie. Per esempio i frammenti di restrizione ottenuti dagli individui affetti da ▷ anemia falciforme sono diversi da quelli che si formano sottoponendo a taglio il genoma di un individuo sano.

restrizione, mappa di mappa del DNA realizzata tagliando la molecola di DNA in esame con diversi enzimi di restrizione, utilizzati singolarmente oppure contemporaneamente. I frammenti ottenuti dal taglio effettuato con un enzima di restrizione (*frammenti di restrizione)* sono diversi a seconda dell'enzima impiegato; utilizzando sulla stessa molecola di DNA enzimi diversi è possibile identificare i frammenti prodotti e ordinarli creando una mappa dei siti di restrizione (punti di taglio) per i diversi enzimi.

rete alimentare insieme di diverse ▷ catene alimentari interconnesse in un ecosistema.

rete nervosa rete di cellule nervose distribuite nel corpo in modo uniforme, collegate da sinapsi che permettono la trasmissione dell'impulso nervoso in tutte le direzioni. Reti di questo tipo costituiscono il sistema nervoso di alcuni semplici invertebrati, come celenterati ed echinodermi.

reticolo endoplasmatico (o reticolo endoplasmico) sistema di compartimenti delimitati da membrane presente nel citoplasma delle cellule eucariote; è coinvolto nei processi di sintesi di proteine e lipidi e nel trasporto di questi composti alle diverse parti della cellula. Il reticolo endoplasmatico è suddiviso in *rugoso* e *liscio* a seconda che a esso siano associati ▷ ribosomi, oppure no; il reticolo endoplasmatico rugoso è sede della ▷ sintesi proteica.

reticolo sarcoplasmatico forma specializzata di reticolo endoplasmatico che riveste ogni ▷ miofibrilla di una cellula muscolare.

retina membrana sensibile alla luce che riveste la superficie interna dell'occhio, responsabile della visione. La retina è formata da due strati cellulari, uno esterno, pigmentato, che impedisce che la luce venga riflessa, e uno interno, contenente i ▷ *fotorecettori* veri e propri, nei due tipi *coni* (importanti per la visione diurna) e *bastoncelli* (per la visione notturna).

retrovirus virus il cui materiale genetico è formato da RNA; quando infetta una cellula l'RNA virale viene utilizzato come stampo per sintetizzare una molecola di DNA complementare (cDNA) grazie all'enzima virale *trascrittasi inversa* (DNA polimerasi-RNA dipendente). Si forma quindi una molecola di DNA a doppia elica, che può dare origine a numerose copie di RNA virale oppure integrarsi nel genoma dell'ospite (*provirus*). I retrovirus possono essere ▷ oncogeni, oppure patogeni in altro modo; per esempio il virus HIV, responsabile dell'▷ AIDS, è un retrovirus.

rettili (*Reptilia*) classe di vertebrati eterotermi (a sangue freddo) completamente adattattati alla vita sulla terraferma (a differenza degli ▷ anfibi, da cui si sono evoluti). Adattamenti in questo senso sono l'epidermide rivestita da uno spesso strato corneo che impedisce la disidratazione (deve essere rinnovato periodicamente tramite mute), e la presenza di uova dotate di ▷ *amnios* e di un guscio che le protegge dall'essicamento. I rettili respirano tramite polmoni; la circolazione è doppia e incompleta: il cuore è costituito da due atri e un solo ventricolo, quindi sangue venoso e sangue arterioso possono mescolarsi; la fecondazione è interna, le uova sono deposte sulla terraferma e lo sviluppo è diretto. Sono diffusi nei climi caldi e temperati; molti cadono in letargo, per difendersi sia dal freddo che dal caldo. I primi rettili comparvero alla fine del Carbonifero (circa 300 milioni di anni fa), si diffusero nel Mesozoico, con un'enorme varietà di forme (▷ dinosauri), e alla fine del Mesozoico si estinsero tutti i principali gruppi. Attualmente gli ordini principali sono tre: ▷ *squamati* (lucertole e serpenti), ▷ *cheloni* (tartarughe e testuggini) e ▷ *coccodrilli*.

RFLP sigla per frammenti di ▷ restrizione.

Rh, fattore antigene presente sui globuli rossi la cui presenza o assenza, determinata geneticamente, è indicata rispettivamente da un + o da un – nella nomenclatura dei gruppi sanguigni. La maggior parte della popolazione possiede il fattore Rh, è quindi Rh^+, mentre gli individui che non lo possiedono sono Rh^-. Un'eventuale trasfusione di sangue Rh^+ in un individuo Rh^- provoca la produzione di anticorpi anti-Rh, con gravi conseguenze nel caso si verifichi una seconda trasfusione dello stesso tipo.

riboflavina vitamina B_2; ▷ vitamine.

ribonucleasi (RNAasi) tipo di ▷ nucleasi.

ribonucleico, acido ▷ RNA.

ribosio zucchero a 5 atomi di carbonio (monosaccaride), costituente dei nucleotidi e degli ▷ acidi nucleici, è un componente dell'RNA, mentre il suo derivato, desossiribosio è un costituente fondamentale del DNA.

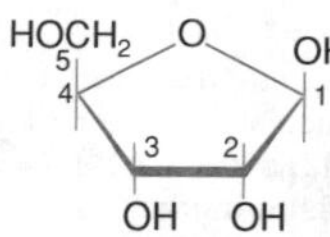

ribosoma organulo sede della traduzione (▷ sintesi proteica), costituito da RNAribosomale e proteine; può essere libero nel citoplasma o aderire alle membrane del ▷ reticolo endoplasmatico; l'RNA messaggero si lega ai ribosomi durante la traduzione.

riccio di mare ▷ echinodermi.

ricettacolo parte del ▷ fiore che porta sepali, petali, stami e carpelli.

rickettsie piccoli batteri, parassiti intracellulari obbligati. Sono spesso ospiti di artropodi, come le zecche, le pulci e i pidocchi, nel cui organismo si riproducono senza provocare danni; possono essere trasmesse all'uomo, provocando diverse malattie, come per esempio il tifo esantematico.

ricombinazione creazione di un nuovo assortimento fra i geni di un individuo, diverso da quello di entrambi i genitori. La ricombinazione negli eucarioti è resa possibile dai meccanismi di ▷ riproduzione sessuata, infatti la ▷ meiosi permette un riassortimento dei cromosomi, creando combinazioni diverse da quelle dei genitori. Il ▷ *crossing-over* inoltre permette il riassortimento dei geni presenti sullo stesso cromosoma. Nei procarioti la ricombinazione può avvenire grazie ai fenomeni di ▷ trasformazione, ▷ trasduzione e ▷ coniugazione.

riducente sostanza che in una reazione di ▷ ossidoriduzione cede elettroni; il termine è riferito in generale a composti che tendono facilmente a ossidarsi.

riduzione ▷ ossidoriduzione.

riduzionismo corrente di pensiero, nell'ambito della filosofia della scienza, secondo la quale i fenomeni complessi possono essere scomposti in fenomeni più semplici e studiati come il risultato della somma di questi. La fisica è considerata la disciplina fondamentale, a questa devono essere riferite, nell'ordine, la chimica, la biologia, la psicologia e la sociologia; si contrappone a ▷ olismo.

riflesso risposta automatica e innata a uno stimolo particolare (come il ritiro della mano al contatto con il fuoco). Questo tipo di risposta è estremamente rapida perché è mediata da un circuito nervoso semplice, l'*arco riflesso*, che non coinvolge i centri nervosi superiori.

rigenerazione costruzione di nuovi tessuti o organi per sostituire quelli persi o danneggiati da una ferita. Numerose piante sono in grado di rigenerare una pianta completa a partire da un frammento di germoglio o da una foglia. Negli animali questa capacità è molto meno sviluppata; alcune spugne possono dare origine a interi organismi a partire da piccoli frammenti, mentre alcuni rettili o anfibi sono in grado di generare nuovi arti o la coda. Nei mammiferi la rigenerazione è generalmente limitata ai processi di guarigione delle ferite.

riproduttore, apparato (o apparato genitale) complesso di organi e strutture che negli animali permettono la riproduzione. In generale l'apparato riproduttore comprende le gonadi, cioè i ▷ *testicoli* (maschili) o le ▷ *ovaie* (femminili) dove si formano le cellule riproduttive (gameti), i *gonodotti*, canali attraverso i quali vengono emessi i gameti e, negli animali a fecondazione interna, gli *organi copulatori*.

riproduzione funzione fondamentale di tutti gli organismi viventi, permette di mantenere in vita la specie. La riproduzione porta alla formazione di nuovi individui più o meno simili ai genitori e si realizza secondo diverse modalità, la principale distinzione individua due tipologie: *sessuata* e *asessuata*.

riproduzione asessuata (o riproduzione agamica o agamia) forma di riproduzione che non comprende la ▷ fecondazione fra ▷ gameti provenienti da due genitori; i nuovi individui prendono origine da un unico genitore. È una modalità riproduttiva che riguarda soprattutto i procarioti, gli animali inferiori, e le piante. I batteri (procarioti) si riproducono per *scissione binaria*, così come i protozoi; in alcuni animali inferiori è presente la ▷ *gemmazione*. Nelle piante la riproduzione asessuata avviene per ▷ *propagazione vegetativa*, tramite bulbi, tuberi, o rizomi, oppure tramite la formazione di spore. In molti casi nel ciclo vitale di piante e animali si alterna a fasi di riproduzione sessuata (▷ alternanza di generazioni).

riproduzione sessuata (o gamica) forma di riproduzione che comporta l'intervento di cellule riproduttive aploidi prodotte tramite la ▷ meiosi nei due tipi maschile e femminile (*gameti*), e la loro fusione (*fecondazione*) che forma lo *zigote* (diploide). Negli animali i gameti di tipo diverso sono generalmente prodotti da individui di sesso diverso, mentre le piante spesso ospitano nello stesso individuo gli organi che generano i gameti maschili e femminili. Nella riproduzione sessuata l'alternanza di meiosi e fecondazione rimescola e ricombina i patrimoni genetici degli individui, aumentando notevolmente la variabilità della specie, risultando quindi più vantaggiosa ai fini dell'adattamento della specie ai cambiamenti ambientali.

ritidoma (o scorza) parte più esterna del fusto di una pianta (▷ sughero), che con la crescita della pianta stessa si sfalda e si stacca; è detta impropriamente *corteccia*.

rizoidi strutture simili a peli, formate da alcune piante inferiori (per esempio i muschi), che fissano la pianta al substrato e assorbono acqua e sali minerali, con funzione analoga alle radici.

rizoma fusto sotterraneo a decorso orizzontale, dotato di foglioline ridotte a squame, in corrispondenza delle quali ogni anno si sviluppano nuove piante. I rizomi sono tipici di alcune piante erbacee perenni (mughetto, gramigna) a cui permettono di sopravvivere tra due stagioni di crescita successive, sono organi di riserva e permettono la ▷ propagazione vegetativa.

RNA (acido ribonucleico) acido nucleico costituito da nucleotidi composti da *ribosio* (mentre nel DNA è desossiribosio), un gruppo fosfato, e una base azotata fra *adenina*, *citosina*, *guanina* e *uracile* (quest' ultimo al posto della timina). In tutte le cellule l'RNA partecipa alle diverse fasi della ▷ sintesi proteica, in alcuni virus (▷ retrovirus) costituisce anche il materiale ereditario. I tre tipi fondamentali di RNA sono ▷ *RNA messaggero* (*mRNA*), ▷ *RNA ribosomale* (*rRNA*) e ▷ *RNA di trasporto* (*tRNA*).

RNA messaggero (mRNA) forma di RNA che funge da tramite per il passaggio dell'informazione genetica dal DNA alle proteine. L'mRNA viene sintetizzato nel nucleo (negli eucarioti) a partire da un filamento di DNA, tramite il processo di ▷ *trascrizione*. La molecola di RNA prodotta dalla trascrizione, *trascritto primario*, esce dal nucleo e nel citoplasma subisce un processo di elaborazione, in cui sono rimossi gli *introni*, frammenti non necessari per la sintesi delle proteine; a questo punto viene utilizzato per la *traduzione* permettendo la sintesi della proteina corrispondente (▷ sintesi proteica).

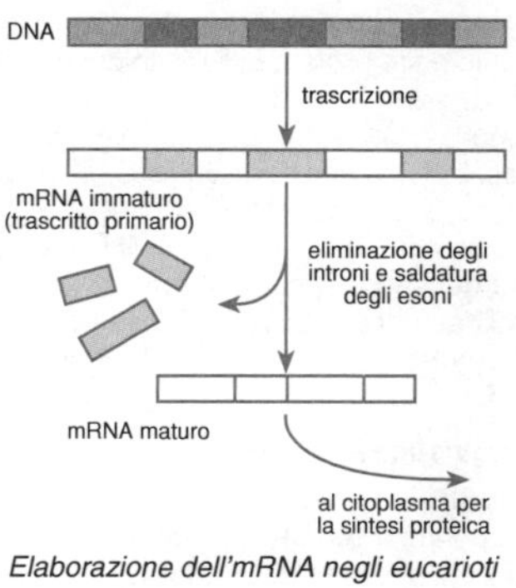

Elaborazione dell'mRNA negli eucarioti

RNA polimerasi enzima che catalizza la sintesi di RNA durante il processo di ▷ trascrizione.

RNA ribosomale (rRNA) costituente fondamentale (insieme a proteine) dei ▷ ribosomi; è formato da una molecola a filamento singolo, con alcune regioni in cui sono appaiate le basi appartenenti a diverse regioni dello stesso filamento.

RNA transfer o di trasporto (tRNA) piccole molecole di RNA che legano uno specifico amminoacido e lo trasportano al complesso ribosoma-mRNA durante la ▷ sintesi proteica, appaiandosi al codone corrispondente all'amminoacido trasportato mediante una tripletta specifica di nucleotidi, detta *anticodone*. Ogni tRNA ha una forma a trifoglio caratteristica dovuta all'appaiamento fra le basi di alcune regioni della molecola.

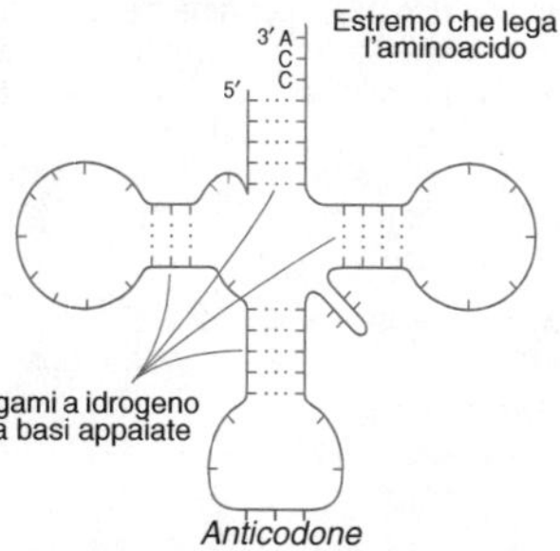

Struttura schematica di una molecola di tRNA

roditori (*Rodentia*) ordine di mammiferi caratterizzati dalla presenza di 4 incisivi lunghi e taglienti, a crescita continua, particolarmente adatti a rosicchiare. Si nutrono di vegetali, oppure sono onnivori; in genere si riproducono durante tutto l'anno e danno origine a prole numerosa. Appartengono a questo ordine gli scoiattoli, i castori, i topi, i ghiri e gli istrici.

rodoficee denominazione con cui a volte sono indicate le ▷ alghe rosse.

rodofite ▷ alghe rosse.

rombencefalo una delle tre parti dell'encefalo dell'embrione dei vertebrati, dal suo sviluppo si formano il *cervelletto*, il *ponte* e il *midollo allungato* (▷ encefalo).

rotiferi (*Rotatoria*) classe di invertebrati a simmetria bilaterale, dotati di ▷ pseudoceloma. I rotiferi sono piccoli animali (al massimo 3 mm) caratterizzati da un disco ciliato attorno alla bocca, vivono generalmente nell'acqua dolce stagnante e si nutrono facendo roteare le ciglia, provocando la formazione di un vortice che trascina verso la bocca batteri e protozoi.

rRNA sigla per ▷ RNA ribosomale.

ruggini nome comunemente utilizzato per indicare un gruppo di ▷ basidiomiceti (funghi) parassiti di vegetali, in particolare dei cereali.

ruminanti (*Ruminantia*) sottordine degli *artiodattili* (mammiferi ungulati) che comprende le capre, i bovini, le pecore, i cervi e le antilopi. Lo stomaco di questi animali è composto di 4 parti, la prima delle quali è il *rumine*, contenente microrganismi che digeriscono la cellulosa; il cibo rimane nel rumine per un certo periodo di tempo, successivamente viene rigurgitato e rimasticato, per poi passare nelle altre parti dello stomaco, dove viene digerito.

rumine porzione dello stomaco dei ▷ ruminanti, in cui ha luogo la digestione della cellulosa.

S

sacca pollinica struttura riproduttiva maschile in cui sono prodotti i granuli pollinici; nel ▷ fiore delle angiosperme è contenuta nelle antere.

saccaridi sinonimo di ▷ carboidrati.

saccarosio il comune zucchero da tavola; è un *disaccaride*, formato da glucosio e fruttosio, diffuso in natura, in particolare nella barbabietola e dalla canna da zucchero (15-20%), da cui viene estratto.

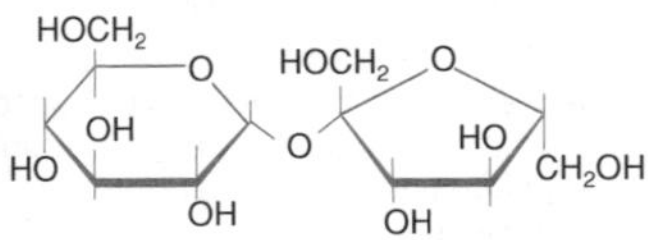

sacco embrionale struttura riproduttiva contenuta nell'▷ ovulo delle angiosperme (piante con fiori); comprende 8 nuclei fra cui la *oosfera* (cellula uovo) che durante la ▷ fecondazione si fonde con un nucleo spermatico (gamete maschile) portato dal granulo pollinico originando lo zigote; rappresenta il *gametofito femminile* delle angiosperme (▷ alternanza di generazioni).

sacco vitellino uno degli ▷ annessi embrionali dei vertebrati *amnioti* (rettili, uccelli e mammiferi), contenente materiale di riserva per la nutrizione dell'embrione. È particolarmente sviluppato nei rettili e negli uccelli, dove contiene il tuorlo.

saliva fluido acquoso prodotto dalle ghiandole salivari, presenti nella bocca di molti mammiferi. Contiene *mucina*, che lubrifica il cibo e facilita il suo passaggio nell'esofago, e *ptialina*, enzima che scinde l'amido.

salivari, ghiandole ghiandole esocrine responsabili della produzione della ▷ saliva.

Salmonella genere di batteri che comprende specie patogene per gli animali e per l'uomo, in cui provoca enteriti dette genericamente *salmonellosi*; appartengono a questo gruppo gli agenti del *tifo* e del *paratifo*.

samara tipo di ▷ frutto secco indeiscente.

sangue tessuto fluido contenuto nell'apparato circolatorio, che raggiunge tutte le parti del corpo e consente il trasporto ai tessuti di gas e sostanze nutritive e l'allontanamento delle sostanze di rifiuto del metabolismo; permette inoltre la distribuzione degli ormoni e svolge funzioni di difesa. Il sangue è cosituito da una parte liquida, il ▷ *plasma sanguigno*, e da una parte corpuscolata che comprende diversi tipi cellulari. Le cellule del sangue, che si formano tramite il processo di ▷ *emopoiesi*, comprendono i ▷ *globuli rossi*, i ▷ *globuli bianchi* e le ▷ *piastrine*.

sanguisuga ▷ irudinei.

saprofita organismo eterotrofo che si nutre di sostanza organica in decomposizione (morta); anche ▷ decompositore.

sarcodini (*Sarcodina*) gruppo di organismi unicellulari eterotrofi (▷ protozoi) che si muovono e catturano il cibo mediante l'emissione di *pseudopodi* (prolungamenti citoplasmatici). Comprendono le *amebe*, i *foraminiferi* e i *radiolari*; le prime, di forma indefinita, molto diffuse nel terreno, sono prevalentemente saprofite, ma esistono anche specie parassite, come *Hentamoeba histolytica* che provoca la dissenteria amebica. I foraminiferi e i radiolari, diffusi in ambiente marino, sono dotati rispettivamente di guscio calcareo e di scheletro siliceo.

sarcomero unità funzionale e strutturale di contrazione del tessuto ▷ muscolare striato.

scaglie piccole placche ossee che rivestono il corpo dei pesci. I pesci cartilaginei hanno *scaglie placoidi*, piccole e simili a denti, formate di dentina e smalto, con una spina sporgente e una base affondata nella pelle; le scaglie della maggior parte dei pesci attuali sono ridotte a sottili placche ossee (dette *cicloidi* se hanno il margine posteriore liscio, *ctenoidi* se è dentellato), lamellari ed embricate, rivestite di muco.

scheletro struttura di un animale che fornisce il sostegno meccanico al corpo, protegge gli organi interni e comprende i punti di inserzione dei muscoli. Il tipo di scheletro più semplice è l'*idroscheletro* (scheletro idrostatico), presente negli anellidi e nei celenterati, formato da canali ripieni di liquido sui quali i muscoli esercitano una pressione che dà sostegno al corpo dell'animale. Negli invertebrati è spesso presente uno scheletro esterno, o ▷ *esoscheletro*, mentre tutti i vertebrati sono dotati di uno scheletro interno, ▷ *endoscheletro*, costituito da pezzi ossei oppure cartilaginei articolati fra loro.

schizocelia nel corso dello sviluppo embrionale, modalità di formazione del ▷ celoma per escavazione del foglietto mesodermico; si oppone a ▷ enterocelia, è la modalità tipica degli animali ▷ protostomi.

Schwann, cellula di cellula del tessuto nervoso, che avvolgendosi attorno a una fibra nervosa forma la ▷ guaina mielinica.

scifozoi (*Scyphozoa*) classe di ▷ celenterati in cui prevale la generazione di medusa.

scissione binaria (o **fissione binaria**) modalità di riproduzione asessuata caratteristica dei procarioti. Al momento della scissione l'unica molecola di DNA di cui sono dotati si replica, ognuna delle molecole risultanti aderisce alla membrana cellulare, la cellula si allunga, e nello spazio fra i due punti di attacco si forma un'invaginazione della membrana fino a strozzare la cellula e dividerla nelle due cellule figlie.

sclereidi ▷ sclerenchima.

sclerenchima tessuto vegetale con funzione di sostegno, costituito da cellule morte, dotate di parete spessa e lignificata. Gli elementi dello sclerenchima sono detti *fibre*, se di forma allungata, *sclereidi* se tondeggianti. Le fibre sono di solito associate ai tessuti conduttori (▷ fascio conduttore), mentre le sclereidi sono presenti nel rivestimento dei semi e nella polpa di alcuni frutti (i granellini della pera).

scorpioni ▷ aracnidi.

sebacee, ghiandole piccole ghiandole presenti nella ▷ pelle dei mammiferi, secernenti il *sebo cutaneo*, un miscuglio di grassi che ha la funzione di lubrificare i peli e proteggere la pelle.

sebo secreto delle ghiandole ▷ sebacee.

secondo messaggero composto che agisce come intermediario chimico per l'esplicazione della funzione di sostanze come ormoni o neurotrasmettitori; il più comune è l'▷ AMP-ciclico.

secretina ormone prodotto dall'intestino tenue in presenza di cibo nello stomaco; stimola la produzione di succo pancreatico nel pancreas e la produzione di bile nel fegato.

secrezione processo mediante il quale alcune cellule elaborano ed emettono sostanze specifiche. Le cellule secernenti sono spesso riunite in organi specifici, le *ghiandole*. Le sostanze prodotte dalle ghiandole *esocrine* sono emesse all'esterno dell'organismo, quelle delle ghiandole *endocrine* sono versate nel circolo sanguigno.

segmentazione processo che si verifica nella fase iniziale dello sviluppo ▷ embrionale e attraverso una serie di divisioni cellulari trasforma lo zigote in una masserella di cellule detta *morula*.

segregazione separazione delle coppie di ▷ alleli durante la formazione delle cellule riproduttive, in modo che queste contengono solo un allele di ciascuna coppia; è dovuta alla separazione dei cromosomi omologhi che si verifica durante la ▷ meiosi.

selaci ordine di pesci appartenente ai ▷ condritti.

selezione naturale meccanismo proposto da Darwin per spiegare il verificarsi dell'▷ evoluzione: gli individui che, grazie a differenze casuali, risultano più adatti all'ambiente, soppravvivono più facilmente e quindi lasciano più discendenti rispetto agli individui meno adatti. L'ambiente quindi seleziona le caratteristiche destinate a conservarsi nella discendenza, e quelle destinate a scomparire. Considerando la ▷ genetica delle popolazioni, la selezione naturale porta a una graduale variazione delle frequenze alleliche.

selvatico termine riferito, per un dato carattere, all'allele presente nella maggioranza dei membri di una popolazione; gli alleli selvatici generalmente sono dominanti.

seme struttura riproduttiva delle *spermatofite* (piante con semi), si forma dall'ovulo dopo la fecondazione. Comprende l'▷ *embrione*, che si sviluppa dalla cellula uovo fecondata, sostanze di riserva sotto forma di *endosperma* o *cotiledoni*, e il *tegumento*, con funzione protettiva, derivante dagli strati più esterni dell'ovulo. Il seme, organo molto disidratato, permette di mantenere l'embrione in uno stato di *quiescenza* finché non vi siano le condizioni adatte alla germinazione (in alcuni casi anche molti anni). La comparsa dei semi ha permesso la colonizzazione delle terre emerse da parte delle piante, infatti le spermatofite, a differenza delle piante inferiori, non richiedono la presenza di acqua per la riproduzione.

semipermeabile termine riferito a struttura che, posta in contatto con una soluzione, permette il passaggio del solvente ma non quello della maggior parte dei soluti; le membrane biologiche (▷ membrana cellulare) sono semipermeabili.

sempreverde termine riferito a pianta che mantiene le foglie tutto l'anno; la vita di ogni foglia può essere di 2-3 anni e vengono rinnovate in continuo, indipendentemente le une dalle altre. Generalmente le foglie delle piante sempreverdi sono dotate di adattamenti per evitare un'eccessiva perdita d'acqua, spesso sono di dimensioni ridotte, oppure aghiformi, coriacee e cerose.

senescenza (o invecchiamento) insieme delle modificazioni che interessano un organismo (o una parte di esso) tra la maturità e la morte. La senescenza implica una perdita di efficienza delle cellule nel mantenere e sostituire i componenti cellulari che porta a un deterioramento delle funzioni vitali. Non tutte le parti di un organismo invecchiano necessariamente nello stesso modo, per esempio gli alberi caducifogli perdono le foglie invecchiate al termine di ogni stagione di crescita, mentre il resto della pianta rimane vitale.

sepalo parte del ▷ fiore che forma il calice.

sequenze di DNA ripetitive frammenti di DNA formati dagli stessi nucleotidi ripetuti; comprendono in genere 150-300 nucleotidi e si trovano negli eucarioti, dove costituiscono circa il 20-40% del DNA. I geni che codificano per gli ▷ istoni e per l'▷ RNA ribosomale appartengono a questa classe; buona parte di questo DNA non viene mai espresso e il suo ruolo non è chiaro.

sequenziamento genico processo che consente di determinare la sequenza di nucleotidi di un gene. Una delle tecniche più usate prevede il taglio del frammento di DNA in esame tramite diversi enzimi di restrizione, formando frammenti di ▷ restrizione che, una volta identificati tramite ▷ elettroforesi e ordinati, permettono di ricostruire la sequenza di nucleotidi del gene (mappa di ▷ restrizione).

serina ▷ amminoacidi.

serotonina sostanza che negli animali agisce come vasocostrittore (liberato in caso di emmorragia) e come neurotrasmettitore attivo nel sistema nervoso centrale. Il suo ruolo come neurotrasmettitore è collegato ai ritmi sonno-veglia (il sonno è correlato a un aumento di serotonina nel sangue) e agli stati emotivi.

sessile 1) *in zoologia*, si dice di un animale che vive permanentemente ancorato al substrato. 2) *in botanica,* si dice di un organo che non possiede un gambo quando invece normalmente ne è dotato, per esempio una foglia priva di picciolo.

sesso insieme dei caratteri anatomici, fisiologici e comportamentali che differenziano gli organismi viventi in due tipi sessuali (maschi e femmine) in modo da rendere possibile la ▷ riproduzione sessuata. In alcuni casi l'appartenenza a un sesso o all'altro è determinata da condizioni ambientali, ma nella maggioranza dei casi è controllata geneticamente, in base alla combinazione presente per quel che riguarda i ▷ cromosomi sessuali.

setola 1) estroflessioni simili a peli prodotte dall'epidermide degli invertebrati (come anellidi e insetti); 2) peli particolarmente dritti e rigidi presenti in alcune parti del corpo dei mammiferi (come nella coda dei cavalli o sul dorso dei cinghiali).

setto struttura divisoria presente in un organismo animale o vegetale; per esempio i setti che dividono il cuore in 4 camere, oppure i setti presenti all'interno di certi tipi di frutto.

shock anafilattico la più drammatica reazione allergica (▷ allergia).

siconio tipo di ▷ frutto composto.

siero 1) componente del sangue che rimane dopo la rimozione dal ▷ plasma della fibrina e dei fattori coagulanti; 2) preparazione contenente anticorpi contro un determinato agente patogeno che viene inoculata per conferire resistenza in un individuo di cui si teme che abbia avuto contatto con lo stesso patogeno (*immunizzazione passiva*), prende questo nome perché si ricava di solito dal siero sanguigno di mammiferi.

sifonatteri (*Siphonaptera*) o afanitteri ordine di insetti comprendente le pulci; sono insetti piccoli (circa 2 mm), privi di ali, agili saltatori. Ectoparassiti succhiatori di sangue, vivono su uccelli e mammiferi, perforano la pelle dell'ospite grazie all'apparato boccale specializzato a questo scopo e iniettano sostanze antigoagulanti. Oltre a causare fastidio le pulci possono trasmettere organismi patogeni, fra cui i batteri responsabili della peste bubbonica.

siliqua tipo di ▷ frutto secco deiscente.

Siluriano terzo periodo geologico dell'era paleozoica, da 435 a 395 milioni di anni fa. In un ambiente caratterizzato da flora e fauna prevalentemente marine, compaiono le prime piante terrestri (▷ tracheofite), appartenenti alla classe delle psilofitine (▷ pteridofite). Le forme animali, comprendono numerosi invertebrati marini, fra cui molluschi molto evoluti, gasteropodi e cefalopodi, e numerosi gruppi di artopodi. Fra i vertebrati sono presenti gli ostracodermi, simili a pesci, con bocca immobile, e verso la fine del periodo compaiono i placodermi, i primi pesci dotati di bocca mobile, con scheletro cartilagineo, e corpo rivestito di piastre ossee, oggi estinti.

simbiosi associazione fra due individui di specie differenti. Il termine è generalmente riferito ad associazioni vantaggiose per entrambi gli organismi, situazione definita più correttamente *simbiosi mutualistica* (o *mutualismo*), ma può essere utilizzato anche per associazioni vantaggiose per uno solo degli organismi, quando l'altro non ne riceve vantaggio né danno, come il *commensalismo.*

simmetria bilaterale disposizione delle parti che costituiscono un organo o un organismo in modo che esista un solo piano che divide la struttura in due parti uguali. Il tipo di simmetria corporea è un carattere utilizzato per la classificazione dei viventi; un fiore a simmetria bilaterale è detto *zigomorfo*.

simmetria radiale disposizione delle parti che compongono un organo o un organismo attorno a un asse centrale in modo che qualsiasi piano passante per l'asse divide la struttura in due parti uguali. Sono caratterizzati da simmetria radiale per esempio i *celenterati*, e gli *echinodermi*. Le radici e i fusti delle piante, come pure molti fiori, sono organi a simmetria radiale; un fiore di questo tipo è detto *attinomorfo*.

simpatico altro nome per ▷ ortosimpatico.

simpatrico termine riferito a specie animali o vegetali diverse, che occupano la stessa area geografica. Si parla di ▷ speciazione simpatrica quando una parte di una popolazione dà origine a una nuova specie senza richiedere la presenza di barriere geografiche.

simpodiale tipo di ▷ ramificazione.

sinapsi 1) giunzione tra due neuroni o tra un neurone e un organo effettore, a livello della quale si ha la trasmissione dell'impulso nervoso da una cellula all'altra. Il neurone che trasferisce l'impulso nervoso verso la sinapsi (*neurone presinaptico*) termina con il *bottone sinaptico*, contenente numerose *vescicole sinaptiche* piene di uno specifico ▷ *neurotrasmettitore* che all'arrivo dell'impulso nervoso viene liberato nello spazio compreso fra i due neuroni (*fessura sinaptica*), e si lega a specifici recettori sulla *membrana postsinapica* trasmettendo l'impulso nervoso al *neurone postsinaptico*. Questo meccanismo è proprio delle *sinapsi chimiche*, tipiche dei vertebrati; negli invertebrati, e in alcuni vertebrati, sono presenti *sinapsi elettriche*, in cui la trasmissione delle informazioni avviene per passaggio di impulsi elettrici. 2) può anche indicare l'appaiamento dei cromosomi omologhi durante la profase I della ▷ meiosi.

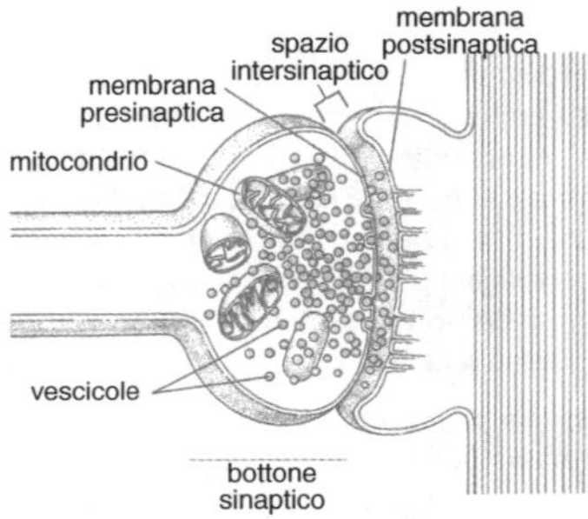

sincizio struttura plurinucleata che ha origine dalla fusione di più cellule, precedentemente distinte.

sindrome da immunodeficienza acquisita ▷ AIDS.

sindrome di Down malattia congenita (chiamata anche *mongolismo*) caratterizzata da insufficienza mentale e da un aspetto somatico caratteristico. È dovuta a un'anomalia cromosomica detta *trisomia 21*, perché negli individui colpiti sono presenti tre copie del cromosoma 21, anziché due, come accade normalmente.

sindrome di Turner anomalia genetica, riscontrata nelle donne, provocata dall'assenza del secondo ▷ cromosoma sessuale, queste donne sono dunque X0, anziché XX. La sindrome di Turner determina assenza delle ovaie e del ciclo mestruale, le donne colpite sono sterili e mancano dei caratteri sessuali secondari.

sintesi proteica (o traduzione) processo in base al quale una sequenza di nucleotidi del DNA viene convertita nella catena di amminoacidi, e quindi nella proteina, corrispondente. Si svolge nel citoplasma, dove l'RNA messaggero, sintetizzato su stampo del DNA durante la ▷ trascrizione, si lega ai ribosomi. Il ribosoma scorre, in modo che i codoni che compongono l'mRNA, vengono a trovarsi sul ribosoma stesso in modo sequenziale. Quando un dato codone si trova sul ribosoma l'RNA di trasporto (tRNA), riconosciuto il codone grazie all'*anticodone* (complementare) che lo caratterizza, porta l'amminoacido corrispondente; in questo modo gli amminoacidi sono riuniti nella corretta sequenza per formare la catena polipeptidica.

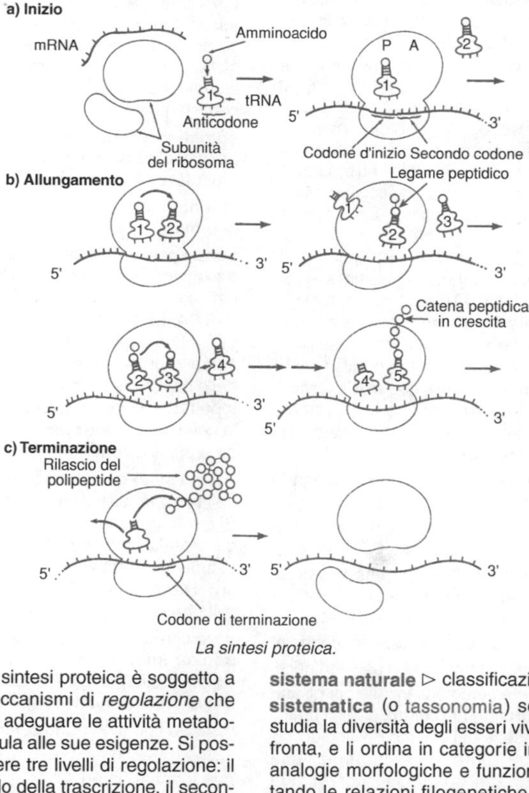

La sintesi proteica.

Il processo di sintesi proteica è soggetto a complessi meccanismi di *regolazione* che permettono di adeguare le attività metaboliche della cellula alle sue esigenze. Si possono distinguere tre livelli di regolazione: il primo è a livello della trascrizione, il secondo a livello della traduzione, infine, le proteine già sintetizzate possono essere regolate tramite l'azione di altre molecole che fungono da attivatori o inibitori.

siringe organo che produce suoni, proprio degli uccelli; è situato nella parte inferiore della trachea, costituito da cartilagini fra le quali si trovano delle membrane che vibrando generano i suoni.

sistema artificiale ▷ classificazione.

sistema naturale ▷ classificazione.

sistematica (o tassonomia) scienza che studia la diversità degli esseri viventi, li confronta, e li ordina in categorie in base alle analogie morfologiche e funzionali, rispettando le relazioni filogenetiche. Il *sistema naturale* degli organismi viventi è infatti il risultato della ▷ *filogenesi* ed è organizzato in modo gerarchico. La tassonomia classica si basa su anatomia, embriologia e fisiologia, attualmente, inoltre ha acquistato grande importanza lo studio della biochimica. In particolare vengono studiate alcune proteine, come il citocromo *c*, presenti, con la stessa funzione, in tutti gli esseri viventi (proteine omologhe), caratterizzate da sequenze di amminoacidi simili ma non identiche. Poiché le proteine sono codificate dal DNA, e queste differenze sono attribuite a mutazioni casuali, una maggiore somiglianza nella composizione amminoacidica suggerisce rapporti evolutivi più stretti. Le 7 categorie sistematiche principali sono, in ordine gerarchico decrescente: *regno*, *phylum* (per gli animali) o *divisione* (per le piante), *classe*, *ordine*, *famiglia*, *genere* e *specie*. Oltre a queste sono state introdotte in alcuni casi categorie intermedie, come il *subphylum*, la *sottoclasse*, ecc. Per esempio il cavallo (*Equus caballus*), appartiene al regno degli animali (*Animalia*), *phylum* cordati (*Chordata*), *subphylum* vertebrati (*Vertebrata*), classe mammiferi (*Mammalia*), ordine perissodattili (*Perissodactyla*), famiglia equidi, genere *Equus*, specie *caballus*. Non esiste un sistema naturale degli esseri viventi definitivo, la scoperta di nuove specie, o di caratteristiche prima ignote all'interno di specie note, possono indurre i ricercatori a spostare una data specie da una categoria tassonomica (*taxon*) a un'altra.

sistole fase della contrazione cardiaca in cui i ventricoli e gli atri si contraggono.

sito attivo regione di un ▷ enzima che riconosce e lega il substrato.

smalto tessuto molto duro, che riveste la dentina nella porzione del ▷ dente che costituisce la corona.

SNC sigla per sistema ▷ nervoso centrale.

SNP sigla per sistema ▷ nervoso periferico.

sodio (Na) elemento essenziale per gli animali, è importante nel controllo degli equilibri acido-base, e del volume dei liquidi corporei, ha un ruolo fondamentale nella trasmissione dell'▷ impulso nervoso; la sua concentrazione nei liquidi intra- ed extracellulari è regolata dalla ▷ pompa del sodio/potassio.

soglia intensità minima di uno stimolo necessaria ad indurre una risposta.

sol tipo di ▷ colloide.

soluzione miscela omogenea di due o più sostanze, in cui quella presente in quantità maggiore è detta *solvente* e quella/e in quantità minore *soluto/i*. In base alla fase fisica delle sostanze miscelate possiamo avere soluzioni solide, liquide o gassose, ma le più comuni sono quelle liquide.

soluzione fisiologica soluzione salina isotonica e con lo stesso pH della soluzione corporea di un animale. Le soluzioni fisiologiche permettono di mantenere in vita per alcune ore tessuti o organi, senza che si verifichino alterazioni patologiche.

somatico termine riferito a tutte le cellule di un animale o di una pianta eccetto quelle riproduttive.

somatotropina (o ormone della crescita); ▷ ormoni.

sonda genica frammento di DNA o di RNA a singolo filamento usato in ingegneria genetica per cercare una specifica sequenza di DNA. La sonda contiene una sequenza di basi complementare a quella bersaglio, quindi si unirà a questa per accoppiamento delle basi. Se si marca la sonda con un isotopo radioattivo, sarà possibile indentificarla nelle successive operazioni di separazione e purificazione.

sonno stato caratterizzato dalla riduzione della coscienza e delle attività metaboliche. Si distinguono fasi di sonno *sincronizzato* in cui si realizza un progressivo rallentamento di tutte le attività vitali, e fasi di sonno *REM* in cui queste funzioni accelerano e si ha attività onirica (fase in cui si sogna).

soro ciascuna delle strutture presenti sulla pagina inferiore delle fronde delle felci (▷ pteridofite), simili a piccoli punti bruni, il sito di produzione delle spore.

sorosio tipo di ▷ frutto composto.

sospensione in chimica, miscela eterogenea formata da un solido disperso in un liquido, in cui le particelle di solido hanno dimensioni >1 μm.

sostanza bianca parte del tessuto che forma il sistema ▷ nervoso centrale; è costituita principalmente da fibre nervose (assoni dei neuroni) avvolte dalle guaine mieliniche.

sostanza grigia parte del tessuto che forma il sistema ▷ nervoso centrale; è formata principalmente dai corpi delle cellule nervose (neuroni), da sinapsi e dendriti, mentre gli assoni costituiscono la sostanza bianca.

sottospecie suddivisione di una specie comprendente individui che in base a caratteristiche ereditarie di tipo morfologico, fisiologico, ecologico, si distinguono dagli altri componenti della specie con i quali tuttavia mantengono la capacità di incrociarsi. Il termine equivale a *varietà* (usato soprattutto in botanica) e *razza* (in zoologia).

spadice tipo di ▷ infiorescenza a spiga con asse carnoso, presente per esempio nella calla.

spata ampia brattea che avvolge l'infiorescenza a ▷ spadice.

specializzazione differenziamento morfologico e fisiologico che porta a un sempre maggior adattamento all'ambiente. Nell'ambito di una specie questo processo porta alla formazione di razze adattate a particolari ambienti o condizioni di vita.

speciazione processo di diversificazione di una popolazione che dà origine a nuove specie. La speciazione è resa possibile dall'azione combinata dell'*isolamento* (mancato accoppiamento) e delle ▷ *mutazioni* che si accumulano nelle popolazioni rimaste isolate per lunghi periodi. L'isolamento può essere geografico, quando le popolazioni considerate sono distanti fisicamente; etologico, quando gli individui di due popolazioni non si accoppiano a causa di differenze comportamentali; oppure morfologico, quando le mutazioni determinano differenze strutturali tali da impedire l'accoppiamento. La modalità più importante è la *speciazione allopatrica*, che si verifica quando fra gli individui appartenenti a una popolazione compare una barriera geografica; le due specie in questo caso si originano in territori diversi, e sviluppano caratteri differenti tali da impedire l'accoppiamento anche nel caso in cui la barriera sia rimossa. La *speciazione simpatrica* si verifica quando una parte della popolazione risulta isolata riproduttivamente dagli altri individui per l'insorgenza di una mutazione e non per la presenza di barriere geografiche. In questo caso la nuova specie si differenzia e si origina nello stesso territorio di quella originaria; questa modalità è tipica di molti vegetali in cui insorgono abbastanza frequentemente forme di ▷ poliploidia.

specie categoria sistematica fondamentale; due organismi appartengono alla stessa specie se sono in grado di incrociarsi tra loro, generando prole fertile.

sperma fluido contenente ▷ spermatozoi e sostanze nutritive prodotto dai maschi dei mammiferi.

spermateca organo presente nelle femmine di molti invertebrati (aracnidi, insetti, molluschi) nel quale vengono conservati i gameti maschili provenienti dall'accoppiamento, prima di essere utilizzati nella fecondazione delle uova.

spermatidio cellula riproduttiva maschile aploide immatura; ▷ spermatogenesi.

spermatocita cellula ($2n$) della linea riproduttiva maschile; ▷ spermatogenesi.

spermatofite (*Spermatophyta*) divisione del regno vegetale comprendente le piante che si riproducono tramite polline e semi (anziché spore). Nel ciclo vitale di queste piante il gametofito è estremamente ridotto, quello maschile a ▷ granulo pollinico e quello femminile a ▷ sacco embrionale (▷ alternanza di generazioni). Il sacco embrionale, protetto all'interno dell'ovulo, rimane sulla pianta madre e viene raggiunto dal granulo pollinico (impollinazione); il nuovo embrione si sviluppa direttamente nella pianta madre e, protetto dal seme, può resistere anche molti anni e diffondersi in ambienti diversi. Questo gruppo comprende la gran parte delle piante che vivono attualmente sulla superficie terrestre ed è suddiviso in due sottodivisioni: ▷ *gimnosperme*, caratterizzate dall'assenza dell'ovario, quindi da seme *nudo*, non protetto dal frutto e ▷ *angiosperme*, piante con fiore, in cui il seme è protetto dal ▷ frutto.

spermatogenesi gametogenesi maschile; è il processo di formazione degli spermatozoi e avviene nei tubuli seminiferi dei ▷ testicoli. Gli *spermatogoni* (diploidi) si differenziano in *spermatociti primari* (diploidi) che vanno incontro a meiosi, nella prima divisione si originano cellule aploidi di uguale dimensione, note come *spermatociti secondari* che subiscono una seconda divisione producendo cellule aploidi, gli *spermatidi*, che matureranno in spermatozoi.

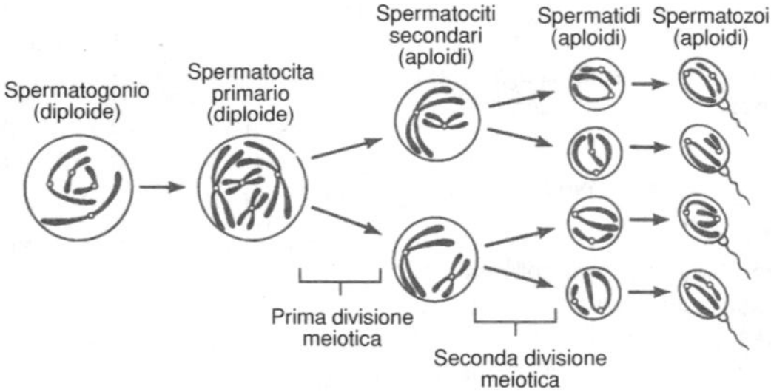

La spermatogenesi.

spermatogonio cellula ($2n$) della linea riproduttiva maschile; ▷ spermatogenesi.

spermatozoide sinonimo di ▷ anterozoide.

spermatozoo cellula riproduttiva (gamete) maschile matura. È formato da tre parti: la *testa*, una lunga *coda* (flagello) e una *porzione intermedia* dove si trovano numerosi mitocondri. La testa contiene il nucleo (aploide) e l'*acrosoma*, vescicola colma di enzimi che permettono la lisi degli strati protettivi che circondano la cellula uovo e quindi la fecondazione.

spiga tipo di ▷ infiorescenza racemosa con fiori sessili.

spina struttura vegetale rigida e appuntita, derivante dalla modificazione di una foglia o di parte di una foglia; la funzione delle spine è di proteggere la pianta da animali erbivori, oppure di limitare la traspirazione.

spina dorsale sinonimo di ▷ colonna vertebrale.

spirillo batterio a forma di spirale; gli spirilli sono organismi saprofiti che vivono nel terreno e nelle acque.

spirocheta batterio con forma a spirale; la maggior parte delle spirochete sono anaerobe e si nutrono di sostanza organica in decomposizione; alcune sono patogene per l'uomo, come *Treponema*, agente della sifilide.

spora cellula riproduttiva aploide che dà origine a un organismo tramite successive divisioni (mitosi), senza fondersi con un'altra cellula riproduttiva. Le spore sono prodotte da batteri, funghi, piante e alcuni protozoi. Nelle piante che formano spore (come le ▷ pteridofite) queste sono prodotte dallo sporofito e generano il gametofito (▷ alternanza di generazioni).

sporofillo foglia dotata di strutture che formano le spore. Nelle felci (pteridofite) lo sporofillo è la foglia normale, nelle angiosperme gli sporofilli costituiscono *stami* e *carpelli*, parti del ▷ fiore specializzate per la riproduzione. La maggior parte delle piante produce spore di due dimensioni diverse: piccole *microspore*, prodotte dai *microsporofilli*, e grosse *macrospore*, prodotte dai *macrosporofilli*, queste dividendosi formano rispettivamente il ▷ gametofito maschile e femminile.

sporofito nelle piante, individuo diploide che in seguito a meiosi produrrà spore aploidi (▷ alternanza di generazioni); sia nelle pteridofite che nelle spermatofite la pianta, con radici, fusto e foglie, costituisce lo sporofito.

sporozoi (*Sporozoa*) gruppo di organismi unicellulari eterotrofi (▷ protozoi) privi di ciglia e flagelli; sono tutti parassiti caratterizzati da cicli in cui si alternano fasi a riproduzione sessuata e asessuata che si svolgono all'interno di ospiti diversi; comprende il genere *Plasmodium*, agente della ▷ malaria.

spugne ▷ poriferi.

squamati (*Squamata*) ordine di ▷ rettili che comprende la maggior parte delle specie attualmente viventi, distinte in *lacertidi* (lucertole) e i *ofidi* (serpenti). I lacertidi sono dotati di 4 zampe e presentano nella coda dei punti di rottura, per cui possono perderla e rigenerarla. Gli ofidi sono privi di arti, a volte possiedono ghiandole velenifere, e possono allargare la bocca in modo particolare, infatti mascella e mandibola sono sganciate, e mantenute unite solo da un legamento elastico.

squame 1) *in zoologia*, formazioni ossee o cornee che rivestono la pelle di diversi vertebrati; le squame ossee, tipiche dei pesci, sono dette anche ▷ *scaglie*. Le squame cornee, formate dagli strati superficiali dell'epidermide, formano il rivestimento del corpo nei rettili, mentre negli uccelli ricoprono la parte inferiore delle zampe. 2) *in botanica*, foglie modificate che avvolgono i bulbi e le gemme.

squame ovulifere strutture che formano il ▷ cono.

stame struttura maschile del ▷ fiore.

Staphylococcus genere di batteri sferici, le cui cellule si riuniscono in grappoli; molte specie vivono sulla pelle o sulle mucose e alcuni sono patogeni per l'uomo.

stassanizzazione trattamento di ▷ pastorizzazione rapida in due fasi, utilizzata soprattutto per il latte; prevede una prima fase di riscaldamento a 75°C per 15 secondi poi a 80°C per 3 secondi.

statocisti organo dell'equilibrio presente in molti gruppi di animali (vermi, molluschi, crostacei, vertebrati, ecc.). È costituita da piccole cavità piene di liquido, contenenti concrezioni di natura calcarea che con i loro spostamenti stimolano le cellule sensoriali ciliate che ne rivestono la parete interna, responsabili del senso dell'equilibrio.

stele struttura cilindrica formata dai tessuti vascolari (▷ xilema e ▷ floema) nel corpo delle piante. La disposizione dei tessuti nella stele assume forme diverse nel fusto e nella radice, e nei diversi gruppi di vegetali.

stenoecia termine riferito a specie che tollera piccole variazioni di un determinato fattore ecologico.

stereoisomeria fenomeno per cui esistono composti chimici formati dagli stessi atomi e contenenti gli stessi gruppi funzionali, che differiscono solamente per la disposizione di questi nello spazio; l'▷ isomeria ottica è un tipo di stereoisomeria.

steroide composto organico (lipide) caratterizzato da un nucleo formato da 4 anelli. Fra gli steroidi sono compresi gli *steroli*, derivati alcolici, diversi ▷ ormoni (androgeni, estrogeni, corticosteroidei) e la vitamina D.

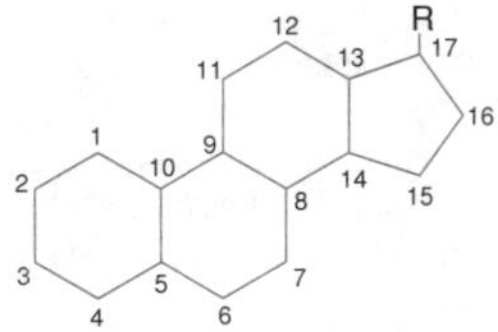

Struttura base di uno steroide

sterolo alcol steroideo con una catena laterale a 8-10 atomi di carbonio; a questo gruppo appartiene il ▷ colesterolo.

stigma nel corpo di un insetto è l'apertura all'esterno di una ▷ trachea.

stilo nel ▷ fiore, parte dell'ovario.

stimma nel ▷ fiore, parte apicale dell'ovario.

stimolo cambiamento nell'ambiente interno o esterno di un organismo che provoca una risposta fisiologica: gli animali sono dotati di recettori sensibili a stimoli di diverso tipo.

stipola espansione del picciolo, presente in alcune piante, con forme diverse; può essere fotosintetica oppure trasformata in spina.

stolone fusto strisciante, in grado di dare origine a nuove piante che si sviluppano da gemme laterali; è presente per esempio nella fragola.

stoma piccola apertura dell'epidermide delle ▷ foglie e degli altri organi verdi delle piante, attraverso la quale avvengono gli scambi gassosi tra la pianta e l'ambiente. Ogni stoma è formato da due cellule semicircolari, le *cellule di guardia*, che delimitano un poro sotto cui si apre una piccola cavità, la *camera sottostomatica*. L'apertura dello stoma è regolata dalle cellule di guardia che si muovono modificando il proprio contenuto d'acqua.

stomaco porzione dilatata del tubo digerente posta fra l'esofago e l'intestino tenue (apparato ▷ digerente). La mucosa che riveste internamente lo stomaco contiene le *ghiandole gastriche*, che producono il *succo gastrico*, una miscela di enzimi digestivi (come la ▷ pepsina), sali e acido cloridrico.

Streptococcus genere di batteri molto diffusi in natura, spesso presenti sulla pelle, le mucose e nell'intestino dell'uomo e degli animali, come commensali, innocui. Alcune specie sono patogene, per esempio *S. pyogenes*, che provoca la scarlattina e *S. pneomoniae*, agente della polmonite.

stricnina alcaloide velenosissimo ottenuto dai semi di diverse piante.

strobilo struttura riproduttiva delle conifere; ▷ cono.

stromatolite struttura rocciosa, con aspetto caratterizzato da bande alterne scure e chiare che si trova all'interno di formazioni rocciose risalenti a 3 miliardi di anni fa (▷ Precambriano). Le stromatoliti sono sedimenti fossilizzati formati da organismi procarioti simili agli attuali ▷ cianobatteri (fotosintetici).

struttura primaria struttura anatomica del fusto di una pianta al termine dell'▷ accrescimento primario; ▷ fusto.

struttura secondaria struttura anatomica che acquisisce il fusto di una pianta al termine dell'▷ accrescimento secondario, accrescimento in spessore tipico delle piante legnose (gimnosperme e dicotiledoni), che si verifica per azione del cambio; ▷ fusto.

suberina miscela di sostanze cerose che si deposita (*suberificazione*) nelle pareti cellulari di molti alberi e arbusti, soprattutto nel ▷ sughero. La suberificazione forma uno strato protettivo impermeabile.

substrato in biochimica indica la sostanza su cui un enzima esercita la sua azione catalitica; il termine è usato anche per indicare il materiale su cui vive un organismo sedentario, come il terreno di coltura di microrganismi oppure la roccia o il suolo a cui è fissata una pianta o un animale sessile.

successione ecologica sequenza delle comunità che si stabiliscono in un'area dagli stadi iniziali di colonizzazione, fino all'instaurarsi di una comunità matura (▷ climax). La natura delle comunità che formano la successione è influenzata da numerosi fattori, fra cui il clima e le modificazioni dovute alla presenza degli organismi stessi.

succo enterico miscela di enzimi digestivi, come *proteasi*, *lipasi* e *amilasi*, prodotti dalle ghiandole situate nel duodeno.

succo gastrico miscela di sostanze prodotta dalle ghiandole gastriche dello ▷ stomaco, i principali componenti sono enzimi digestivi e acido cloridrico.

succo pancreatico miscela di sostanze prodotta dalla componente esocrina del ▷ pancreas; comprende numerosi enzimi digestivi e un'elevata quantità di bicarbonato di sodio.

succulento termine riferito a piante che conservano l'acqua nei tessuti delle foglie o del fusto, caratterizzati da aspetto carnoso. Piante di questo tipo sono diffuse negli ambienti aridi e in quelli dove l'acqua è poco disponibile, come le paludi salmastre; queste piante di solito presentano altri adattamenti alla scarsità d'acqua, come le foglie ridotte a spine per ridurre la traspirazione.

sudore liquido salato secreto dalle ghiandole ▷ sudoripare, che evaporando permette il raffreddamento della pelle; contiene una piccola quantità di sostanze derivate dal metabolismo e ha quindi anche la funzione di eliminare sostanze di rifiuto.

sudoripare ghiandole della pelle dei mammiferi che secernono il ▷ sudore; sono distribuite più o meno su tutta la pelle, con caratteristiche diverse nelle diverse specie e nelle diverse regioni del corpo.

sughero (o fellema) tessuto esterno, protettivo, prodotto dal ▷ cambio subero-fellodermico nel fusto delle piante con ▷ accrescimento secondario. È formato da cellule morte, strettamente appressate, dotate di parete impregnata di ▷ *suberina*; sostituisce l'epidermide quando la pianta passa dalla struttura primaria a quella secondaria. Il sughero utilizzato a scopi commerciali si ricava dalla quercia da sughero (*Quercus suber*).

sulfamidici composti organici dotati di attività antibatterica, utilizzati come farmaci nel trattamento di varie infezioni batteriche.

surrenali, ghiandole ghiandole endocrine situate sopra ai reni, costituite da una porzione corticale e una midollare, secernenti sostanze diverse. La parte corticale, secerne gli ormoni *glucocorticoidi* (cortisolo, cortisone), coinvolti nel metabolismo del glucosio, i *mineralcorticoidi* (aldosterone) che regolano il metabolismo dell'acqua e dei sali, e *ormoni sessuali*. La parte midollare secerne *adrenalina* e *noradrenalina*, neurormoni che predispongono l'organismo all'azione (anche ▷ ormoni).

sutura in generale, linea che separa la giunzione di due strutture del corpo, come le giunzioni fra le ossa del cranio, e nelle piante, le linee di giunzione lungo i bordi di certi frutti, come i baccelli dei piselli.

sviluppo diretto insieme dei processi di accrescimento propri degli animali che nascono simili all'adulto nella forma e nella struttura.

sviluppo indiretto processo di sviluppo tipico degli animali i quali, nati strutturalmente e morfologicamente diversi dall'adulto, acquistano l'aspetto definitivo attraverso diversi passaggi; questo processo è detto anche ▷ metamorfosi.

T

taiga (o foresta di conifere) bioma caratterizzato da ampie foreste costituite da poche specie, e dominate dalle conifere (pini, abeti, ecc.); si estende in vaste zone a clima freddo, a sud della ▷ tundra, in Europa settentrionale, Siberia e Canada.

talamo 1) *in anatomia*, parte dell'▷ encefalo posta sopra l'ipotalamo; è un centro di integrazione e controllo degli impulsi inviati alla corteccia dalle sezioni inferiori dell'encefalo. 2) *in botanica*, parte del ▷ fiore, sinonimo di *ricettacolo*.

talea porzione di una pianta (una gemma, una foglia, un pezzo di radice) che inserita nel terreno può emettere radici e dare origine a una nuova pianta; è un metodo di ▷ propagazione vegetativa molto diffuso in orticoltura.

tallo corpo vegetale privo di tessuti differenziati e privo di vere radici, fusto e foglie. È tipico di alghe e briofite, dette *tallofite*.

tallofite piante con corpo a *tallo*, prive di tessuti differenziati.

tampone soluzione caratterizzata dalla proprietà di non lasciare alterare il proprio pH in seguito a moderate aggiunte di un acido o di una base. Nei fluidi degli organismi viventi sono presenti tamponi perché valori di pH costanti sono importanti per lo svolgimento delle funzioni cellulari.

tannini sostanze organiche complesse diffuse in molte piante, presenti spesso nelle foglie, cortecce, frutti acerbi; la funzione non è chiara, probabilmente impartiscono ai tessuti vegetali un sapore sgradevole che dissuade gli animali dal mangiare le piante.

tassia movimento di una cellula o di un microrganismo in risposta a uno stimolo esterno; la *fototassia* è il movimento in risposta a uno stimolo luminoso, la *chemiotassia* in risposta a uno stimolo chimico. Questo tipo di movimento può essere effettuato solo dalle cellule dotate di ciglia, flagelli o altri mezzi di locomozione.

tassonomia sinonimo di ▷ sistematica.

taxon gruppo tassonomico, di qualsiasi rango, utilizzato nella ▷ classificazione dei viventi.

tegumento rivestimento del corpo di un animale di solito formato da uno strato di cellule vive (epidermide) e un rivestimento protettivo superficiale, che può essere una cuticola indurita, come nell'▷ esoscheletro degli artropodi, oppure uno strato di cellule cheratinizzate come nella ▷ pelle dei vertebrati. Al tegumento possono essere annesse strutture come peli o penne, a formare il sistema tegumentario, che protegge l'organismo da traumi, variazioni di temperatura, attacco di parassiti, disidratazione.

teleostei gruppo di pesci ossei (▷ osteitti) dotati di scheletro completamente ossificato, comprendente la maggior parte dei pesci attualmente viventi.

telofase stadio finale (quarto) della ▷ mitosi o della ▷ meiosi durante la quale i cromosomi si despiralizzano, scompare il fuso mitotico, ricompare il nucleolo e si riforma la membrana nucleare attorno ai due nuclei neoformati. Questi nel caso della mitosi sono diploidi, mentre nel caso della meiosi sono aploidi. Alla telofase segue spesso la ▷ citodieresi.

tenue porzione dell'▷ intestino.

tepali strutture con funzione vessillifera presenti in alcuni fiori, derivate dalla fusione dei sepali con i petali; il loro isieme, analogo alla corolla, è detto *perigonio* (per esempio nel tulipano).

terapia genica metodologia, attualmente in fase sperimentale, che prevede l'applicazione dei metodi dell'ingegneria genetica alla cura delle malattie di origine genetica, modificando i geni difettosi.

termofilo termine riferito a organismo adattato ad ambienti particolarmente caldi.

termografia tecnica che permette di visualizzare la distribuzione delle temperature sulla superficie dei corpi. È usata in campo medico per individuare in un organismo aree più o meno calde, che possono essere indice di determinate patologie (per esempio tumori).

terpeni idrocarburi insaturi diffusi nei vegetali; sono presenti soprattutto nelle resine e negli oli essenziali, il *nerolo* è un terpene contenuto nel bergamotto, il *limonene* nei limoni e nelle arance.

terreno di coltura materiale nutriente, sia solido che liquido (*brodo di coltura*), utilizzato per mantenere in vita microrganismi in coltura o per permettere la crescita di frammenti di tessuti.

territorialità comportamento di difesa di una data area (*territorio*), che di solito è quella in cui si compiono l'accoppiamento, la ricerca del cibo, e le altre attività fondamentali per l'animale.

Terziario il più antico periodo geologico dell'era Cenozoica, da 65 a 2 milioni di anni fa, caratterizzato dalla diffusione delle angiosperme e dalla comparsa dei diversi gruppi di mammiferi e uccelli attuali. È suddiviso in 5 epoche, dalla più antica: *Paleocene*, *Eocene*, *Oligocene*, *Miocene* e *Pliocene*; durante il Pliocene con la comparsa del genere *Australopithecus* ha origine la linea degli ominidi; ▷ ominazione.

tessuto raggruppamento di cellule simili organizzate per svolgere una o più funzioni specifiche. I vari tipi di tessuto si formano durante lo sviluppo in seguito al differenziamento cellulare. I tessuti animali sono classificati in base a caratteristiche morfologiche e funzionali in quattro tipi: ▷ *connettivo*, ▷ *epiteliale*, ▷ *muscolare* e ▷ *nervoso*. I tessuti vegetali sono raggruppati in tre tipologie: *fondamentale* (▷ parenchima), *conduttore* (▷ floema, ▷ xilema) e *tegumentale* (▷ epidermide e ▷ sughero).

testicolo organo riproduttivo (gonade) maschile; ognuno dei due testicoli è costituito dai *tubuli seminiferi* ripetutamente avvolti su se stessi e dalle *cellule interstiziali*. All'interno dei tubuli seminiferi si verifica la ▷ *spermatogenesi* e vengono prodotti gli spermatozoi, mentre le cellule interstiziali producono gli androgeni, ormoni sessuali maschili (▷ ormoni).

test immunitario metodologia utilizzata per misurare la concentrazione di una data sostanza analizzando le sue reazioni antigeniche (▷ antigene) con un anticorpo specifico.

testosterone ormone sessuale maschile; ▷ ormoni.

tetano grave malattia provocata da *Clostridium tetani,* batterio anaerobio che vive nel terreno; quando penetra nell'organismo, tramite lesioni cutanee, colpisce il sistema nervoso (midollo spinale e tronco encefalico), provocando contratture muscolari, prima della mandibola, poi di tutto il corpo.

tetrade coppia di cromosomi omologhi che si appaiano durante la profase I della ▷ meiosi.

tetrapode animale vertebrato dotato di 4 arti. Sono tetrapodi gli anfibi, gli uccelli, i rettili e i mammiferi.

tiamina vitamina B_1; ▷ vitamine.

tilacoide membrana che forma sistemi di vescicole appiattite (*grani*) presenti nei ▷ cloroplasti. I tilacoidi sono sede delle reazioni della fase luminosa della ▷ fotosintesi e contengono gli enzimi, i pigmenti e i trasportatori di elettroni, coinvolti in questa serie di reazioni.

timidina nucleoside formato da una molecola di *timina* legata a una molecola di ribosio.

timina base azotata derivata dalla ▷ pirimidina; è un componente dei nucleotidi che formano il DNA, ma non l'RNA; si appaia con l'adenina mediante due legami idrogeno.

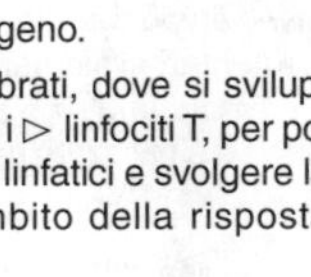

timo organo dei vertebrati, dove si sviluppano e si differenziano i ▷ linfociti T, per poi migrare nei vari organi linfatici e svolgere la loro funzione nell'ambito della risposta ▷ immunitaria.

timpano membrana appartenente all'▷ orecchio.

tireotropina (TSH) ▷ ormoni.

tiroide ghiandola endocrina che produce gli ormoni *tiroxina* e *triiodotironina*, attivi nella regolazione del metabolismo. Nella tiroide sono presenti anche cellule che producono e secernono *calcitonina*, ormone coinvolto nella regolazione del livello di calcio nel sangue; ▷ ormoni.

tirosina ▷ amminoacidi.

tiroxina ▷ ormoni.

tocoferolo vitamina E; ▷ vitamine.

torace in generale indica la parte anteriore del tronco del corpo degli animali. Negli ▷ insetti è distinto in tre porzioni, ognuna delle quali porta un paio di zampe, mentre le due posteriori portano anche un paio di ali ciascuna; in altri artropodi (crostacei e aracnidi) è fuso con il capo a formare il *cefalotorace*. Nei vertebrati contiene il cuore e i polmoni protetti dalla *gabbia toracica*.

torba ammasso di detriti vegetali, prodotto dalla parziale disgregazione di resti vegetali in terreni umidi, utilizzato come concime e come combustibile. Una volta sepolta e sottoposta a condizioni particolari di pressione e di temperatura, la torba può trasformarsi in ▷ carbone.

tossina sostanza tossica di origine naturale, prodotta da un animale, un vegetale, un batterio o un fungo. Le tossine batteriche possono essere secrete dal batterio (*esotossine*) oppure liberarsi solamente alla morte della cellula batterica (*endotossine*). Le tossine esercitano la loro attività con modalità diverse e agiscono come antigeni, provocando una risposta ▷ immunitaria. Tutte le tossine trattate opportunamente (per esempio col calore) perdono l'attività tossica senza perdere le caratteristiche di antigeni, in questo modo possono essere utilizzate per preparare vaccini specifici.

trachea 1) nei *vertebrati* che respirano tramite polmoni è un tubo, rinforzato da anelli cartilaginei, che conduce l'aria dalla laringe ai bronchi. 2) negli insetti e in molti altri *artropodi terrestri* le trachee sono sottili canali che permettono la diffusione dell'aria all'interno del corpo, si aprono all'esterno negli *stigmi* e si ramificano all'interno in canali più sottili (*tracheole*) che terminano nei tessuti. 3) nelle *angiosperme* le trachee rappresentano gli elementi caratteristici dello ▷ xilema.

tracheide elemento dello ▷ xilema di gimnosperme e pteridofite (conifere, felci, equiseti).

tracheofite dette anche *piante vascolari*, sono dotate di tessuti specializzati per la vita sulla terraferma: *tessuti conduttori* per distrubuire i liquidi, *meccanici* per sostenere la pianta e *tegumentali* per impedire un'eccessiva perdita d'acqua. Il corpo delle tracheofite, o ▷ *cormo*, comprende *radici*, *fusto* e *foglie*; nel ciclo vitale lo sporofito predomina sul gametofito (▷ alternanza di generazioni). Sono tracheofite le *pteridofite* che si riproducono tramite spore e le *spermatofite*, che si riproducono con semi.

traduzione processo in base al quale una sequenza di nucleotidi del DNA viene "tradotta" nella proteina corrispondente; ▷ sintesi proteica.

transaminazione reazione di spostamento di un gruppo amminico ($-NH_2$) da una molecola a un'altra, importante per i processi di sintesi e di demolizione degli amminoacidi.

transetto linea retta in un terreno o in un corpo idrico, lungo la quale si effettuano rilevazioni ecologiche, in continuo, oppure a intervalli regolari.

transgenico termine riferito ad organismo il cui genoma contiene ed esprime geni estranei, propri di un altra specie. Utilizzando vettori (▷ ingegneria genetica) è possibile inserire un determinato gene nello zigote oppure nel primo stadio embrionale, in questo modo si possono ottenere animali che producono una maggior quantità di carne, mucche che producono latte arricchito in particolari amminoacidi, piante resistenti alla siccità o ai parassiti, ecc.

trapianto trasferimento di una porzione di tessuto o di un organo prelevato da un organismo, in un'altro punto dello stesso organismo (*autotrapianto*), oppure di un altro appartenente alla stessa specie (*omotrapianto*) o a una specie diversa (*eterotrapianto*). Il trapianto viene utilizzato in medicina per sostituire tessuti oppure organi danneggiati; l'autotrapianto viene effettuato per sostituire per esempio porzioni di cute o di tessuto osseo, mentre omotrapianti interessano di solito reni, cornea, pancreas e fegato. In alcuni casi l'organo trapiantato risulta incompatibile con l'organismo ricevente, che non lo accetta e scatena una risposta ▷ immunitaria, per questo motivo l'organo da trapiantare deve essere selezionato in base alle caratteristiche antigeniche, il più possibile simili a quelle del ricevente.

trascrittasi inversa enzima dei retrovirus che catalizza la sintesi di una molecola di DNA a doppia elica utilizzando come stampo la molecola di RNA che costituisce il genoma di questi virus (cDNA); può essere definita *DNA polimerasi-RNA dipendente*. Viene utilizzata in ▷ ingegneria genetica per produrre DNA complementare partendo da molecole di RNA.

trascrizione processo di sintesi di molecole di RNA messaggero (mRNA) su un filamento di DNA; nelle cellule eucariotiche avviene nel nucleo. Il processo è catalizzato dell'enzima *RNA polimerasi* che riconosce uno specifico sito d'attacco sulla molecola di DNA, determina l'apertura della doppia elica e la sintesi del filamento di RNA, aggiungendo via via nucleotidi complementari al filamento che viene trascritto, (in direzione 3'→ 5'). L'mRNA esce dal nucleo ed è utilizzato per la ▷ sintesi proteica.

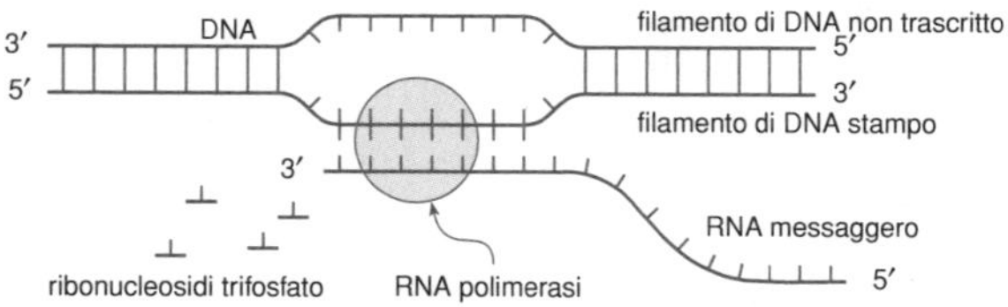

Il processo di trascrizione.

trasduzione trasferimento di materiale genetico da una cellula batterica a un'altra effettuato da ▷ *batteriofagi*; questo si verifica quando il virus, che ha incorporato una parte del genoma della cellula, viene liberato e infetta una seconda cellula ospite introducendovi un frammento di DNA della prima.

trasformazione assunzione e incorporazione di DNA dall'esterno da parte di una cellula batterica ricevente.

traslocazione mutazione cromosomica consistente nel trasferimento di un frammento da un cromosoma a un altro, non omologo.

traspirazione perdita di vapor d'acqua (detta anche *evotraspirazione*) da parte delle piante; avviene principalmente dalle foglie, attraverso gli ▷ stomi.

trasporto attivo trasporto di sostanze attraverso la membrana cellulare contro un gradiente di concentrazione. Il trasporto attivo richiede energia ed è effettuato da proteine trasportatrici inserite nella membrana; per esempio la ▷ pompa del sodio/potassio.

trasporto passivo trasporto di sostanze attraverso la membrana cellulare secondo un gradiente di concentrazione e quindi senza dispendio di energia. Sia la diffusione semplice che la ▷ diffusione facilitata sono forme di trasporto passivo.

trasposone elemento genetico mobile, presente sia nei procarioti che negli eucarioti, che può inserirsi in diversi tratti del genoma, causando delezioni, inversioni, o altre ridistribuzioni di geni adiacenti.

trematodi (*Trematoda*) classe di vermi piatti (▷ platelminti) parassiti. I trematodi, dotati di ventose e uncini per aderire all'ospite, possono compiere l'intero ciclo vitale in un solo ospite oppure in due organismi diversi. Comprendono la *Fasciola hepatica*, che infetta la pecora e lo *Schistosoma*, diffuso in Africa, Asia e Sudamerica dove provoca (nell'uomo) una forma di anemia nota come schistosomiasi.

treonina ▷ amminoacidi.

Triassico primo periodo dell'era Mesozoica, da 225 a 195 milioni di anni fa, caratterizzato da clima caldo e secco, e dalla progressiva diffusione delle gimnosperme, fino a sostituire le felci arboree. La fauna marina è caratterizzata dalle ▷ ammoniti, mentre in ambiente terrestre sono presenti numerose forme di insetti, anfibi, rettili; in particolare fra i rettili compaiono nuovi gruppi e inizia la differenziazione dei dinosauri. Risalgono a questo periodo anche i primi mammiferi, ma la loro diffusione si verificherà solo a partire dalla fine del Mesozoico (65 milioni di anni fa).

trigliceride (o acilglicerolo) composto formato dall'alcol trivalente *glicerolo*, quando tutti e 3 i gruppi ossidrilici (–OH) sono legati (*esterificati*) ad un acido grasso; i trigliceridi, presenti negli oli e nei grassi, animali e vegetali, sono la principale forma di riserva energetica negli esseri viventi.

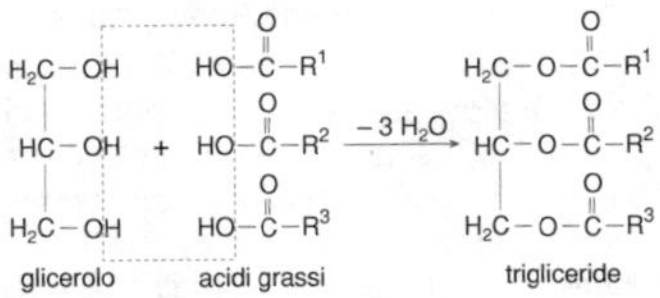

trilobiti invertebrati marini estinti, diffusi nell'era Paleozoica, a partire dal Cambriano, fino al Permiano (570-280 milioni di anni fa). Erano animali di piccole dimensioni (1-7 cm), con corpo suddiviso in capo, torace e addome, rivestito da placche dorsali chitinose. Sono comparsi con forme molto diversificate e sono utilizzati come fossili guida.

triploblastico termine riferito ad animale il cui corpo deriva da tre ▷ foglietti embrionali: endoderma, ectoderma e mesoderma. Sono triploblastici la maggior parte degli animali, fanno eccezione i celenterati che prendono origine da due foglietti embrionali (▷ diploblastico).

tripsina enzima digestivo che demolisce le proteine prodotto dal pancreas ed immesso nel duodeno nella forma inattiva di *tripsinogeno*, è attivato a tripsina dall'azione dell'enzima *enterochinasi*.

tripsinogeno forma inattiva dell'enzima ▷ tripsina.

triptofano ▷ amminoacidi.

trisomia fenomeno per cui un organismo contiene tre cromosomi di un certo tipo, anziché una coppia come avviene normalmente; è generalmente associata a gravi anomalie, per esempio la ▷ sindrome di Down è causata dalla trisomia del cromosoma 21.

tRNA sigla per ▷ RNA transfer.

trofico, livello posizione occupata da un organismo nella ▷ catena alimentare.

trombociti altro nome delle ▷ piastrine.

tronco encefalico la parte più antica dell'▷ encefalo, formata dal *ponte*, dal *mesencefalo* e dal *midollo allungato*. Situato tra i centri superiori e il midollo spinale, filtra l'informazione proveniente dal sistema ▷ nervoso periferico, regola il battito cardiaco, la respirazione e la pressione sanguigna, inoltre è connesso con il tono muscolare e la motilità volontaria (mesencefalo).

tropismo movimento di orientamento compiuto da una pianta in risposta a uno stimolo; a seconda della natura dello stimolo si parla di ▷ *geotropismo*, ▷ *idrotropismo*, ▷ *fototropismo*, ▷ *chemiotropismo*. Può anche essere riferito agli animali che vivono ancorati al substrato (sessili).

tubero organo di riserva sotterraneo, deriva da un fusto, o una radice, ingrossati; permette alla pianta di sopravvivere fra una stagione di crescita e l'altra, inoltre rappresenta un mezzo di propagazione; è un tubero per esempio la patata.

tubo digerente (o canale gastrointestinale) organo centrale in ogni apparato ▷ digerente, è un canale suddiviso in porzioni con funzione diversa, in cui si svolgono le diverse fasi del processo digestivo.

tubuli di Malpighi organi escretori degli insetti; sono lunghi tubuli contorti che sboccano nel tubo digerente.

tubulina proteina globulare, che nelle due forme, α e β, forma filamenti che si aggregano a costituire i ▷ microtubuli.

tubulo pollinico prolungamento emesso dal granulo pollinico durante la ▷ fecondazione.

tumore massa di tessuto generato da processi di riproduzione cellulare senza scopo né controllo. Un tumore è detto *maligno* (▷ cancro) quando le cellule che lo compongono hanno la capacità di staccarsi e andare a colonizzare un altro distretto dell'organismo (metastasi), *benigno* quando non possiede questa proprietà.

tundra bioma che occupa zone a clima estremamente rigido, immediatamente a sud delle regioni dei ghiacci perenni, in Europa, Siberia, Nordamerica. La tundra è caratterizzata da muschi, licheni e cespugli nani che si sviluppano durante la breve stagione estiva, mentre sono assenti gli alberi ad alto fusto.

tunicati (*Tunicata*) altro nome per ▷ urocordati.

tuorlo sostanza nutritiva contenuta nell'uovo che viene utilizzata dall'embrione durante lo sviluppo. Particolarmente abbondante nell'uovo degli animali ovipari (insetti, pesci, anfibi, rettili e uccelli), è formato principalmente di proteine, oppure lipidi.

turbellari (*Turbellaria*) classe di vermi piatti (▷ platelminti) che conducono vita libera, diffusi nei terreni umidi, in ambiente marino o di acqua dolce.

turgore condizione di una cellula vegetale in cui il vacuolo è rigonfio di acqua e comprime il protoplasma contro la parete cellulare, per questo si parla anche di *pressione di turgore*. Il turgore è importante per mantenere la rigidità della pianta, una sua diminuzione porta all'appassimento.

U

ubichinone altro nome del ▷ coenzima Q.

uccelli (*Aves*) classe di vertebrati omeotermi, con due paia di arti, quelli anteriori adatti al volo, le *ali*, quelli posteriori adatti alla deambulazione. Il corpo degli uccelli è ricoperto di piume, che impediscono la dispersione del calore corporeo e *penne* che proteggono il corpo e formano gli organi di volo. I polmoni degli uccelli sono collegati a *sacchi aerei*, grandi sacchi in cui si scarica l'aria ad ogni atto respiratorio, in modo da eliminare i tempi morti e rendere l'apparato respiratorio particolarmente efficente. Questa caratteristica anatomica, insieme alla presenza di un cuore suddiviso in 4 camere (circolazione doppia e completa), permettono un elevato apporto di ossigeno ai tessuti, necessario per mantenere costante la temperatura corporea (omeotermia) e per il volo. Lo scheletro molto leggero, la presenza di ossa cave, e quella di muscoli potenti, rappresentano ulteriori adattamenti al volo. L'encefalo è ben sviluppato e il senso più importante è la vista. Molti uccelli manifestano comportamenti sociali, formano grossi stormi e coppie stabili per la nidificazione e l'allevamento dei piccoli; la fecondazione è interna e la femmina depone uova dotate di guscio.

ultravioletto radiazione elettromagnetica di lunghezza d'onda compresa fra la luce violetta (400 nm) e i raggi X (4 nm). Il Sole è una potente sorgente di radiazione ultravioletta, però solo le radiazioni di lunghezza d'onda compresa fra 300 e 400 nm, raggiungono la superfice terrestre, mentre quelle di lunghezza d'onda inferiore a 290 nm sono assorbite dall'▷ ozonosfera. La presenza di questo strato è indispensabile per lo svolgimento della vita sulla superficie terrestre, le radiazioni ultraviolette infatti sono estremamente dannose per gli organismi viventi.

unghia produzione cornea dell'epidermide che riveste la parte terminale delle falangi di molte specie di vertebrati.

ungulato mammifero erbivoro dotato di zoccoli; gli ungulati *paridigitati*, in cui il 3° e il 4° dito sono ugualmente sviluppati formano l'ordine degli *artiodattili*, gli *imparidigitati* quello dei *perissodattili*.

unicellulare termine riferito a organismo costituito da una sola cellula.

unisessuale termine riferito a organismo dotato di organi riproduttivi maschili o femminili, ma non entrambi contemporaneamente. Gli animali superiori sono generalmente unisessuali, mentre le piante sono più spesso ▷ ermafrodite.

uovo cellula riproduttiva (*gamete*) femminile matura, pronta per la ▷ fecondazione; si forma durante il processo di ▷ ovogenesi e contiene un numero aploide di cromosomi. Contiene il materiale nutritivo necessario alla crescita dell'embrione (▷ *tuorlo*), e ha forma e dimensioni diverse a seconda della specie: il diametro varia dai 100 μm dell'uovo di riccio di mare agli 8 cm dell'uovo di struzzo. L'uovo è rivestito da involucri diversi nei diversi gruppi di animali: le uova di pesci e anfibi, che vengono deposte in ambiente acquatico sono protette da strati gelatinosi, mentre quelle di rettili e uccelli sono dotate di un guscio calcareo che impedisce la disidratazione ma permette gli scambi gassosi. Nell'uovo degli uccelli il tuorlo è rivestito da tre involucri: l'*albume*, la *membrana testacea* e il *guscio calcareo*.

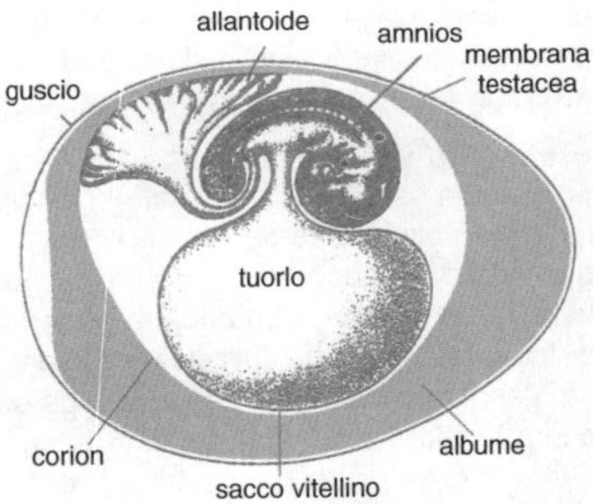

Struttura di un uovo di uccello.

uracile base azotata derivata della ▷ pirimidina; è un costituente dei nucleotidi che formano l'RNA ma non quelli del DNA; è in grado di appaiarsi con l'adenina mediante due legami idrogeno.

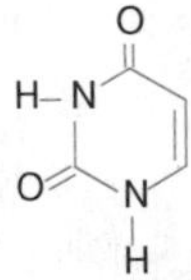

urea (o **carbammide**) composto azotato di formula $CO(NH_2)_2$, sintetizzato dal fegato a partire dall'ammoniaca; è il principale prodotto derivante dal metabolismo dell'azoto nei mammiferi che la eliminano con l'▷ urina.

urico, acido composto organico eterociclico contenente azoto; è il prodotto finale della degradazione delle ▷ purine e come tale è un'importante costituente dell'urina dei mammiferi, mentre per gli uccelli e i rettili rappresenta il principale prodotto di tutto il metabolismo dell'azoto. Essendo poco solubile può essere epulso in forma solida, meccanismo che permette di conservare acqua in ambienti aridi.

uridina nucleoside formato da una molecola di *uracile* legato a una molecola di ribosio; il nucleotide corrispondente, uridinatrifosfato (UTP) partecipa alle reazioni di biosintesi dei carboidrati, in particolare del glicogeno.

urina liquido prodotto dai ▷ reni, contenente in quantità molto concentrata sostanze di scarto del metabolismo, principalmente derivati dei composti azotati come acido urico, urea, ammoniaca, oltre a diversi ioni inorganici, pigmenti derivanti dalla degradazione dell'emoglobina ecc.

urocordati (*Urocordatha*) o tunicati *subphylum* di ▷ cordati, in cui solo lo stadio larvale è dotato di corda dorsale, nella regione caudale. Sono organismi marini, prevalentemente fissi a un substrato, con il corpo rivestito da una cuticola molto spessa. L'apparato circolatorio è formato da un cuore tubulare e da un sistema di lacune. Gli urocordati non hanno un apparato escretore vero e proprio; il sistema nervoso è ridotto a un ganglio cerebrale; spesso sono ermafroditi.

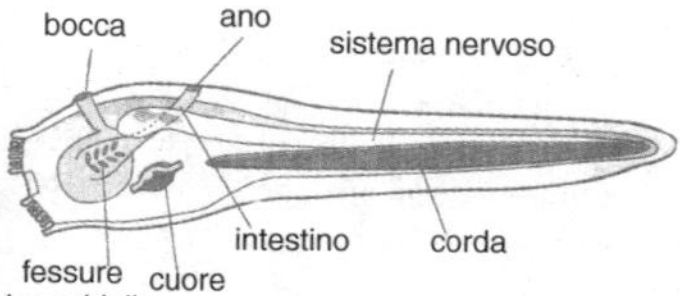

Schema del corpo di un urocordato.

utero organo cavo dei mammiferi in cui si realizza lo sviluppo dell'embrione; è caratterizzato da una robusta parete muscolare, che al momento del parto si contrae per permettere l'espulsione del feto.

UV sigla che indica la radiazione nell'▷ ultravioletto.

V

vaccinazione somministrazione di un *vaccino*.

vaccino preparazione formata da microrganismi patogeni attenuati (▷ attenuazione), o da sostanze da questi prodotte, somministrata per stimolare una risposta ▷ immunitaria e conferire resistenza alla malattia provocata dagli stessi microrganismi (*immunizzazione attiva*). I vaccini sono preparati con microrganismi morti, oppure trattati in modo che mantengano le proprietà antigeniche ma non la virulenza; possono essere preparati anche con le tossine (inattivate), oppure con porzioni del microrganismo dotate carattere antigenico.

vacuolo organulo cellulare delimitato da membrana in cui sono immagazzinati acqua o altri liquidi, nutrienti solubili o particelle di cibo. Generalmente nelle cellule animali i vacuoli sono piccoli e numerosi, mentre in quelle vegetali c'è un solo grande vacuolo che può occupare fino al 90% dello spazio interno e, premendo sulla membrana plasmatica, contribuisce a mantenere turgida la cellula.

vacuolo contrattile organulo cellulare simile a un vacuolo, in grado di espandersi e contrarsi periodicamente, introducendo ed espellendo acqua dalla cellula. È presente in alcune spugne (poriferi) e alcuni protozoi, con funzioni di regolazione della pressione osmotica ed escrezione.

valina ▷ amminoacidi.

variazione differenza esistente fra gli individui appartenenti a una stessa specie animale o vegetale. La variazione può essere generata dalle condizioni ambientali (per esempio le foglie di una pianta cresciuta al buio sono meno sviluppate di quelle di piante cresciute in condizioni di luce ottimale) oppure essere conseguenza di differenze nella costituzione genetica. Le variazioni acquisite nel corso della vita di un individuo non sono trasmesse alle generazioni successive, mentre quelle dovute a differenze nella costituzione genetica sono ereditarie.

Un'ampia variabilità genetica garantisce maggiori possibilità di soppravvivenza di una specie in un ambiente che cambia.

varietà in botanica con questo termine si indicano le ▷ sottospecie vegetali spontanee, mentre quelle ricavate artificialmente con metodi selettivi sono dette ▷ *cultivar.*

vascolare, pianta pianta appartenente alle ▷ tracheofite, o piante superiori.

vascolare, sistema insieme degli organi che trasportano i fluidi circolanti in un animale o in una pianta.

vascolare, tessuto sinonimo di tessuto conduttore, permette il trasporto della linfa nelle piante, comprende ▷ xilema e ▷ floema organizzati a formare i ▷ fasci conduttori.

vaso 1) *in botanica*, tubo dello ▷ xilema che permette il trasporto e la distribuzione di acqua e sali alle varie parti della pianta. 2) *in zoologia,* struttura tubulare che permette lo scorrimento dei fluidi all'interno di un organismo; particolarmente importanti sono i vasi sanguigni e i vasi linfatici.

vasocostrizione riduzione del diametro interno dei vasi sanguigni, in particolare arteriole e capillari.

vasodilatazione aumento del diametro interno dei vasi sanguigni.

vaso linfatico vaso a fondo cieco, che negli animali permette la circolazione della ▷ linfa.

vasopressina (o ormone antidiuretico, ADH) ▷ ormoni.

vaso sanguigno organo tubolare, presente con diametro e struttura diversi, che permette la circolazione del sangue negli animali; ▷ *vena*, ▷ *arteria*, ▷ *capillare.*

vegetale, cellula cellula eucariote caratterizzata dalla presenza di una parete cellulare costituita in gran parte di polisaccaridi, sopprattutto cellulosa; posta esternamente alla membrana, fornisce alla cellula protezione e sostegno. Strutture caratteristiche delle cellule vegetali sono inoltre i ▷ plastidi, in particolare i cloroplasti, e un grande ▷ vacuolo.

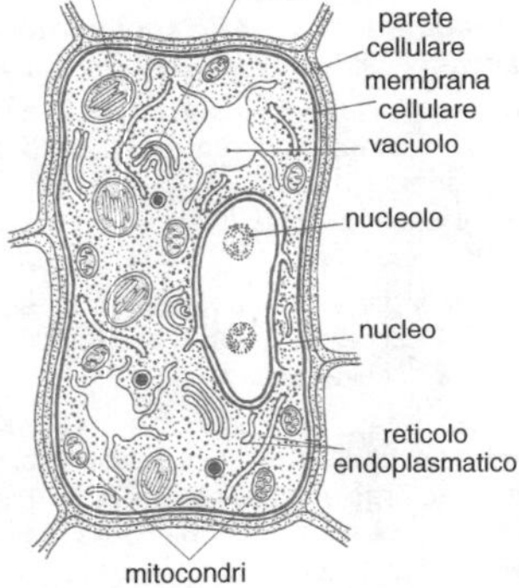

Schema di una cellula vegetale.

vena vaso sanguigno che trasporta il sangue dalle diverse parti del corpo verso il cuore.

ventricolo cardiaco cavità del ▷ cuore che riceve il sangue da un atrio e lo pompa nel sistema arterioso.

ventriglio porzione dell'apparato digerente specializzata nella triturazione del cibi, di natura muscolare, è presente in numerosi animali. Il ventriglio degli uccelli contiene piccole pietre e sabbia che favoriscono la frantumazione del cibo.

venula ▷ vena di piccolo calibro.

vermi cilindrici altro nome dei ▷ nematodi.

vermi piatti altro nome dei ▷ platelminti.

vernalizzazione trattamento a basse temperature che viene applicato ai semi di determinate piante per permetterne la germinazione. I semi di molte piante infatti non germinano se non sono sottoposti per un certo periodo a basse temperature.

vertebrati (*Vertebrata*) detti anche *craniati*, costituiscono il principale *subphylum* nel *phylum* dei ▷ cordati; la corda dorsale, presente nell'embrione ed estesa fino all'encefalo, è sostituita nell'adulto da una *colonna vertebrale* ossea o cartilaginea. Il corpo è diviso in *capo*, sede dell'encefalo e degli organi di senso, e *tronco*, su cui si inseriscono gli *arti*. Il gruppo comprende 7 classi: *ciclostomi* (▷ agnati), ▷ *condritti* (pesci cartilaginei), ▷ *osteitti* (pesci ossei), ▷ *anfibi*, ▷ *rettili*, ▷ *uccelli* e ▷ *mammiferi*.

vertebre ossa che formano la colonna vertebrale, comprendono un arco osseo che ospita il midollo spinale e hanno forma diversa a seconda della funzione e della posizione che occupano nella colonna stessa.

vescica organo cavo appartenente all'apparato ▷ escretore, in cui si accumula l'urina prima di essere eliminata.

vescica natatoria organo tipico dei *pesci ossei* (▷ osteitti); si tratta di un sacco pieno d'aria che regola la galleggiabilità di questi animali. La vescica natatoria comunica con l'esterno tramite capillari sanguigni, oppure tramite un condotto che la collega all'apparato digerente, in questo modo può essere regolata la quantità d'aria e quindi il peso specifico del pesce. Nei ▷ dipnoi, la vescica natatoria ha anche funzione respiratoria, mentre i polmoni dei tetrapodi sono organi omologhi della vescica, cioè derivano da una specializzazione di questo organo.

vescicole strutture spesso presenti all'interno delle cellule, hanno forma di piccolo sacco delimitato da una membrana e ripieno di liquido; l'apparato di ▷ Golgi è formato da un sistema di vescicole.

vescicole sinaptiche ▷ sinapsi.

vestibolo parte dell'▷ orecchio interno.

vestigiale termine riferito a una struttura di un organismo che, nel corso dell'evoluzione, si è ridotta di dimensioni in quanto la funzione da essa svolta ha perso di importanza o è divenuta inutile; per esempio le ali dello struzzo sono organi vestigiali.

vettore in genetica indica il veicolo utilizzato nella clonazione di geni per inserire un frammento di DNA estraneo nella cellula ospite; si tratta di solito di fagi oppure plasmidi; ▷ ingegneria genetica.

vibrione batterio a forma di virgola; molto diffusi nel terreno e nell'acqua, i vibrioni sono per la maggior parte saprofiti, ma comprendono anche specie patogene, come *Vibrio cholerae*, responsabile del colera.

villo protuberanza della superficie di alcuni tessuti e organi, che serve ad aumentare la superficie dell'organo stesso.

virione termine che indica una particella virale completa.

virologia ramo delle scienze bio-mediche che si occupa dello studio dei virus.

virulenza capacità di particolari microrganismi di provocare manifestazioni patologiche nell'organismo che li ospita.

virus organismo di dimensioni comprese generalmente fra 20 e 300 nm, privo di struttura cellulare. Un virus è costituito da un rivestimento, generalmente proteico, detto *capside* che racchiude il materiale genetico (DNA o RNA), a volte è presente un ulteriore *involucro* esterno. I virus sono parassiti endocellulari obbligati, all'interno della cellula ospite il genoma virale è replicato in numerose copie e sono sintetizzate le proteine virali, si possono quindi assemblare i nuovi virus che fuoriescono in seguito alla lisi della cellula ospite. I virus sono parassiti di animali (provocano per esempio il raffreddore, l'influenza, la poliomielite), di piante (per esempio il mosaico del tabacco) e di batteri (batteriofagi). Gli antibiotici sono inefficaci contro i virus, mentre i vaccini, quando sono disponibili, offrono una buona protezione. Alcuni virus invece di moltiplicarsi possono integrare il loro genoma in quello della cellula ospite (▷ batteriofagi e virus ▷ oncogeni).

vitamine gruppo eterogeneo di composti organici, indispensabili per numerose funzioni biologiche, principalmente come ▷ coenzimi. Sono necessarie in piccole quantità, ma poiché gli animali non sono in grado di sintetizzare la maggior parte delle vitamine, queste devono essere assunte con l'alimentazione. La loro carenza, *ipovitaminosi*, determina disturbi a volte molto gravi; si conoscono anche disturbi dovuti all'eccessiva assunzione di una vitamina, le *ipervitaminosi*. Sono generalmente classificate in due gruppi: *liposolubili*, costituite da molecole idrofobiche (A,D, E e K) e *idrosolubili* (quelle del complesso B e la vitamina C).

PRINCIPALI VITAMINE LIPOSOLUBILI

VITAMINA	FONTE	AZIONE	SINTOMI DA CARENZA
A (retinolo)	fegato, latticini, uova; come provitamina A (carotenoidi) in pomodoro, carota, albicocca, melone	entra nel meccanismo della visione notturna; è necessaria per l'integrità degli epiteli	disturbi alla vista (cecità notturna) e lesioni alle mucose
D (calciferolo)	olio di fegato di merluzzo, latte e uova; in numerosi vegetali, è presente come provitamina, viene trasformata in vitamina per esposizione al sole	stimola l'assorbimento del calcio e la sua deposizione nelle ossa; favorisce l'accrescimento	rachitismo nei bambini e decalcificazione delle ossa negli adulti
E (tocoferolo)	oli animali e vegetali (semi oleosi) e verdure a foglia larga	antiossidante e protettiva per le membrane cellulari; difende dall'invecchiamento	fragilità dei globuli rossi; forse collegata a forme di sterilità
K	prodotta dalla flora batterica intestinale; si trova nelle verdure a foglia verde, nel tuorlo d'uovo e nei cereali	favorisce la coagulazione del sangue	ritardi nella coagulazione ed emorragie

PRINCIPALI VITAMINE IDROSOLUBILI

VITAMINA	FONTE	AZIONE	SINTOMI DA CARENZA
B_1 (tiamina)	interiora, carne, lievito, cereali e legumi	favorisce il trofismo dei tessuti nervosi; interviene in numerose reazioni del metabolismo dei carboidrati	*beri-beri*: nevriti (alterazioni dei nervi), debolezza, cardiopatia
B_2 (riboflavina)	tutti i vegetali, fegato, rene, cuore, lievito e uova	Favorisce il trofismo della pelle e delle mucose; partecipa a reazioni metaboliche fondamentali	lesioni delle gengive (stomatite), della pelle (dermatite) e delle mucose
B_3 o PP (niacina o acido nicotinico)	carne, pesce, uova, cereali e lievito	costituente dei coenzimi della respirazione cellulare	*pellagra:* arrossamento della lingua, eritema di viso, collo, mani e braccia, con pigmentazione brunastra e desquamazione
B_5 (acido pantotenico)	carne, fegato, uova, lievito, piselli	costituente del coenzima A; favorisce il trofismo di pelle e capelli	disturbi neuromotori, gastrointestinali, cardiovascolari

PRINCIPALI VITAMINE IDROSOLUBILI

VITAMINA	FONTE	AZIONE	SINTOMI DA CARENZA
B_6 (piridossina)	molto diffusa in natura: carni, pesci, uova, patate e banane	coinvolta nel metabolismo dei grassi e degli amminoacidi	dermatite, alterazioni del sistema nervoso e convulsioni
B_9 (acido folico)	uova, fegato, legumi, latticini, frutta (banane)	coenzima nelle reazioni del metabolismo degli amminoacidi e delle basi azotate; è coinvolta nei processi di sintesi degli eritrociti	anemia e crescita insufficiente
B_{12} (cianocoblammina)	fegato, carne, uova, latte, pesce	partecipa alla sintesi del DNA, quindi ai processi di accrescimento; è coinvolta nella produzione dei globuli rossi	anemia
C (acido ascorbico)	frutta, soprattutto agrumi, e verdura cruda	agisce come antiossidante; è necessaria per la formazione dei tessuti connettivi.	*scorbuto*: malattia del connettivo che determina alterazioni delle mucose, fragilità ossea
H (biotina)	prodotta dalla flora batterica intestinale, si trova anche in cereali, fegato, legumi e uova	coenzima nelle reazioni del metabolismo dei grassi, dei carboidrati e degli amminoacidi	dermatite, dolori muscolari, debolezza

viticcio struttura delle piante rampicanti, derivante da modificazioni del fusto, di una foglia o di un picciolo, che si avvolge agli oggetti permettendo alla pianta di aggrapparsi.

viviparo 1) *in zoologia*, animale il cui embrione si sviluppa nell'utero della madre. Sono vivipari quasi tutti i mammiferi, alcuni pesci (squali) e anfibi (alcune salamandre), alcuni rettili e diversi invertebrati. 2) *in botanica*, pianta il cui seme germina nel frutto quando questo è ancora in rapporto con la pianta madre (per esempio alcune graminacee).

X

xantofille pigmenti appartenenti al gruppo dei ▷ *carotenoidi*, presenti in diversi organi della pianta; le xantofille per esempio conferiscono alle foglie autunnali i caratteristici colori gialli e marroni. Questi pigmenti sono anche presenti nelle ▷ alghe brune, nelle ▷ diatomee e nelle ▷ dinoflagellate.

xerofita pianta adattata a vivere in ambiente arido o a sopportare lunghi periodi di siccità. Le xerofite possiedono adattamenti come il *parenchima acquifero*, tessuto presente nei fusti o nelle foglie, capace di assorbire grandi quantità d'acqua; le foglie rivestite di peli, di una spessa cuticola, oppure ridotte a spine per ridurre la ▷ traspirazione; l'apparato radicale molto sviluppato.

xeromorfico termine riferito alle strutture caratteristiche degli organismi adattati alla vita in ambiente arido.

xilema tessuto vegetale adibito al trasporto di acqua e sali, formato, a maturità, di cellule morte. Nelle angiosperme è costituito dalle *trachee*, sottili tubi con parete lignificata formati da cellule unite alle estremità, prive delle pareti trasversali. Nelle gimnosperme (conifere) e nelle pteridofite (felci) è costituito da *tracheidi*, tubi meno specializzati delle trachee, formati da cellule lignificate di forma allungata, in cui sono presenti pareti trasversali, attraversate da numerosi pori. Funge anche da tessuto di sostegno poiché la lignina che impregna le pareti cellulari dona notevole robustezza al tessuto. È presente nella radice e nel fusto, organizzato nei ▷ fasci conduttori; nelle piante con accrescimento secondario lo xilema secondario è prodotto dal ▷ *cambio cribro-legnoso*.

Z

zigomiceti (*Zygomycetes*) funghi a struttura unicellulare oppure con micelio formato da ife prive di setti trasversali. Non formano corpi fruttiferi differenziati bensì masse e strati lanuginosi, come per esempio la muffa nera del pane (*Rhizopus*). Le spore della riproduzione assessuata sono prodotte negli *sporangi* formati dalle ife mature; la riproduzione sessuata avviene tramite la fusione di due ife appartenenti a miceli di segno sessuale opposto, che porta alla formazione di *zigospore*. Sono prevalentemente saprofiti, ma non mancano forme parassite.

zigomorfo si dice di organismo oppure organo a ▷ simmetria bilaterale, soprattutto riferito al fiore.

zigote cellula diploide che deriva dalla fusione di due gameti aploidi (*fecondazione*) durante la ▷ riproduzione sessuata; è la prima cellula del nuovo organismo.

zimogeno precursore inattivo di un enzima, che successivamente alla secrezione viene trasformato chimicamente nella forma attiva; per esempio il tripsinogeno per la ▷ tripsina.

zolfo (S) elemento chimico essenziale per gli organismi viventi (macronutriente); è contenuto negli amminoacidi cisteina e metionina, oltre che in numerosi metaboliti cellulari. Nelle piante lo zolfo è assorbito dal suolo come ione solfato SO_4^{2-}.

zoocoria dispersione dei semi di una pianta che si realizza per azione di animali.

zoogeografia studio della distribuzione degli animali sulla Terra, in relazione alle strutture geografiche e alle modificazioni che queste hanno subito nel corso delle ere.

zoologia scienza che studia gli animali, dal punto di vista della morfologia, anatomia comparata, fisiologia, genetica, evoluzione, classificazione, comportamento ecc.

zooplancton componente animale del ▷ plancton.

zuccheri in alcuni casi considerato sinonimo di ▷ *carboidrati*, questo termine è generalmente riferito a carboidrati solubili in acqua, quindi monosaccaridi come il glucosio, il fruttosio, il galattosio, oppure disaccaridi o trisaccaridi, ma non polisaccaridi come l'amido o la cellulosa.

Appendice 1 - Successione delle ere e dei periodi geologici.

ERA	PERIODO	EPOCA	ANNI FA (MILIONI)
CENOZOICO	Quaternario	Olocene	0,1-0
		Pleistocene	2-0,1
	Terziario	Pliocene	7-2
		Miocene	26-7
		Oligocene	37-26
		Eocene	53-37
		Paleocene	65-53
MESOZOICO	Cretaceo		135-65
	Giurassico		195-135
	Triassico		225-195
PALEOZOICO	Permiano		280-225
	Carbonifero		345-280
	Devoniano		395-345
	Siluriano		435-395
	Ordoviciano		500-435
	Cambriano		570-500
PRECAMBRIANO			4750-570

Appendice 2 - Albero filogenetico del regno delle piante.

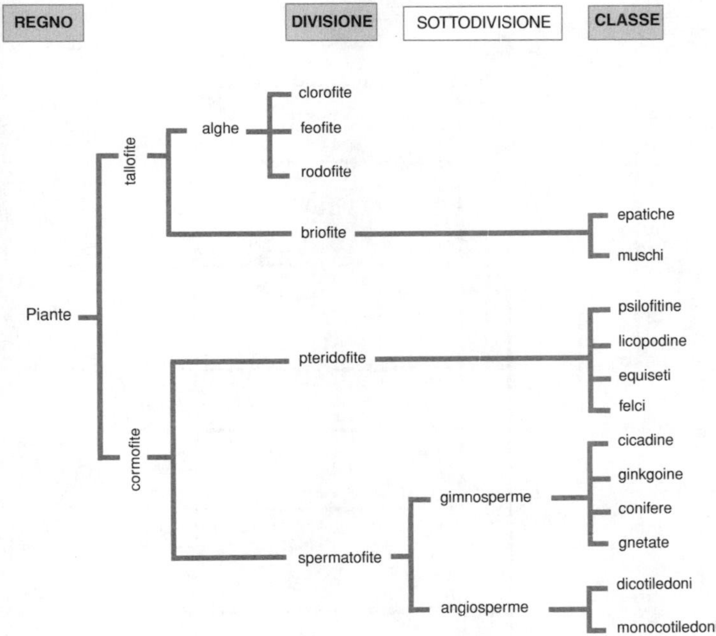

Appendice 3 - Albero filogenetico del regno degli animali.

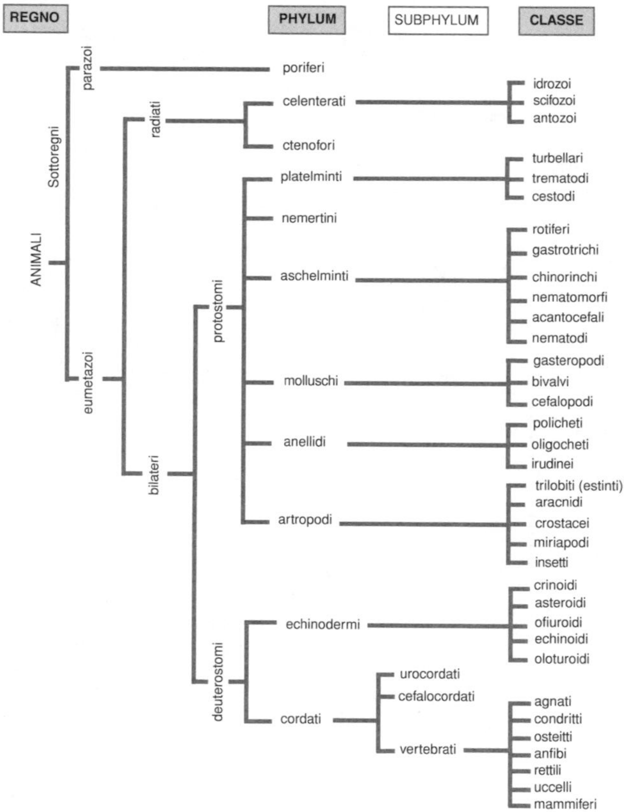

Appendice 4 - Conversione delle denominazioni latine delle categorie sistematiche nelle rispettive italiane

Acanthocephala	acantocefali
Acoelomata	acelomati
Acrasiomycetes	acrasiomiceti
Actinomycetes	attinomiceti
Agnatha	agnati
Amphibia	anfibi
Anellida	anellidi
Angiospermae	angiosperme
Animalia	animali
Anoplura	anopluri
Anthozoa	antozoi
Anura	anuri
Aracnida	aracnidi
Arthropoda	artropodi
Artiodactyla	artiodattili
Aschelmintes	aschelmiti
Ascomycetes	ascomiceti
Asteroidea	asteroidi
Aves	uccelli
Bacillariophyta	diatomee
Basidiomycetes	basidiomiceti
Bilateria	bilateri
Bivalvia	bivalvi
Bryophyta	briofite
Cephalocordata	cefalocordati
Cephalopoda	cefalopodi
Cestoda	cestodi
Cetacea	cetacei
Chiroptera	chirotteri
Chytridiomycetes	chitridi
Chlorophyta	alghe verdi
Chondrichthyes	condritti
Chordata	cordati
Ciliata	ciliati
Cnidaria	cnidari
Crocodrilia	coccodrilli
Coelenterata	celenterati
Coelomata	celomati
Chelonia	cheloni
Coleoptera	coleotteri
Coniferae	conifere
Copepoda	copepodi
Crinoidea	crinoidi
Crustacea	crostacei
Ctenophora	ctenofori
Cycadate	cicadine
Dermaptera	dermatteri
Deuteromycetes	deuteromiceti
Dicotyledonae	dicotiledoni
Dinoflagellata	dinoflagellate
Diptera	ditteri
Echinodermata	echinodermi
Echinoidea	echinoidi
Euglenophyta	euglenofite
Eumetazoa	eumetazoi
Eutheria	euteri
Flagellata	flagellati
Gasteropoda	gasteropodi
Gastrotricha	gastrotrichi
Gymnospermae	gimnosperme
Hemiptera	emitteri
Haepaticae	epatiche
Hydrozoa	idrozoi
Hymenoptera	imenotteri
Hexapoda	insetti
Hirudinea	irudinei
Insectivora	insettivori
Kinorhyncha	chinorinchi
Lamellibranchiata	lamellibranchi
Lepidoptera	lepidotteri
Lycopodiatae	licopodine
Mammalia	mammiferi
Metatheria	metateri
Myriapoda	miriapodi
Mixomycetes	mixomiceti
Mollusca	molluschi
Monera	monere
Monocotyledonae	monocotiledoni
Musci	muschi
Nematoda	nematodi
Nematomorpha	nematomorfi
Odonata	odonati
Oomycetes	oomiceti
Ophiuroidea	ofiuroidi

Oligochaeta	oligocheti	*Rodentia*	roditori
Holoturoidea	oloturoidi	*Rotatoria*	rotiferi
Orthoptera	ortotteri	*Rhyncocoela*	nemertini
Ostheichthyes	osteitti	*Rodophyta*	alghe rosse
Parazoa	parazoi	*Ruminantia*	ruminanti
Perissodactyla	perissodattili	*Sarcodina*	sarcodini
Phaeophyta	alghe brune	*Scyphozoa*	scifozoi
Plantae	piante	*Siphonaptera*	sifonatteri
Playthelmintes	platelminti	*Spermatophyta*	spermatofite
Polychaeta	policheti	*Sporozoa*	sporozoi
Porifera	poriferi	*Squamata*	squamati
Proboscidea	proboscidati	*Trematoda*	trematodi
Protista	protisti	*Tunicata*	tunicati
Prototheria	prototeri	*Turbellaria*	turbellari
Pseudocoelomata	pseudocelomati	*Urocordatha*	urocordati
Pteridophyta	pteridofite	*Vertebrata*	vertebrati
Radiata	radiati	*Zygomycetes*	zigomiceti
Reptilia	rettili		